TYPICAL INNOVATION CASES OF ELECTRICAL EQUIPMENT TESTING TECHNOLOGY

电气设备试验典型创新案例

《电气设备试验典型创新案例》编委会 编

中国电力出版社
CHINA ELECTRIC POWER PRESS

内 容 提 要

为加快基层电气试验人员成长速度，提高员工专业素养，本着理论联系实际的原则，将现有专业范围内的创新成果总结整理编纂成书。希望通过成果分享，促进职工总结创新经验，交流互鉴，有效提升各创新小组发现问题、分析问题、解决问题的能力。

本书可供发、供电部门和电气设备生产单位从事高压电气设备试验技术人员，以及各电力试验研究院（所）技术人员阅读学习使用。

图书在版编目（CIP）数据

电气设备试验典型创新案例/《电气设备试验典型创新案例》编委会编．—北京：中国电力出版社，2023.12（2025.5重印）

ISBN 978-7-5198-8462-8

Ⅰ.①电…　Ⅱ.①电…　Ⅲ.①电气设备-试验-案例-技术培训-教材　Ⅳ.①TM64-33

中国国家版本馆 CIP 数据核字（2023）第 243653 号

出版发行：中国电力出版社
地　　址：北京市东城区北京站西街 19 号（邮政编码 100005）
网　　址：http：//www.cepp.sgcc.com.cn
责任编辑：孙　芳（010-63412381）
责任校对：黄　蓓　常燕昆
装帧设计：朱丽芳
责任印制：吴　迪

印　　刷：北京天泽润科贸有限公司
版　　次：2023 年 12 月第一版
印　　次：2025 年 5月北京第二次印刷
开　　本：787 毫米×1092 毫米　16 开本
印　　张：12.25
字　　数：272 千字
印　　数：1001—1500 册
定　　价：60.00 元

编委会成员

前　言

为了调动广大职工的积极性和创造性、深入开展各类职工创新活动，同时发挥职工在推进公司高质量发展中的生力军作用，本着理论联系实际的原则，将现有专业范围内的创新成果总结整理编纂成册。

书中所编写的创新案例无论是技术类还是管理类均源自一线生产工作，面向生产、切合实际，以提高工作效率，降低安全风险为目标导向，从背景、研发与实施、课题成效等方面对每个案例进行详细地介绍和阐述。

这些案例一部分是专业先贤们利用钢管、角铁等手工打磨焊接成型的提质增效的小工具，我的创新团队将这些小工具、小零件进行现场实用化改造、精细化包装，申报专利和奖项；还有一部分是先有的创新想法，然后申报了专利，最终同相关厂家合作制成实物；再有一些新技术、新方法在现场的应用，取得了效果，发现了不足。这些创新成果无论是管理类还是创新类，我都会留存完整的图文资料，把创新思路、实施过程和应用成效固化成文，以供经验分享。一是为培养专业人才提供些许帮助。希望通过成果分享，促进职工总结创新经验，交流互鉴，有效提升各创新小组发现问题、分析问题、解决问题的能力；二是作为对我个人十余年创新工作的总结，为我这阶段的工作画上还算圆满的句号。凡是过往，皆为序章，行而不辍，道阻且长。

作者是扎根在电气试验一线的工作者，水平一般，能力有限，书中难免有疏漏不足之处，敬请各位读者批评指正！

刘　钊

2023年8月3日

目　录

前言

第一章

技术创新典型案例

案例 1　一种避雷器试验组合装置的研制

一、 课题概述

针对避雷器传统试验方法耗时较长的问题，研制了一种避雷器试验组合装置。接线辅助装置可以有效保证试验线与金属架构之间的距离，使接线更加准确，报警器可以提供安全辅助，防止误碰带电设备，解决了避雷器试验挂钩时对架构易放电和试验接线难度大的技术问题。专用支架用于放置从金属架构上或开关柜内拆卸下的避雷器。其解决了在做避雷器试验时，避雷器数量众多且多处搬运试验设备，造成试验繁琐、降低试验效率的技术问题。避雷器试验组合装置实用效果显著。

二、 课题背景

在变电站进行避雷器泄漏电流试验时，经常需要将试验线连接至避雷器的高压端。对于安装于架构之上的避雷器，目前普遍采用挂杆的方式进行接线。但是，采用挂杆挂线时存在很多困难：做避雷器试验时，为保证测量的准确性，测量引线应与避雷器本体尽量接近 90°夹角，以便保持与架构等金属接地部分有足够的距离，防止放电影响试验测试数据的准确性。因此，现场试验人员需设法拉开测试引线与金属架构之间的距离，传统方法是移动试验仪器的位置，使之原理架构，但这种固定方式一方面受制于试验线长度及现场环境，并不能拉开太大的距离；另一方面，现场经常由于人员配合问题造成试验线拉断，导致仪器损坏。此外，由于视线受限，绝缘杆接线挂钩很难挂在避雷器顶端仅突出 1～2cm 的螺杆上，现场经常需要至少两人配合进行多次尝试才可成功。

对于避雷器，由于试验空间有限，目前普遍采取拆卸试验的方式。由于春检、秋检时电压等级的避雷器总量较多，试验时需逐个进行绝缘支撑、接地、拆除接地，其试验接线总耗时不容忽视。

三、研发与实施

（一）设计研发

经过现场调查和分析，采用树状图找出了导致避雷器停电试验工时长的原因，如图1-1所示。

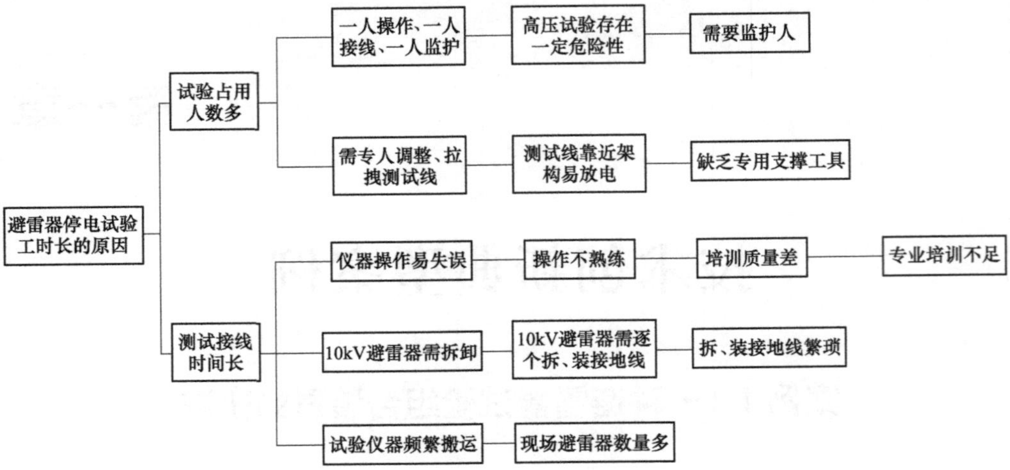

图1-1 原因分析树状图

通过分析，确认避雷器停电试验工时长的主要原因为：

（1）缺乏专用辅助工具。在进行避雷器停电试验过程中，在进行架构上的避雷器停电试验时，试验人员需要在设备架构正下方进行挂杆接线，盲挂成功率很低；进行避雷器停电试验时，为保证测量的准确性，因此，现场试验需专人设法拉开测试引线与金属架构之间的距离。

（2）拆、接地繁琐。试验时需逐支进行绝缘支撑、接地、接线、拆除接线等工作，既费时又费力。

通过分析对策方案，考虑可行性，设计了一种专用辅助装置和避雷器停电试验支架。该装置可以省去专人拉扯测试线，同时提升避雷器拆、接地工作效率，这样既可以节省作业时间，降低安全风险，又可以节省人工。

（二）方案实施

1. 设计零部件图

避雷器接线辅助装置结构图如图1-2所示；新型接线金属挂钩结构图如图1-3所示。

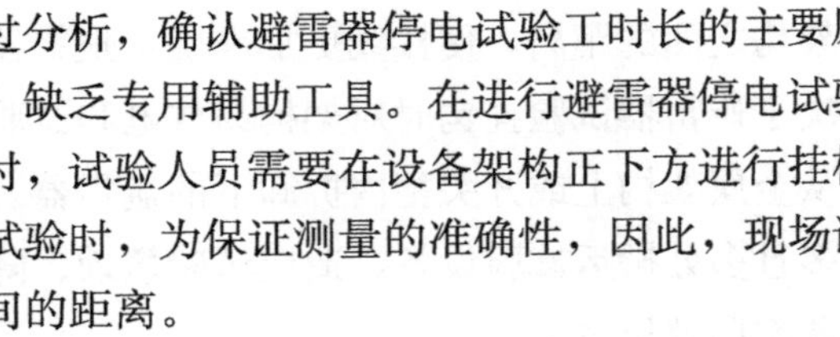

图1-2 避雷器接线辅助装置结构图

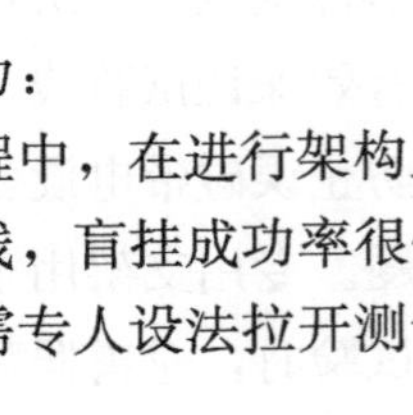

图1-3 新型接线金属挂钩结构图

多功能绝缘支撑杆结构、原理图如图 1-4 所示。避雷器停电试验支架结构、原理图如图 1-5 所示。

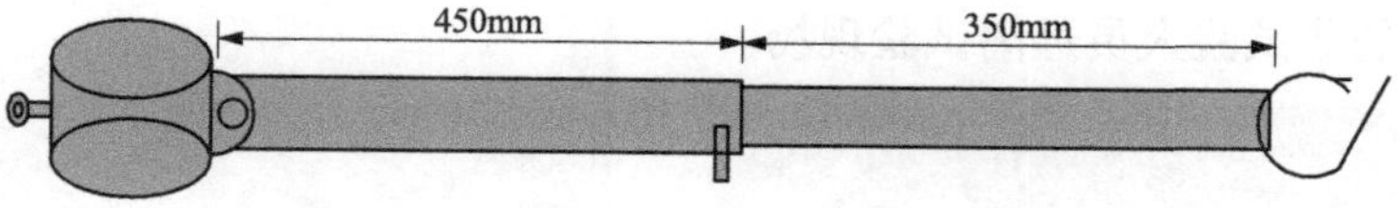

图 1-4　多功能绝缘支撑杆结构、原理图

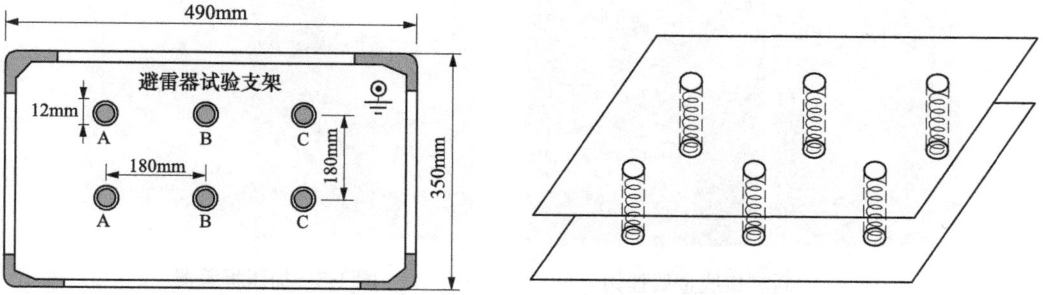

图 1-5　避雷器停电试验支架结构、原理图

2. 制作成品

多功能绝缘支撑杆通过抱箍和固定螺栓与原有绝缘杆相连接，并具有角度调节和伸缩功能（见图 1-6）。第一节长 450mm，第二节长 350mm，总长 800mm，可有效避免试验引线对架构或其他接地体放电，在杆头加装魔术贴来固定，保证试验引线在受力时不被拉断；同时可以防止试验引线掉落坠地，威胁试验人员安全。

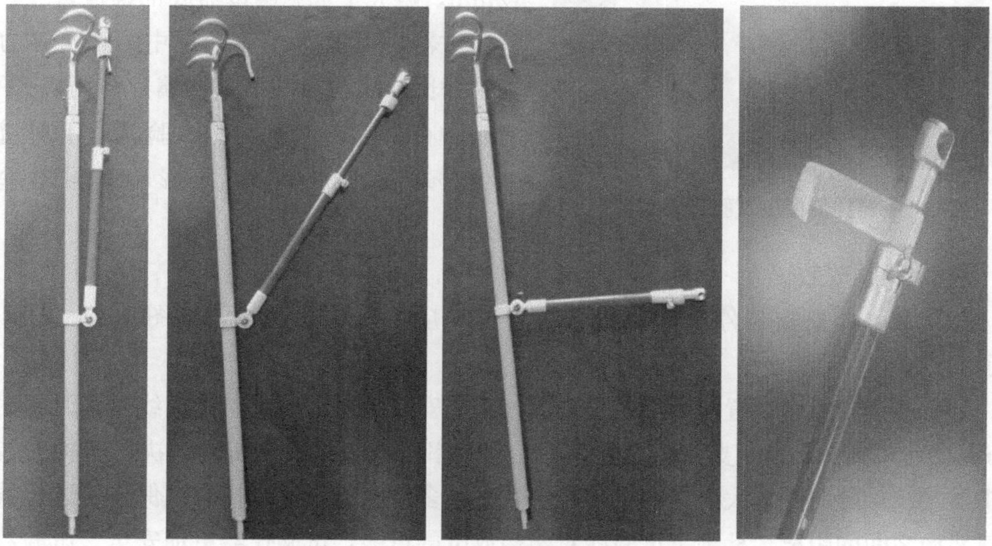

图 1-6　多功能绝缘支撑杆实物图

如图 1-7 所示，新型接线金属挂钩采用螺栓固定方式与绝缘杆相连，在原始挂钩基

础上，创新提出了平行三钩和向上倾斜 10°的独特造型，大大提高了避雷器接线时盲挂的成功率。

如图 1-8 所示，加压报警器通过卡槽固定在绝缘杆上，在试验加压时发出声音，警示邻近架构上的非试验人员远离试验现场。

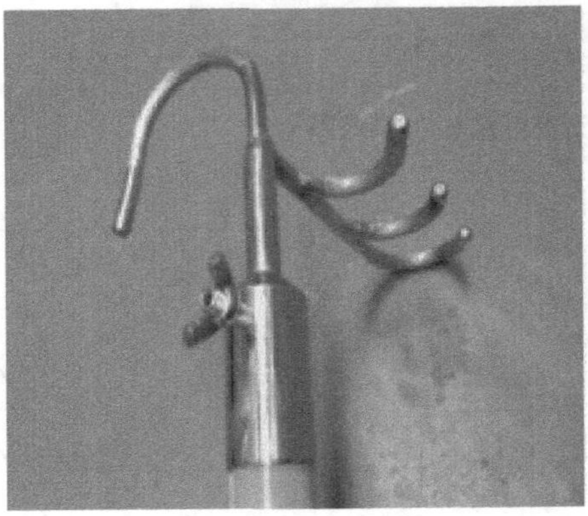

图 1-7　新型接线金属挂钩

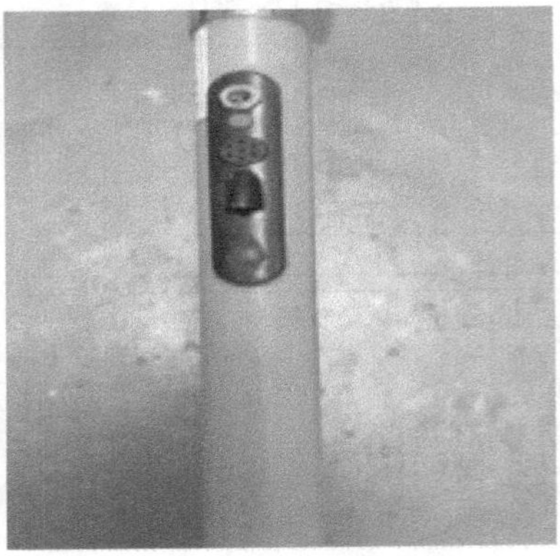

图 1-8　加压报警器

如图 1-9 所示，避雷器停电试验支架设有 6 个避雷器专用接地孔位，可同时放置 6 支避雷器进行试验。避雷器垂直放置在任一接地孔位上即可通过底部金属片、金属弹簧及金属板等实现单端接地。相邻两个接地孔位之间有足够的距离。接地孔位开孔尺寸为 12mm，略大于常见避雷器底部螺栓直径，现有避雷器均可放置在该孔位中。弹簧弹力适中，非试验状态弹簧顶部金属片与面板齐平，有效防止内部落灰脏污；试验状态下对避雷器仅有非常小的弹力，不影响避雷器垂直固定。

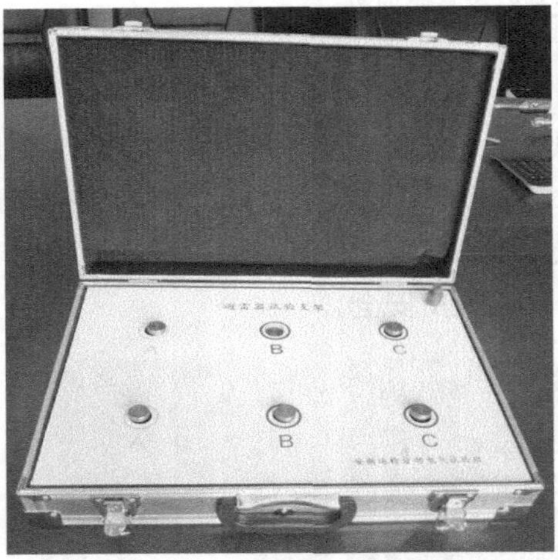

图 1-9　避雷器停电试验支架实物图

四、 课题成效

2022 年，将避雷器停电试验组合装置成功应用于试验现场，如图 1-10、图 1-11 所示。

避雷器试验组合装置应用于试验现场，架构安装的避雷器试验接拆线平均时间由约 5min/支缩短到 0.4min/支，明显提升了工作效率；新型接线金属钩解决了架构安装的避雷器接线难的问题，大大提高了挂杆的效率；多功能绝缘支撑杆有效保证了试验线与金属架构之间的距离，杜绝了试验线对架构放电的可能，试验仪器更加安全、试验数据更加准确，且试验线的固定更加牢固，避免了试验线在接线过程中拉伸断裂；加装了近电报警装置，一方面消除了误碰带电设备的风险，另一方面对于非试验人员起到了警示作用，有效提高了现场的安全性。

图 1-10 避雷器停电试验专用支架现场使用图

图 1-11 避雷器停电试验接线辅助装置现场使用图

应用装置中避雷器试验支架后，极大简化了避雷器拆卸试验时的接线程序，每组避雷器试验接线平均时间由 2min 缩短到 0.2min，有效提升了试验效率，且试验过程中避雷器固定更加牢固，避免了试验过程中倾倒的风险；试验装置安全可靠，便于携带，现场规范整洁，更加符合现场“5S”管理要求。

五、 课题总结

针对避雷器传统试验方法存在的不足，设计了一种避雷器试验组合装置。它通过在传统绝缘杆基础上加装多功能绝缘支撑杆、新型接线金属钩、近电报警器等装置，有效解决了架构避雷器接线难、对架构易放电的问题，极大提高了避雷器试验工作效率和安全性。此外，装置还包括一个避雷器试验专用支架，适用于可从金属架构上或开关柜内拆卸下的避雷器，可极大地缩短其试验工时，且装置轻巧便携、安全可靠，适合大范围推广应用。

案例 2 一种万能试验线缆绝缘紧固支架的研制

一、 课题概述

针对变压器介质损耗因数及电容量试验传统测试方法耗时较长的问题，QC 小组对变电站用接地线进行改造，研发出一种万能试验线缆绝缘紧固支架，以增强测试线底部支撑固定性能。该成果消除了测试线重叠部分过长的弊端，有效缩短了变压器介质损耗因数及电容量试验时间，提高了工作效率。

二、 课题背景

电气试验是诊断变电站内电气设备能否安全运行的重要手段，是变电检修工作中的重点。变压器介质损耗因数及电容量试验能够有效监测变压器绝缘状况，对变压器绝缘整体老化、劣化和贯穿性缺陷反应灵敏。它是监测变压器运行工况的有效手段，也是变电站综合停电检修中必不可少的试验项目。

在现场实际工作中，变压器介质损耗因数及电容量试验往往存在超时情况（平均测试时间为21.8min），严重影响变压器停电检修工作效率。因此，QC小组决定将减少变压器介质损耗因数及电容量试验时间作为本次QC活动的课题。

变压器介质损耗因数及电容量试验通常分为3个步骤，即试验仪器接线、通电试验和数据记录分析。为了获取准确数据，QC小组把2022年1～12月期间56台停电检修的变压器作为数据样本，利用PMS2.0分别统计每台变压器3个步骤用时。小组计算出变压器介质损耗及电容量试验平均用时为21.8min。当数据样本扩大时，平均用时基本不变。而且，小组发现固定试验测试线时间过长是导致变压器介质损耗因数及电容量停电试验耗时长的主要原因。

通过讨论并进行目标值计算，同时兼顾工作裕度，小组将本次QC活动的目标设定为：变压器介质损耗因数及电容量停电试验时间降至14.5min以下。小组统计发现，实现这一目标需将固定测试线所用时间降至5.1min以下。

三、研发与实施

（一）制定对策

经过反复讨论以及工程实际验证，QC小组在6条末端因素中筛选出1条要因，即测试线重叠长度过长。小组认为，若有专人在变压器顶部进行测试线辅助传导，可大幅缩短测试线与变压器器身的重叠长度，从而减少测试线被设备勾绊住的次数，进而减少固定测试线的时间。但在实际工作中，不可能专设一名作业人员在该位置进行工作。所以，小组拟利用接地线具代替作业人员在变压器外延进行辅助线搭接及传导。因此，QC小组决定研发出一种万能试验线缆绝缘紧固支架来解决以上问题。对策评价选择表如表1-1所示。

表1-1　对策评价选择表

序号	主要因素	对策思路	对策方案	评价				综合意见
				减少测试线重叠长度的有效性	站内改造或工具改造的可能性	站内改造或工具改造的费用	线缆固定的可靠性	
对策1	测试线与变压器器身重叠长度过长	在变压器边缘进行辅助接线支撑以减少重叠长度	上方悬挂式辅助接线固定	上方悬挂可完全杜绝测试线与变压器接触，从根本上消除重叠长度过长的弊端	对于室内变压器，需要在房顶打孔；对于室外变压器，需要进行杆架搭设	需在房顶打孔处理或搭设杆架，整体费用高昂	上方悬挂固定后，线缆脱落情况出现较少，可靠性高	该方案在减少测试线折叠长度的有效性和线缆固定可靠性上较优，但整体造价过高，不采用
对策2			底部支撑式辅助接线固定	底部支撑可较大幅度减少重叠长度，但在线缆折叠处仍会出现重叠情况	不受环境因素影响，操作更为方便	可利用便携式工具进行改造，成本低且通用性高	底部支撑需注意固定方法，避免线缆脱落	该方案可有效平衡各方面需求，采用

通过对比两种方案，小组发现采用底部支撑式辅助接线固定方法更为优良。

（二）对策实施

针对“增加测试线底部支撑固定”这一对策方案，小组拟对变电站用接地线进行改造。

便携式站内短路接地线具由地夹、绝缘杆和绝缘手柄三部分构成，如图 1-12 所示。其顶部的地夹具有较好的线缆固定功能，中部的绝缘杆可以进行可靠的支撑。因此，小组成员决定对便携式站用短路接地线具进行改造，使其能够固定在变压器顶部并且具有支撑测试线的功能。

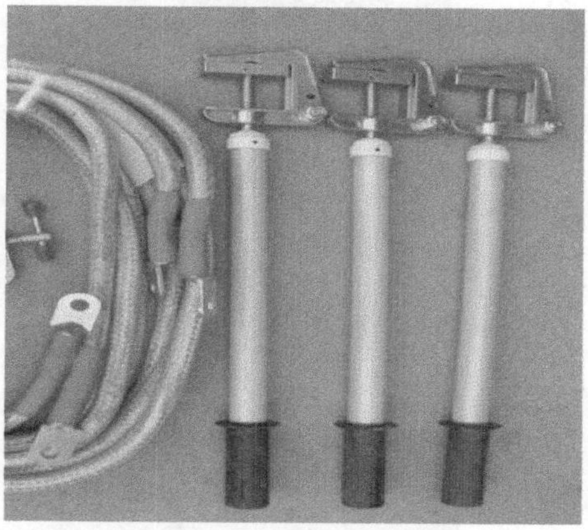

图 1-12 便携式站用短路接地线具

1. 设计底部固定装置

小组成员对站用接地线具进行改造，将其手柄部位锯掉，安装螺栓紧固夹件，使其可以固定在任意管状物体上。便携式站用短路接地线具底部改造过程如图 1-13 所示。

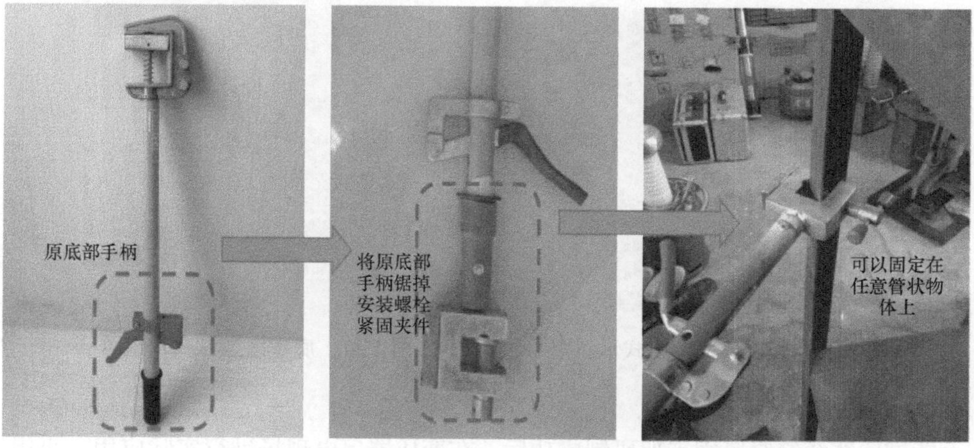

图 1-13 便携式站用短路接地线具底部改造图

2. 对地夹进行绝缘化处理

便携式短路接地线具地夹的主要功能是短路接地，要求其具有良好的导电性能。但其裸露的金属接头在高压试验环境中可能产生感应电，甚至对变压器顶部的工作人员造成伤害。为了消除这一安全隐患，小组成员决定对地夹进行绝缘化处理。绝缘材料选取 CSYB 型热缩管。图 1-14 为地夹热塑前外观图，图 1-15 为地夹热塑后外观图。

3. 改造底部固定装置，适用于多种工作环境

为了便于推广，使成果能够在不同的试验现场、试验项目上得到应用，小组成员对底端固定装置进行进一步完善。在紧固夹件基础上，小组又增加了强磁体吸合和底座放置式两种固定方式，如图 1-16、图 1-17 所示。这就使得便携式短路接地线具还可以应用于金属表面或者平台上，而且三种固定方式可以自由切换。

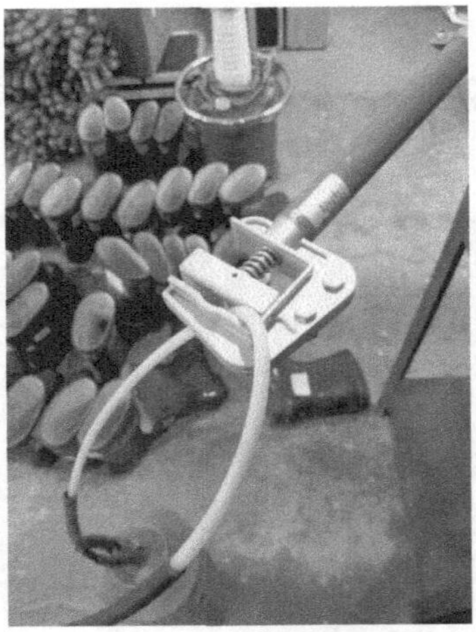

图 1-14 地夹热塑前外观图

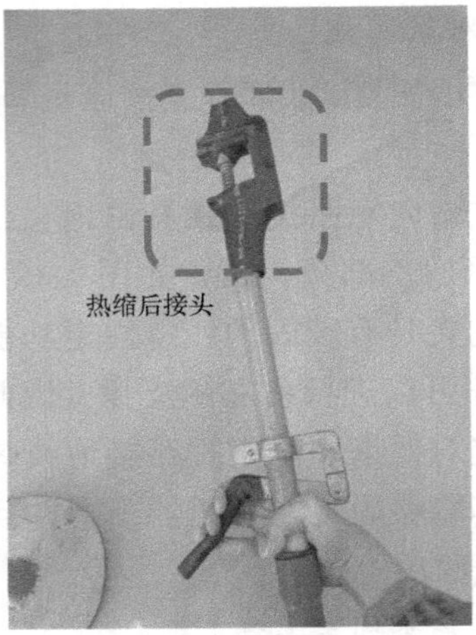

图 1-15 地夹热塑后外观图

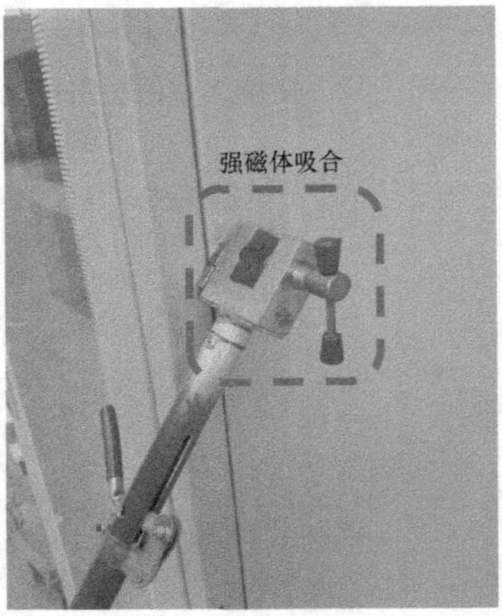

图 1-16 强磁体固定方式示意图

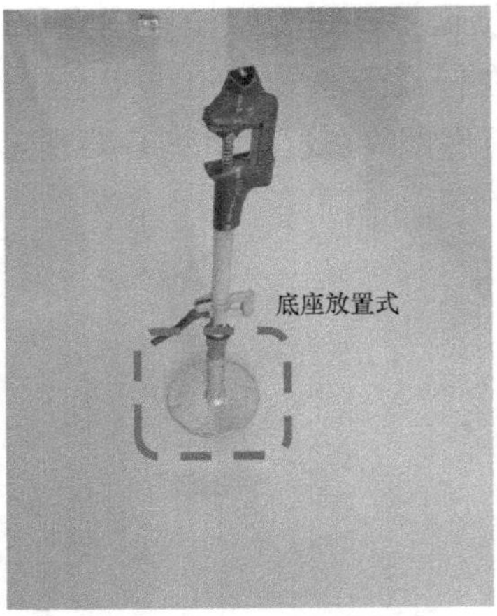

图 1-17 底座固定方式示意图

四、 课题成效

万能试验线缆绝缘紧固支架研制成功后，在变压器停电现场进行实际应用。小组进一步调研新成果的应用效果。使用前与使用后的工作现场对比情况如图 1-18 和图 1-19 所示。

图 1-18 成果使用前的工作现场

图 1-19 成果使用后的工作现场

应用万能试验线缆绝缘紧固支架后，小组对变压器介质损耗因数及电容量试验中测试线勾绊次数、测试线与变压器器身的重叠长度进行再次统计分析。小组发现，应用新成果后各样本的重叠长度均小于等于 1.5m，测试线重叠长度减少 86%。同时，测试线勾绊情况发生次数降低 87%。

在其他影响因素不变的情况下，应用成果后，固定测试线平均用时大幅减少，降至 3.4min。变压器介质损耗因数及电容量试验平均用时降至 13.75min，小于目标设定值 14.5min。

五、 课题总结

为了解决变压器介质损耗因数及电容量试验耗时较长的问题，QC 小组研发出一种万能试验线缆绝缘紧固支架，实现了本次 QC 活动目标，并取得以下效益。

时间成本效益与安全效益。通过改进测试线支撑方式，大幅缩短了介质损耗因数及电容量试验时间，极大地提高了工作效率。同时，降低了试验人员的工作强度，减少了安全隐患。成果应用后，介质损耗因数及电容量试验平均用时由 21.4min 降至 13.75min。成果应用至今，累计减少变压器停电时间约 450min。

推广效益。本成果不仅适用于变压器介质损耗因数及电容量试验，还适用于任何需要测试线支撑的检修或试验工作，如避雷器直流泄漏、交流耐压等项目，具有较高的推广价值。

案例 3　新型变压器试验短路接地装置的研制

一、 课题概述

针对检修试验现场变压器类设备传统短路接地方法存在的不足，提出了一种新型变压器试验短路接地方法。QC 小组研发的新型装置，可利用转换开关实现短路和短路接地两种状态的切换，有效规避了试验封线掉落的风险，显著提高了试验效率，具有一定的推广应用价值。

二、 课题背景

随着社会经济发展，用户对供电服务质量要求越来越高，这就要求电网检修人员在保证工作质量的前提下，尽可能减少设备停电时间。在变电站进行的常规检修工作中，变压器试验接地较为繁琐、费力。针对上述问题，行业内并无特别有效的解决办法。从市场调研可知，市场上尚无专门的变压器试验短路接地装置，故 QC 小组将课题设定为“新型变压器试验短路接地装置的研制”。

在变电站进行的常规检修工作中，变压器试验耗时较长。通常需要用短路接地线将套管的导电杆进行短接或者短接接地。在工程实际中，传统的短路接地线为镀锌扁铜线，毛刺多易扎手，拆接过程复杂，费时费力，只能采用缠绕方式连接且容易松动。同时，可能发生短路接地线接虚的状况，既影响试验数据准确性，又降低了检修效率，而且存在一定安全隐患。而且，短路接地线在狭小空间存在遗失、掉落的风险。

小组对 30 个检修试验现场进行统计，发现采用传统接线方法平均用时为 20min。

小组决定优化接线方式，设计专用装置来缩短接线时间，将活动目标设为：检修试验现场变压器短路接地时间由 20min 缩短到 8min。

三、研发与实施

课题研究难点为：如何简化短路接地线拆接过程；如何保证接地线使用过程中接触牢固，且能减少遗失掉落风险。

为解决上述难题，小组召开“头脑风暴法”会议，提出“新型变压器试验短路接地装置的研制”总体方案，如图 1-20 所示，并提出分体型、集成型两种具体实施方案。

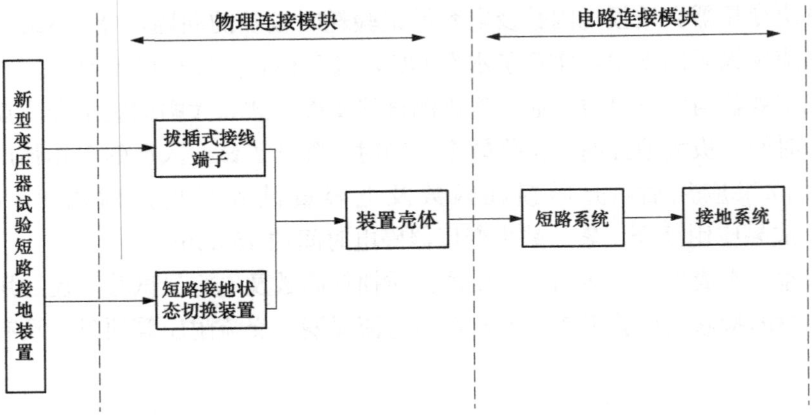

图 1-20　装置研制工作总体方案

分体型装置体积较大，变压器高、低压侧需分别使用两套装置，便携性差。集成型装置需专门设计电路部分，且固定性较差。因此，小组结合两种方案的优点，弥补单一方案的不足，提出了第三种实施方案即集成升级型。

（一）集成升级型方案总体要求

（1）安全可靠，完成操作后能保证电源接触良好。

（2）便携，总体质量小于 1.5kg。

（3）固定性能好，具有防误触、防水和阻燃功能。

（4）可靠性高，使用寿命长，接线简单。

（二）集成升级型方案功能描述

（1）变压器的高压侧和低压侧可同时进行连接，操作便捷。

（2）将接地模块、短路接地模块和状态切换开关组装成一体式结构。

（3）壳体背部安装强磁磁铁，增强可固定性。

（三）集成升级型方案分析

（1）优点：集成方案优点，拥有独立的电气保护回路，安全性、可靠性最高。

（2）缺点：综合了两种实施方案，增加了研发工作量。

集成升级型方案可满足需求分析及相关功能要求，且技术优点全面。因此，小组确定课题实施方案为集成升级型方案。

（四）方案实施

从功能实现角度考虑，集成升级型方案的组成系统由设备连接单元、接地单元和短路单元转换台 2 个模块组成，如图 1-21 所示。

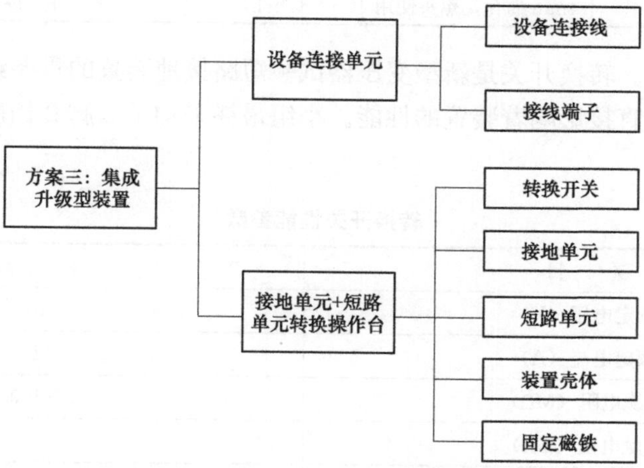

图 1-21　集成升级型装置的组成部分

1. 模块的选择

小组对集成升级型装置的组成模块进行逐一选择，具体内容如下：

（1）设备连接线选定为自带透明护套接地线夹。使用该线夹进行连接，不易脱落，不易变形、起毛刺，而且导电性好，不易发热。

（2）接线端子选定为包胶六棱带色标接线端子。采用螺纹口固定连接，连接性能好，不易脱落识别度高，方便操作。

（3）转换开关选定为船型开关。该开关通断指示明显，安全性更高，尺寸小巧，便于面板布局，且铜件使用寿命长。

（4）接地单元选定为纯铜接地排。其机械强度高、导电性好、使用寿命长。

（5）短路单元选定为纯铜短路排。其牢固耐用且尺寸小巧，抗震能力好。

（6）装置外壳采用电气仪表防水盒。该壳体防水、抗冲击，尺寸小巧便于携带，而且内含塑料防脱落螺丝，不易生锈。

（7）固定磁铁选定为铷铁硼磁铁贴片。可以方便固定，磁性强，体积小且使用寿命长。

确定选择方案后，对集成升级型装置的连接单元、接地单元和短路单元转换台分别进行设计、制作，最后整合相关功能部件，进行整体组装、调试。

2. 模块的设计及制作

（1）设备连接线。小组采购带透明护套的无氧铜丝导线，在导线上加装 4mm 香蕉插头和鳄鱼线夹，制作完成了 8 根设备连接线。

（2）接线端子。小组根据新型变压器试验短路接地装置原理图，经过不断尝试，选定了合适的接线端子。端子性能参数如表 1-2 所示。

表 1-2 端子性能参数表

端子名称	端子金属材质	端子尺寸	开孔尺寸	产品颜色	端子特点
带色标六棱接线端子	铜镀镍	端子总长 45mm，尾部 4mm 插孔，蕉头使用	11mm+R1.6×2（腰孔）	黄绿红黑	可拆解设计，采用整体镀镍，能够有效防止氧化

（3）转换开关。转换开关是新型变压器试验短路接地装置的重要组成部分，其电气寿命、切换可靠性直接影响着装置的性能。小组最终采购了 2 脚 2 档船型开关，开关参数如表 1-3 所示。

表 1-3 转换开关性能参数

项　目	参　数
额定电压（V）	10
额定电流（A）	125
绝缘电阻（MΩ）	≥100
接触电阻（mΩ）	≤50
接电强度（极间）（V AC/5s）	1500
电器寿命（Cycles）	≥10 000
使用温度（℃）	85

（4）接地单元。接地单元直接关系到试验人员在操作新型变压器试验短路接地装置时的人身安全，为保证其安全性，小组选用优质 H62 黄铜板，按照装置设计图进行打孔切割，完成制作。

（5）短路单元的设计制作。在制作短路单元时，小组按照对策表，为每个端子采用独立接线，在保证连接可靠性的同时尽可能减小其尺寸，以减轻装置总体重量。

（6）装置外壳的设计制作。装置外壳是短路接地单元的载体，小组经过多次试调试组装，最终选定新型变压器试验短路接地装外壳为尺寸 200mm×120mm×5mm。外壳由面板、底座、密封螺丝组成，保护等级为 IP65。在壳体基础上，可对装置的接线端子、短路系统、接地系统和转换开关分别进行接线组装。

（7）固定磁铁单元的设计制作。在固定磁铁的选择上，小组选用铷铁硼磁铁贴片，该贴片具有磁力强、不生锈和不退磁的特点，其直径为 25mm，厚度为 2.07mm，表面电镀锌镍，硬度高，抗腐蚀能力强。小组在装置底部安装 4 枚磁铁贴片，使得装置能够吸附在被试设备表面，避免由于人员误碰导致装置接头脱落的风险，进而保证了检修、试验人员的安全。

装置整体外观如图 1-22 所示。小组对集成升级型装置的可靠性进行了测试。分别对安装固定、连接稳定性、操作可靠性进行调试，其性能、参数均符合安全技术要求，满足现场使用条件。

四、课题成效

新型变压器试验短路接地装置应用于检修现场，解决了传统接线方法存在的不足。该装置采用转换开关实现短路和短路接地两种状态的切换，可有效规避试验封线掉落的

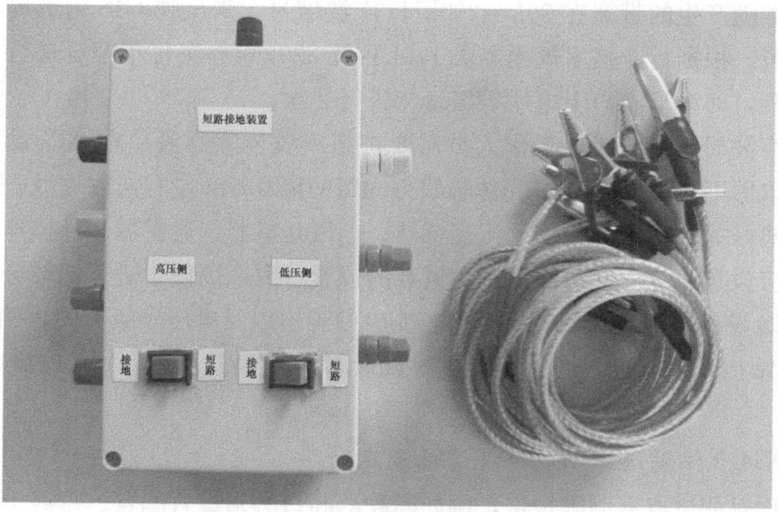

图 1-22　装置整体图

风险，保证试验人员的人身安全。装置投入使用后，绝缘特性试验平均用时由每次 20min 缩短到 5min，显著提高了检修试验的效率。

五、 课题总结

此次 QC 活动，超额完成了既定目标，变压器短路接地时间由设定的 8min 缩短至 5min。下一步，小组将进一步优化装置的智能化配置，如加入通断指示灯、面板透明化等，使得装置操作更加便捷，更好地服务于检修试验现场。

案例 4　一种 GIS 设备超声波局部放电检测系统

一、 课题概述

针对开展 GIS 设备超声波局部放电带电检测时测试点位置选择不规范及测点遗漏、每次检测测点位置难保一致、测点命名复杂及后期数据处理工作繁重等问题，提出了解决方案，设计了一种 GIS 设备超声波局部放电检测系统并介绍了其组成结构，使用方法及功能。该系统解决了传统检测方法的诸多问题，缩短了该项检测工时，为公司创造了经济效益及安全效益。

二、 课题背景

GIS(gas insulated switchgear) 设备即气体绝缘组合电器设备，是指全部或部分采用绝缘性能和灭弧性能优异的六氟化硫（化学分子式为 SF_6）气体而非处于大气压下的空气作为绝缘介质的金属封闭开关设备。与常规敞开式变电站相比，GIS 的优点在于结构紧凑、占地面积小、可靠性高、配置灵活、安装方便、安全性强、环境适应能力强，维护工作量很小，其主要部件的维修间隔不小于 20 年。

为了准确获取 GIS 设备运行过程中的状态量，针对 GIS 设备开展的带电检测项目有 5 种，其中超声波局放检测技术就是通过检测运行中 GIS 设备内部局部放电（简称

"局放"）时伴随产生的带宽在20k～200kHz声波信号，来反映GIS内部局放量大小的带电检测手段。根据行业技术规程要求110kV及220kV等级每年至少进行1次超声波局放带电检测，363kV及以上电压等级每年进行2次。

开展超声波局放检测时，工作人员需要将超声波传感器紧贴在GIS设备腔体外壁上，测点选取原则一般遵循GIS壳体轴线方向每间隔0.5m左右选取一处，并在断路器断口处、隔离开关、接地开关、电流互感器、电压互感器、避雷器、导体连接部件等重点部位处均应设置测点。应每次保持测量点的位置一致，以便于进行比较分析。简单来讲，站内GIS设备超声波局放测点数量与变电站规模以及电压等级有关，例如保定地区220kV变电站内GIS超声波局部放电测点最多的站高达1386个，最少的测点也有742个。

（一）测试点位置选择不规范及遗漏测点

相关规程对测试点有明确规定，例如断路器断口必须设置测点、母线上的测点间隔不大于0.5m且测点宜选取在母线筒下侧等。由于专业培训欠缺或者培训不细致亦或者现场测点位置特殊不好开展测量等原因，测试点选择不规范、遗漏测点现象时有发生。

（二）每次检测测点位置难保一致

为保持数据有效性，便于对每个测点进行纵向比较分析，须保持每个测点的位置固定。现场测试人员对超声波测点的选择受主观意识影响很大，简单来说，在三维立体的GIS设备体上选择若干满足规程要求的测试点，每名测试人员都会有不一样的选择方法，况且每年开展测试时的工作人员不固定，这样基本不能保证每次测试测点的一致性，造成历年测试数据纵向对比的误差，从而导致对设备状态的误判断。即便测试人员固定，但时隔一个检测周期，也很难选出同样的测点。

（三）测点命名复杂

每次测试完毕后，工作人员首先需要对测点进行命名，然后记录数据。目前测试点的命名方法是以测点所在位置命名的，例如"133间隔与134间隔间靠近133间隔第一通盆东侧""212间隔A相断路器断口"等。这种命名方式复杂且笼统模糊，如举例中133间隔与134间隔靠近133间隔第一个通盆东侧有无数个测点；212间隔A相断路器断口横切面圆周上也可找出无数个测点，并且这种命名方式增加了后期纸上记录数据以及电子数据录入的工作量。

（四）后期数据处理工作繁重

由于测试点繁多，工作人员每测完一个点都需要给该点命名，记录数据，并且要将纸上记录的数据转换成电子数据并上传到公司生产管理系统（PMS）里，如此导致了后期数据处理所需时间要几倍于现场开展测试的时间，降低了工作效率并且增加了错误率。

三、研发与实施

为克服了现有技术的缺点，设计了一种GIS设备超声波局部放电检测系统（见图1-23）。该系统小巧灵活、便于布置、操作方便，不影响GIS设备安全运行，能够避免测试点位置不合理、命名复杂及其造成的工作量大的问题。该系统由超声波传感器、定位板、移动终端三大部分组成。其中，超声波传感器为接触式且须满足国家及行业相关标准。

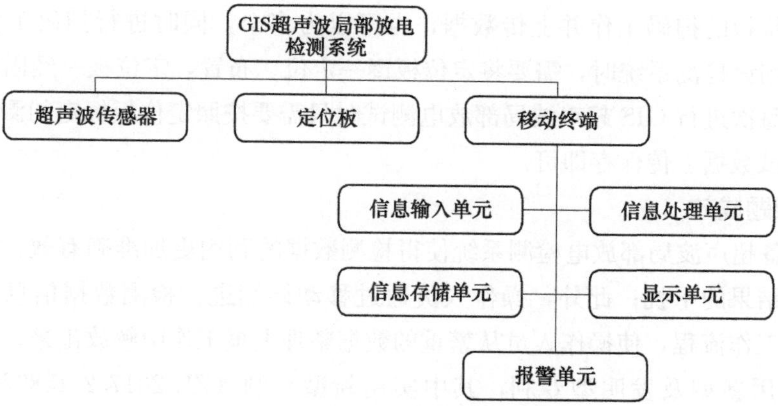

图 1-23　超声波局部放电检测系统架构图

图 1-24 为定位板的结构示意图。其主要由主体、上耳板、下耳板及定位通孔组成。定位板主体为软磁板，能贴附于 GIS 设备外壁上且不影响设备的正常运行；上耳板外表面为编码区，该编码区内喷涂该定位板的唯一编码，编码采用变电站名加阿拉伯数字的方式；下耳板外表面为扫码区，该区域内喷涂有唯一的二维码或条形码。定位通孔处露出的 GIS 设备外壁为测点位置即放置超声波传感器的位置。需要对 GIS 设备的局部放电进行检测时，操作人员将超声波传感器放置在定位通孔位置并与 GIS 设备外壁接触从而进行测量，这样可以为超声波传感器检测提供统一的位置，每次检测时即使操作人员不同，也能够保证测点相同，方便同一测点历史数据的纵向比较。

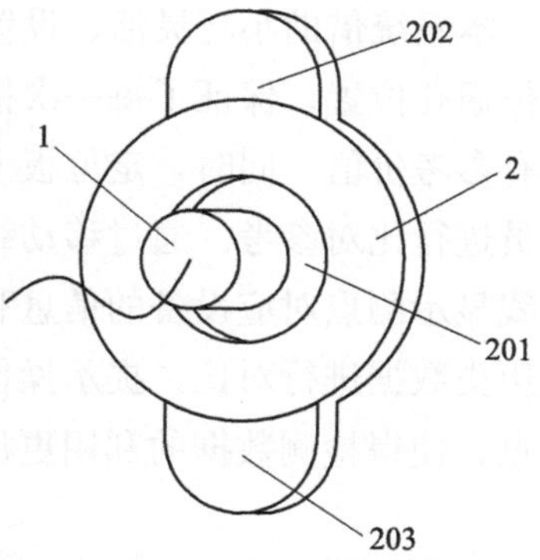

图 1-24　定位板的结构示意图

1—超声波传感器；2—定位板主体；201—定位通孔；202—上耳板；203—下耳板

移动终端为手机、平板电脑或者具有识别条形码和二维码功能的 GIS 超声波局部放电检测仪。移动终端中设置有信息输入单元、信息处理单元、信息存储单元、显示单元及报警单元。当移动终端扫描定位板下耳板上的二维码或条形码后，显示屏上会显示该测点所在位置的相关信息，位置信息以文字和立体图示的方式展现，还会显示该测点对应设备的生产厂家、出厂及投入运行的时间、历次检测数据（包括检测时间、温湿度、检测数据以及所用测试仪器型号等），显示屏还会弹出数据录入界面，操作人员可以将超声波传感器的检测数据通过数据录入界面进行输入，数据包括空气背景、金属背景和检测数值，其中空气和金属背景是指测试环境里空气中和金属架构上存在的无法排除的固有干扰数值。移动终端中的信息处理单元将输入的检测数值与历史检测数据进行对比，无异常时，数据保存；如果出现异常即超出相关标准要求时，报警单元的报警灯或者蜂鸣器会起到提示作用，数据保存。最终保存的数据通过无线通信网络传送至专用数据库生产管理系统中。

实际工作中 GIS 设备需要在不同位置设置多个定位板，移动终端可以为一个，依次进行所有定位板的扫码工作并上传数据，也可以为多个，同时进行扫码工作并上传数据。首次使用该检测系统时，需要将定位板逐一定位、布置，定位板一经固定不得随意移动，之后每次进行 GIS 超声波局部放电测试时只需要按照定位板标定的测点逐一进行测试并将测试数据上传保存即可。

四、 课题成效

GIS 设备超声波局部放电检测系统使得检测数据的利用更加准确有效，避免了异常数据对检测结果的干扰；此外，操作人员通过移动终端进行检测数据信息的录入和上传，简化了工作流程，使操作人员从繁重的数据整理上报工作中解放出来。本系统已经申请国家实用新型及发明型专利，其中实用新型专利（ZL 2017 2 1589267.4）已于 2018 年 06 月 01 日获得授权。

五、 课题总结

本系统借助小巧灵活、设置方便的定位板为超声波传感器提供精确的测点位置，即定位通孔位置，保证了每一次检测位置的一致，使得每一个测点的多次检测数据比较更具有参考价值。同时，定位板上的编码为测点提供了简单的命名并公开显示，可供操作人员进行比对参考。通过移动终端扫描定位板上的条形码或者二维码，能够为操作人员在线显示测点对应设备的信息和历史检测数据。操作人员通过移动终端录入检测数据并与历史数据进行对比，提示操作人员检测数据是否存在异常，有利于操作人员屏蔽错误信息，使得检测数据的利用更加准确有效。

案例 5 变压器高压试验安全警戒带专用支架的研发与应用

一、 课题概述

根据变压器停电高压试验现场实际工作需要，工作人员发明设计了一种小巧灵活便于携带、操作方便、可靠实用的布置变压器停电试验安全措施的工具。使用此专用支架不仅能节省工时、提高效率而且使变压器停电试验现场更加整洁美观。

二、 课题背景

变压器被喻为“电力系统的心脏”，它是电力系统中应用最广泛也是最重要的设备，为了确保其安全稳定地运行，电力设备运维管理单位会根据相关技术规程，按照一定试验周期对变压器进行停电例行检修试验。《国家电网公司电力安全工作规程（变电部分）》明确规定：“试验现场应装设遮拦或围栏，遮拦或围栏与试验设备高压部分应有足够的安全距离，向外悬挂‘止步，高压危险’标示牌，并派人看守。”为防止试验电压伤人，布置高压试验安全警戒带是变压器停电例行试验必备的安全措施之一。

目前布置安全措施所用的安全警戒带支撑底座为铸铁圆形底座，如图 1-25 所示。

该类底座质量大，单个约 3.5kg，覆盖半径小，对于一台 110kV 变压器停电例行试验而言至少用到 8 个底座，总重量约为 28kg，增加了装车搬运、现场布置、清扫整理过程中的工作量，耗费工作班成员体力、精力。

传统安全警戒带底座单套造价高，约为 1200 元/个，使用寿命短、易损坏，其底座连接处经常容易断焊，导致支撑杆固定不牢靠，如图 1-26 所示。

图 1-25 铸铁圆形底座

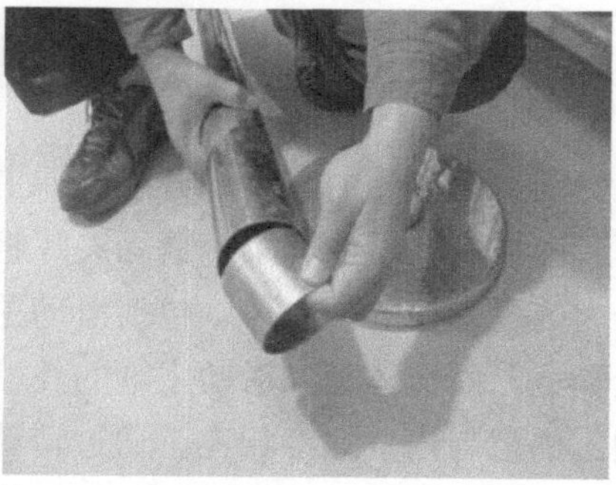

图 1-26 传统警戒带底座连接处断焊

三、 研发与实施

根据变压器高压试验现场布置安全措施的实际需要，弥补传统安全警戒带支撑底座的诸多缺点，设计制造一种小巧灵活便于携带、操作方便、可靠实用的布置变压器高压试验安全措施的工具。

具体做法是：借助变压器四周的围台，设计一种既可以固定在不同宽度的变压器围台上又可以给安全警示带提供支撑的专用支架。相对于传统的安全警戒带支撑底座，本设计方案的优点是小巧轻便、易于携带、操作方便、实用性强，布置主变压器高压试验现场安全措施时仅需 4 支就可完成，节省布置安全措施所需的工时。同时本专用支架主体材质为黄铜，具有很强机械特性，结实牢靠，使用寿命长。单个支架造价 240 元，经济适用性强。外表面刷亮漆在现场起到较好安全警示作用以及防遗漏作用。图 1-27～图 1-30 分别为专用支架设计正视图、侧视图、俯视图和仰视图。

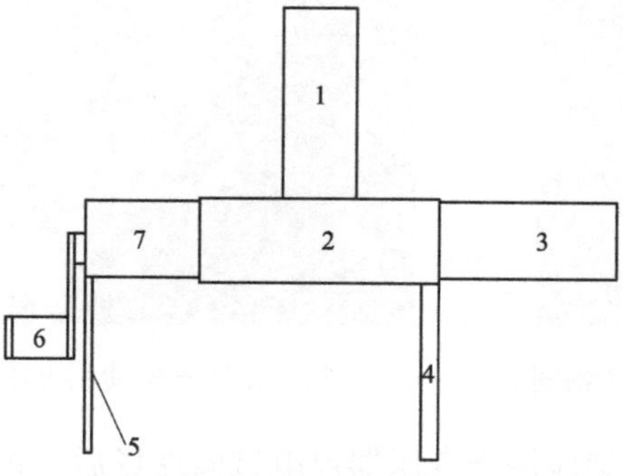

图 1-27 专用支架设计正视图

1—插筒；2—滑体；3—滑动主轴；4—第一紧固夹片；5—第二紧固夹片；6—摇把；7—内置螺杆

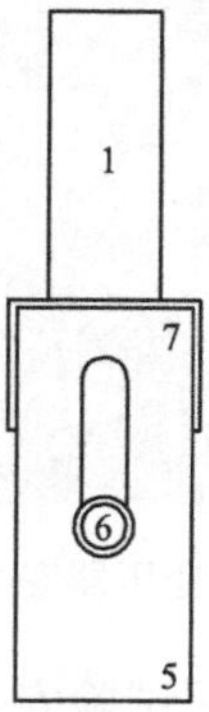

图 1-28 专用支架设计侧视图

1—插筒；5—第二紧固夹片；7—内置螺杆

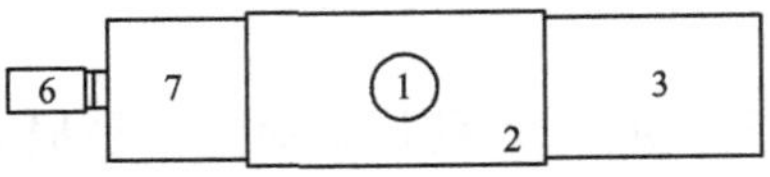

图 1-29　专用支架设计俯视图

1—插筒；2—滑体；3—滑动主轴；

6—摇把；7—内置螺杆

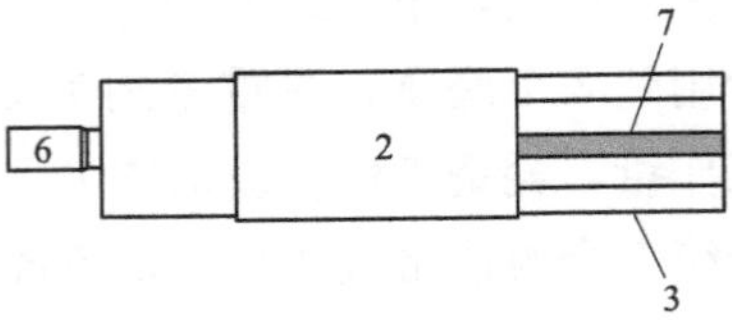

图 1-30　专用支架设计仰视图

2—滑体；3—滑动主轴；

6—摇把；7—内置螺杆

该专用支架主要由三大部分组成即主轴部分、滑动部分和摇把。滑动部分为不规则组合体，由插筒、滑体和第一紧固夹片组成，插筒和第一紧固夹片均连接在滑体上；主轴部分为内置螺杆的长方体，包括滑动主轴和第二紧固夹片，其中第二紧固夹片连接在滑动主轴上，而滑体套在滑动主轴的外围，第一紧固夹片和第二紧固夹片位于滑动主轴的同侧。摇把与内置螺杆相连，通过转动来提供滑动部分沿主轴移动的动力。

通过转动摇把带动内置螺杆转动，从而调节紧固夹片的夹紧范围，紧固夹片直接与变压器围台两侧接触，摇紧摇把能增加其与围台两侧的摩擦力，起到固定作用；转动摇把的同时滑体沿着滑动主轴滑动；插筒与滑体焊接为一体，用来固定安全警戒带支撑杆。

四、 课题成效

图 1-31 为变压器高压试验安全警戒带专用支架实物图，每 5 支为一组并配备定制铝箱方便携带。此专用支架在现场使用时首先确定安装位置，然后依次进行固定，随后将插杆插入插桶，进行安全警戒带的布置，如图 1-32 所示。

图 1-31　变压器安全警戒带专用支架实物图

图 1-32　专用支架使用方法

将变压器高压试验安全警戒带专用支架应用于变压器停电试验现场后，试验人员不再需耗费体力、精力搬运、布置沉重的圆形底座，布置安全措施时仅需 4 支专用支架即可满足工作要求，试验现场清晰整洁，更加符合现场“5S”定制管理，具体实施如图 1-33 所示。

此变压器高压试验安全警戒带专用支架作为一种安全措施布置辅助用具已经于2013年起广泛应用在各类变压器高压停电试验现场并且作为创新成果申报了国家实用新型及发明型专利，其中实用新型专利于2015年07月08日获得授权（ZL 2015 2 0488427.0），发明专利于2017年03月01日获得授权（ZL 2015 1 0397214.1）。

图 1-33　专用支架现场应用效果

五、 课题总结

根据变压器高压试验现场布置安全措施的实际需要，弥补传统安全警戒带支撑底座的诸多缺点，发明设计制造了一种布置变压器高压试验安全措施的工具，具有如下优点：

（1）小巧灵活便于携带；

（2）操作简单方便；

（3）覆盖范围广，仅需4支便可满足实际需求；

（4）黄铜材质可靠耐用；

（5）外表亮漆起到安全警示及防遗漏作用。

通过使用该工具，节省布置变压器停电试验安全措施所需的工时，提高效率并且使作业现场更加整洁美观。

案例6　电力系统安全警戒带防滑专用定位器的研发与应用

一、 课题概述

根据电力生产现场实际工作需要，设计研发了一种安全警戒带防滑专用定位器，从传统安置警戒带方式存在的问题为出发点，利用头脑风暴法及归纳总结法提出设计方案，最后将成品试用于工作现场，使工作人员能够更加牢固、灵活地布置安全警戒带。

二、 课题背景

安全警戒带是电力系统中尤其是设备运行维护管理单位使用最频繁也是最重要的安全工器具之一。目前，电力系统应用最广泛的安全警戒带为盒式涤纶警戒带，根据用途及使用场合的不同，警戒带单面印有不同警示语。对于电气试验专业来说，在进行电气设备的交接、例行或诊断性高压试验时，需要在各个电气设备的安装地点进行，电气设备的电压等级不同，试验电压也不同，每一次的高压试验都具有特殊性、不确定性和较大的危险性，稍不注意便容易形成安全隐患，对人身和设备安全造成威胁。因此，高压作业现场的风险控制以及各种安全保证措施是十分重要的。《国家电网公司电力安全工作规程》（简称“《安规》”）规定，为避免人员人身伤害和保证试验工作的顺利开展，高压作业现场必须设置试验安全警戒带进行风险防患。《安规》中就有对安全警戒带使用的各类规定，例如“14.1.5 试验现场应装设遮栏或围栏，遮栏或围栏与试验设备高压部分应有足够的安全距离，向外悬挂‘止步，高压危险！’的标示牌，并派人看守。被试设备两端不在同一地点时，另一端还应派人看守”等。此外，运行人员也需使用警戒带布置检修现场安全措施；检修人员使用吊车、斗车进行起重、高处作业时也需利用安全警戒带布置作业现场等。由此可见，安全警戒带是电力生产中必不可少的安全工器具之一。

用传统的方式布置安全警戒带，是通过缠绕或者绑扎的方式固定在安全措施墩（底座）或者周围的设备架构、网门、柜门或者其他牢固物体上，这种布置方法效果并不理想，存在以下弊端：①安全措施墩的支撑底座是铸铁的圆形底座，此类底座体积大分量重，搬运、携带不方便；②安全警戒带固定不够牢靠，容易脱落。安全警戒带一旦脱落，如果没有监护人员在场，就有可能造成外人误入安全警戒带所保护的试验区域，从而发生危及人身安全的事故；③现场布置受地形环境因素限制且覆盖半径有限；④安全措施墩造价高且易损坏、使用寿命短；⑤传统布置方法不够美观，不符合现场“5S”定置要求。

三、研发与实施

研发小组通过头脑风暴法及对电力生产作业现场使用安全警戒带情形的归纳总结，设计出一套适用于发电厂变电站的安全警戒带专用防滑组合用具。其中专用异型磁铁有三种变型，即为图 1-34 和图 1-35 中的平底面磁铁，图 1-36 和图 1-37 中的圆弧形凹槽异型磁铁，图 1-38 和图 1-39 中的半圆形凹槽异型磁铁。

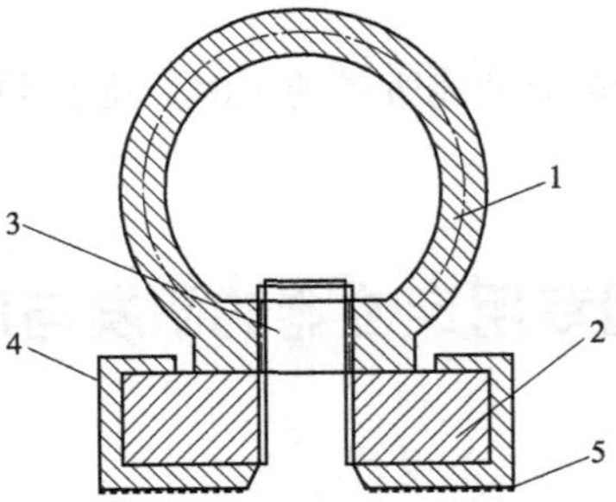

图 1-34 安全警戒带防滑专用定位器剖视图

1—圆形拉环；2—专用异型磁铁；3—定位螺钉；4—聚氯乙烯 PVC 外套；5—尖形刺

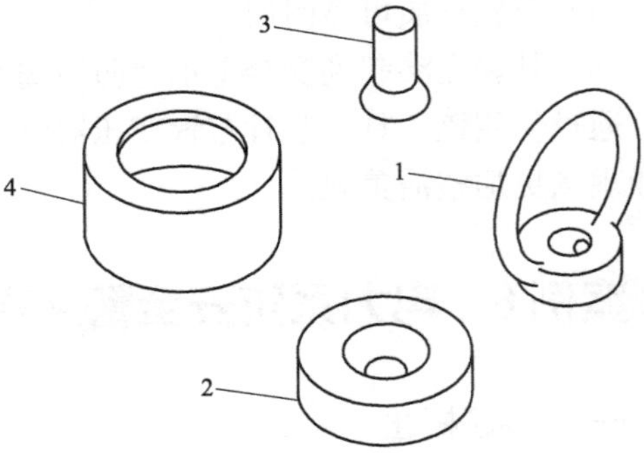

图 1-35 安全警戒带防滑专用定位器部件图

1—圆形拉环；2—专用异型磁铁；3—定位螺钉；4—聚氯乙烯 PVC 外套

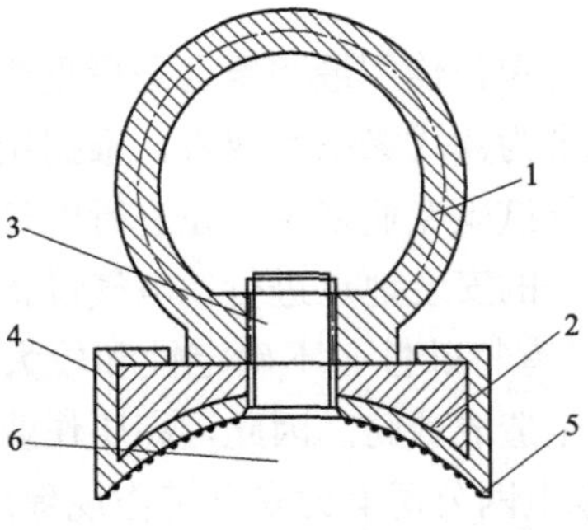

图 1-36 圆弧形凹槽异型磁铁安全警戒带防滑专用定位器剖视图

1—圆形拉环；2—专用异型磁铁；3—定位螺钉；4—聚氯乙烯 PVC 外套；5—尖形刺；6—半圆形空腔

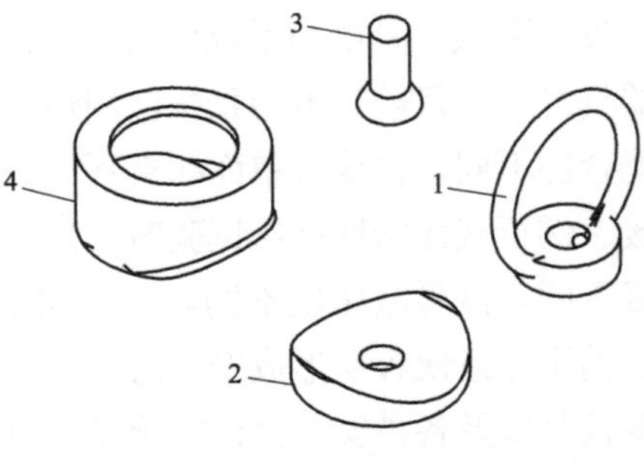

图 1-37 圆弧形凹槽异型磁铁安全警戒带防滑专用定位器部件图

1—圆形拉环；2—专用异型磁铁；3—定位螺钉；4—聚氯乙烯 PVC 外套

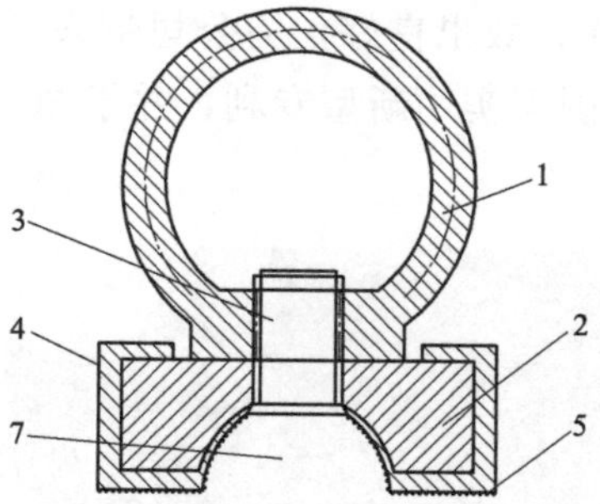

图 1-38 半圆形凹槽异型磁铁安全警戒带防滑专用定位器剖视图

1—圆形拉环；2—专用异型磁铁；3—定位螺钉；4—PVC 外套；5—尖形刺；7—圆弧形凹槽空腔

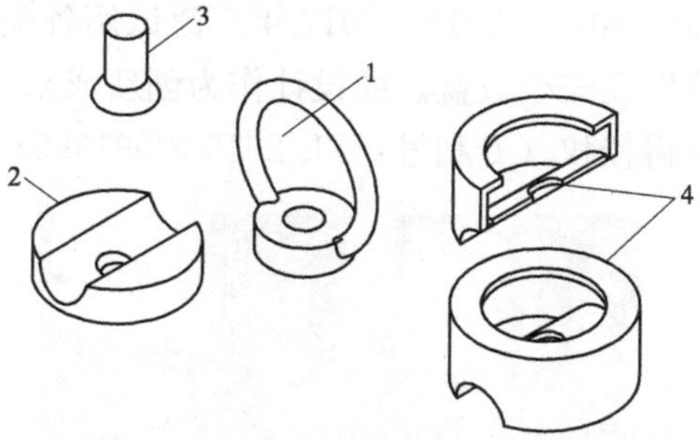

图 1-39 半圆形凹槽异型磁铁安全警戒带防滑专用定位器部件图

1—圆形拉环；2—专用异型磁铁；3—定位螺钉；4—PVC 外套

安全警戒带防滑专用定位器的工作原理是利用电力生产现场常见铁磁性架构、设备外壳、接地线、接地排等，依靠具有强磁性的防滑定位器提供的摩擦力将涤纶质安全警戒带固定在合适位置。

安全警戒带防滑专用定位器由圆形拉环、专用异型磁铁、PVC 外套和定位螺钉组成一个整体。图中圆形拉环的下半部为圆柱体，圆柱体的中心开有通透螺孔并与定位螺钉配合，圆形拉环的作用是固定、移动或取下有强磁性的专用定位器；专用异型磁铁为圆柱形或圆柱形的变异体，以满足与接触对象物体的形体接触面相吻合的需求，在圆柱形的中心开有圆孔，底端部的圆孔圆周处设倒角；在 PVC 外套内，容纳并安装专用异型磁铁，PVC 外套上端部有帽沿，可阻止安装其内的磁铁脱出，另外 PVC 外套还起到保护易碎磁铁的作用，在 PVC 外套的底部布满不规则的尖形刺，长度为 0.5～1mm，用于增强与警示带的附着力，使其更加牢固地将安全警戒带安放在所需位置。此外，PVC 外套可以根据使用部门或者使用地点的不同定制为不同的鲜艳颜色，如红色等，这样不仅便于区分、收纳，也起到辅助安全警示、提醒作用，另外还避免了此定位器遗留在工作现场；通过螺丝可将圆形拉环、磁铁、PVC 外套组合成一体。

如图 1-36 和图 1-37 所示，在专用异型磁铁的圆柱形底平面，整体加工成圆弧形，圆弧的半径为 100～130mm，PVC 外套将圆弧形包裹并附着其表面，在表面上设有不规则的尖形刺。这种设计是为了让专用定位器贴合作业现场中柱状金属架构、GIS 设备外壳等。

图 1-38 和图 1-39 中专用异型磁铁的圆柱形底平面上，沿中心线开一道半圆形凹槽，PVC 外套将半圆形凹槽包裹并附着其表面，在表面上设有不规则的尖形刺。这样设计是为了让专用定位器贴合现场内老式管状设备接地引下线等。

上述给出了 3 种由不同结构形状的专用异型磁铁组成的安全警戒带防滑专用定位器，实际工作中，根据现场的需要，可以制作各种形状的专用异型磁铁及安全警戒带防滑专用定位器。由于上述技术方案，是根据电力生产现场布置安全措施的实际需求而设计，提高了安全警戒带安装布置方式的灵活与安全可靠性。

四、课题成效

如图 1-40 和图 1-41 所示，此安全警戒带防滑专用定位工具作为一种安全辅助用具已经于2015、2016、2017年广泛试用各类现场工作，效果良好，为公司带来了一定的经济以及安全效益。此设计作为创新成果，申报了国家实用新型专利，并于2016年04月获得授权（专利号：ZL 2015 2 0919933.0）。

图1-40 应用本工具前现场布置情况

图1-41 应用本工具后现场布置情况

五、课题总结

根据电力生产现场各类安全措施布置的实际需求，利用电力生产现场铁磁性架构、设备外壳、接地线、接地排等，设计了此安全警戒带防滑专用定位工具。应用此工具能更加灵活、可靠地布置安全警戒带，从而提高了作业现场工作效率，使作业现场更加整洁美观，也在一定程度上提高了作业安全性。

案例7 通用型绝缘支撑组合工具的研发与应用

一、课题概述

试验人员根据耐压试验现场实际工作需要，发明设计了一种小巧轻便，易于携带，操作方便，实用性强的通用型绝缘支撑组合工具。其优点是使用此支撑组合工具不仅能节省工时，提高效率而且使作业现场更加整洁美观。

二、课题背景

耐压试验是考验电气设备绝缘状况最有效也是最直接的方法，对保证电网设备安全稳定运行具有至关重要的作用。电力系统中高压试验人员对不同电气设备经常实施的耐压试验包括工频耐压试验、直流耐压试验以及串联谐振耐压试验等。不仅如此，试验人员需按照《国家电网公司电力安全工作规程（变电部分）》（简称“《安规》”）规定对绝缘手套、绝缘靴、绝缘隔板、验电器等绝缘安全工器具进行耐压试验，以考验监督其绝缘性能。耐压试验通常根据被试品种类、依据技术规程和设备生产厂家规定的加压方案，对被试品施加一定时间、一定电压等级的试验电压，用以考验被试品的绝缘性能。

在耐压试验的试验回路中，被试品与加压线短接。大部分耐压试验需要在发、变电站内实施，现场电气设备、架构、设施等布置非常复杂，试验时加压线必须与周边非加压部位，如被试品金属外壳、架构、开关柜门、接地线等，保持足够的安全距离，防止因安全距离不够造成的放电或者引入额外的测量误差。如果耐压试验时发生放电不仅会导致试验工作的暂时中止，延长工期降低效率，而且可能威胁工作人员的人身安全，对被试设备、试验用仪器、引线等造成损害。因此耐压试验现场，试验人员需设法将加压线支撑起来，使其与周围非被试品保持一定安全距离。

图 1-42 传统布线所需零碎工具

图 1-43 传统绑扎带固定加压线

传统布线方式通常需要 2 名接线人员相互配合利用绑带、绝缘挂杆等零散工具（见图 1-42）将试验线接牢。

布线过程中使用绝缘绑扎带进行绑扎固定或使用绝缘杆固定支撑。如图 1-43 所示，绝缘绑带是柔性材质，在加压线绷直的情况下所受力矩大，可能出现松脱、拉伸、错位等情况，因此这种固定方式并不牢靠，存在一定的安全风险。如图 1-44 所示，现有的绝缘杆属于高压试验专用杆，每节在 1.3m 左右，尺寸长，所需布置空间较大，不适用于开关柜等狭小的空间，并且绝缘杆本身就需绳子进行绑扎固定，由于其自身质量大，会导致固定不牢固，造成试验中倒杆。

无论是采用绝缘绑扎带还是绝缘杆布线或者两种方式结合布线，都至少需要 2 名工作人员配合进行，如图 1-45 所示，增加了耐压试验所需工时，降低了工作效率，消耗

图 1-44 传统绝缘杆固定加压线

图 1-45 两名接线人员配合布线

了试验人员的体力、精力。此外，利用这种传统布线方法会令作业现场不美观不整洁，违背了作业现场“5S”定置原则。

三、研发与实施

利用变电站内电气设备、架构、设施的结构，设计一种既可以牢靠地自身固定又可以给试验加压线提供绝缘支撑，同时还可以进行组合以满足不同电压等级耐压试验需求的无局放专用支架。图 1-46～图 1-50 为此通用型绝缘支撑组合工具原理图。

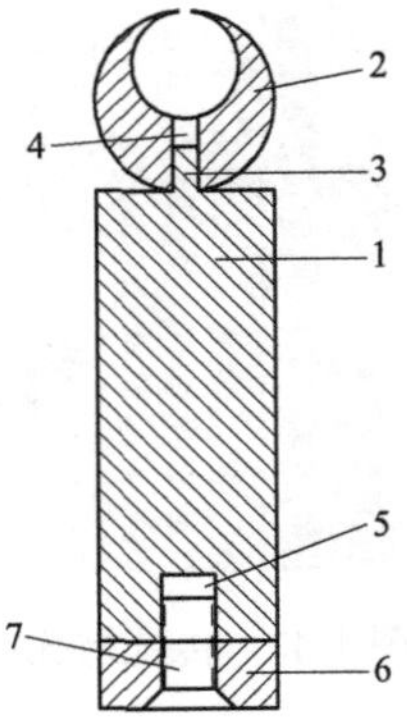

图 1-46　强力磁铁固定底座绝缘支撑组合工具剖视图

1—无局放绝缘杆；2—加压线固定卡环；3—无局放绝缘杆端部凸起螺纹杆；4—加压线固定卡环底部螺纹孔；5—无局放杆底部凹进螺纹孔；6—强力磁铁饼；7—固定螺栓

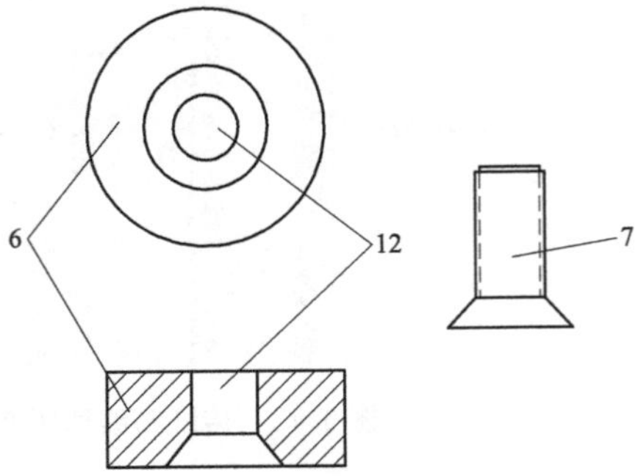

图 1-47　强力磁铁固定底座部件图

6—强力磁铁饼；7—固定螺栓；12—强力磁铁中间开孔

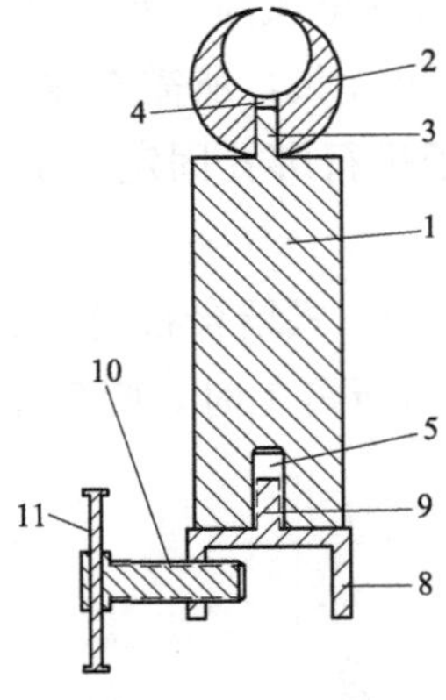

图 1-48　铜底脚固定底座绝缘支撑组合工具剖视图

1—无局放绝缘杆；2—加压线固定卡环；3—无局放绝缘杆端部凸起螺纹杆；4—加压线固定卡环底部螺纹孔；5—无局放杆底部凹进螺纹孔；8—铜底脚门型工件；9—凸起的螺纹杆；10—门型工件内设螺杆；11—摇把

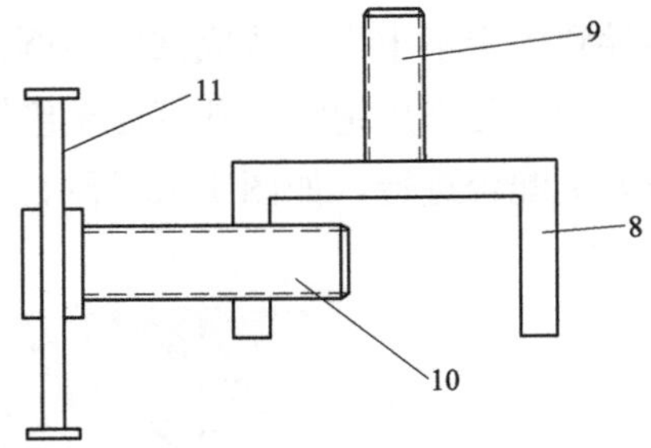

图 1-49　铜底脚主视图

8—铜底脚门型工件；9—凸起的螺纹杆；10—门型工件内设螺杆；11—摇把

专用支撑组合工具主要由 4 节无局放绝缘杆、加压线固定卡环、固定底座三部分组成。其中无局放绝缘杆端部凸起的螺纹杆用来与加压线固定卡环底部螺纹孔或是与另一节绝缘无局放杆底部凹进的螺纹孔相连，底端是螺纹孔用来与固定底座或者另一绝缘无局放杆顶端的螺纹杆相连。耐压试验所加电压等级不同，决定了使用无局放杆

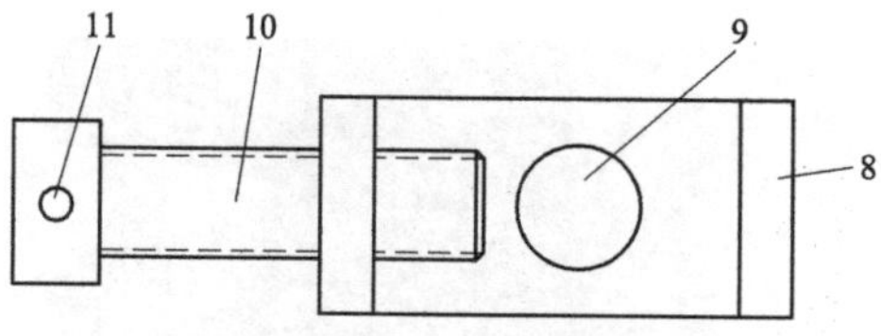

图 1-50　铜底脚俯视图

8—铜底脚门型工件；9—凸起的螺纹杆；10—门型工件内设螺杆；11—摇把

的节数，例如当进行 110kV 变压器工频耐压及局部放电测试时单节无局放绝缘杆即能满足试验要求，而对于 220kV 变压器，则需要将多节无局放绝缘杆配合对接使用。此外，可将绝缘杆本体定制为红色等鲜艳颜色，能起到安全警示作用，提醒作业人员试验时远离加压线，保证人身安全。加压线固定卡环为圆环状，顶端开口用以放入加压线，另一端有螺纹孔用来与无局放杆顶端螺纹杆相连。固定底座分为两种，一种由强力磁铁饼与固定螺栓组成。专用强力磁铁饼为圆柱形并在圆柱形的中心开有圆孔，底端部的圆孔圆周处设倒角，依靠强力磁铁的吸附力可将支撑绝缘杆固定于被试品附近铁磁性金属设备外壳、开关柜门等部位；另一种由铜底脚组成，铜底脚主体门型工件，上端焊接凸起的螺纹杆，用来与无局放绝缘杆底部凹进的螺纹孔相连接。门型工件内设有螺杆，螺杆的一端伸出工件的端部并连接摇把，通过摇把转动来调整螺杆另一端与门型夹片之间的卡紧宽度，用来将支撑绝缘杆固定在如变压器的散热片、设备接地引下排等部位。

四、课题成效

通用型绝缘支撑组合工具磁铁底座现场实施图如图 1-51 所示，通用型绝缘支撑组合工具铜脚底座现场实施图如图 1-52 所示，三节通用型绝缘支撑杆组合使用如图 1-53 所示。

图 1-51　通用型绝缘支撑组合工具磁铁底座现场实施图

将通用型绝缘支撑组合工具应用于试验现场后，试验人员不再需要使用试验绑扎带，使试验现场接线清晰整洁，更加符合现场“5S”管理，并且根据位置不同，选用不同的绝缘支撑底座，降低接线过程中的操作难度，增加布线牢固程度。具体实施如图 1-54 所示。

通过应用通用型绝缘支撑组合工具原来由 2 人进行的布线减少为 1 人就可完成（见图 1-54），且该工具便于操作，成倍提高了试验效率，极大程度缩短了停电时间。以 110kV 变压器局放耐压试验为例，通过应用本工具，单台变压器局放试验工时由原来的 33.04 工时缩减为 24.64 工时，以 2017 年工作量统计，就仅该项试验为公司节约成本 89 180 元。

图 1-52 通用型绝缘支撑组合工具铜脚底座现场实施图

图 1-53 三节通用型绝缘支撑杆组合使用

图 1-54 应用组合工具后所需人员情况

此通用型绝缘支撑组合作为辅助用具已经于 2014～2017 年广泛应用在各类耐压试验现场并且作为创新成果，申报了国家实用新型及发明型专利，其中实用新型专利于 2017 年 2 月获得授权（专利号：ZL 2016 2 0850509. X）。小组根据本支撑工具完成的 QC 课题《缩短 110kV 变压器脉冲电流法局部放电检测工时》获“2018 年河北省优胜质量科技成果”奖项。

五、 课题总结

根据耐压试验现场实际工作需要，弥补传统布置高压线方式的诸多不足，工作人员发明设计了一种通用型绝缘支撑组合工具，此工具不仅满足了各类耐压试验需要，而且小巧轻便，易于携带，操作方便，实用性强，同时将传统布线所需的 2 名工作人员缩减为 1 名，节省工时，提高效率并且使作业现场更加整洁、美观。

案例 8 GIS 特高频及超声波局部放电测试传感器专用支撑工具

一、 课题概述

现场进行 GIS 设备的特高频与超声波局部放电检测时，测点数量繁多。GIS 带电局部放电检测传感器专用于支撑组合工具的应用，省去了工作人员登高测试的环节，避免了高摔、误碰高处带电部位的可能性，保证了试验人员及试验设备的安全，同时，由于现场作业人员由 3 人减至 2 人，不安全因素出现的概率减小，增强了现场作业安全的可控性。

二、 课题背景

局部放电（局放）指的是电气设备绝缘内部存在缺陷，如金属尖刺、连接件松动、金属颗粒、机械振动等，在一定的外施电压作用下发生局部重复击穿和熄灭的现象。虽然这类放电的放电量不大，短期存在不会影响整个绝缘立即击穿，但在长期工作电压下局部放电会导致绝缘缺陷逐步扩大，最后造成整个绝缘击穿。总之，局部放电既是 GIS 绝缘劣化的征兆和表现形式，又是绝缘进一步劣化的原因。对 GIS 进行带电局部放电检测能够有效地发现其内部早期的绝缘缺陷，以便采取措施，避免其进一步发展，提高 GIS 设备的可靠性，除此之外，还可以弥补停电耐压试验的不足。

电力设备局部放电时会在设备内部和周围空间产生一系列的光、声、电气和机械振动等物理现象和化学变化，通过检测这些现象和变化可以为判断设备内部绝缘状态提供依据。超声波局部放电带电检测（acoustic emission，AE）是通过故障电力设备局部放电时产生的震动和声音来测量局部放电信号的；而特高频局部放电检测（ultra high frequency，UHF）是通过设备局部放电时产生的特高频电磁波信号来检测的。

三、 研发与实施

现场进行 GIS 设备的特高频与超声波局部放电检测时，测点数量繁多。经工作人员统计单个 GIS 间隔测点为 40.25 个，且站内 47%的测点为高处测点。在现场开展的超声波与特高频检测，要求测试人员将传感器紧贴 GIS 设备上的测点才能进行：通常情况下由 1 名工作人员手持特高频或超声波传感器接触 GIS 设备上的检测点，另 1 名工作人员拿着检测仪器观察接收到的特高频或超声波信号图谱，用来判断该检测点有无局部放电信号。对于部分检测部位较高，则需要借助梯子登高检测，依据行业安全规程同时为了作业安全起见，此时就需增加搬运及扶梯人员，也就是说此时需要 1 人登高放置传感器、1 人扶梯、1 人操作仪器，如图 1-55 所示。

登高作业人员需穿戴安全带并将安全带挂钩挂在牢固的地方，但是几乎所有的 GIS 设备没有设计安全带挂钩、挂环，登高作业人员在固定安全带上要耗费大量精力，增加了登高作业的危险性。变换高处测点不仅需要搬移绝缘梯而且登高测试人员需要重新布

图 1-55 GIS 超声波及特高频局放测试现状

置安全带，费时耗力，事倍功半。即便这样由于 GIS 设备结构紧凑，检测空间狭小，部分高处测点由于无法在适当的位置架设绝缘梯而无法进行测试。

综上所述，现阶段测试 GIS 设备超声波及特高频局部放电，高处测点较多，需要借助绝缘梯登高测量，同时增加一名配合人员，登高测试人员布置安全带以及搬运绝缘梯变换高处测点耗时费力，高摔风险大，测试效率低。

（一）目标设定

小组通过调查分析共找出了 5 条末端因素，并确定了“缺少专用支撑测试工具”为导致症结的主要原因。因此本次活动的目标为：根据 GIS 超声波与特高频局部放电带电检测现场布置传感器的实际需要，弥补传统作业时的诸多缺点，设计并提供一种小巧灵活、便于携带、方便操作、绝缘良好、可同时适用于超声波和特高频两种形状完全不同的传感器专用支撑工具，起到延长支撑作用以便作业人员不用登高作业就能完成测试的组合工具，保障工作人员的人身安全和设备的安全，结构简单，成本低，使用方便、快捷，节省人力，提高带电检测工作效率。

（二）对策实施

针对要因小组成员通过头脑风暴法提出了若干解决方法，并通过可行性分析，确定如下方案：自行设计并由专业厂家制作 GIS 局放带电检测的特高频及超声波传感器专用支撑工具，包括绝缘杆、传感器固定卡座和附件固定卡座，绝缘杆和传感器固定卡座间设有转动结构，其特征在于所述传感器固定卡座为门型结构，门型结构中设置有超声波传感器专用底座，超声波传感器专用底座为绝缘材质，超声波传感器专用底座包括左右对称的两部分，两部分拼合后，其上部表面为圆弧状接触面，中间设有柱状孔洞，柱状孔洞底部设置有硬海绵垫片，成品如图 1-56 所示。超声波传感器安装示意图如图 1-57 所示，特高频传感器安装示意图如图 1-58 所示。

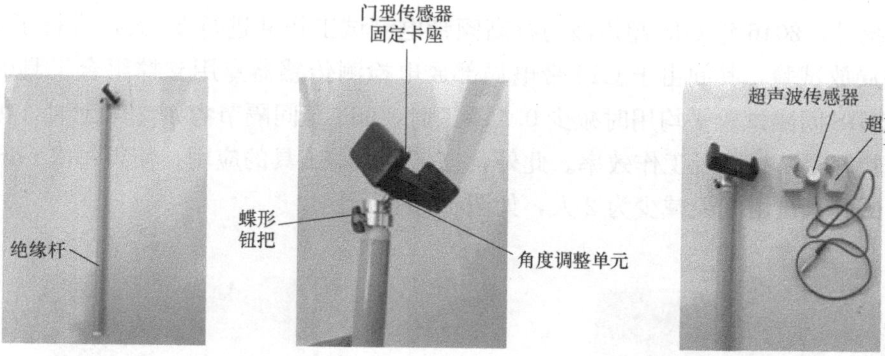

图 1-56　专用支撑工具结构图

此工具特点如下：

（1）轻便、便携；

（2）绝缘性能强；

（3）顶部固定卡座可实现 360°旋转；

（4）能同时满足超声波及特高频测试需要。

图 1-57　超声波传感器安装示意图

图 1-58　特高频传感器安装示意图

四、 课题成效

（一）应用情况

本工具已经广泛纳入公司《高压试验（带电例行）现场标准化作业指导书》中，长期执行。此外本工具“用于 GIS 放电带电检测的特高频及超声波传感器支撑工具”已申请了国家实用新型及发明型专利，其中实用新型专利已获得授权（ZL 2016 2 1456251.1）。本次 QC 活动成果“缩短 GIS 设备超声波与特高频局部放电带电检测试验工时”荣获 2017 年河北省优秀科技质量成果奖。

（二）经济效益

经小组统计，2016 年 GIS 超声波与特高频带电测试工作共进行 57 天，进行了 663 个 GIS 间隔局放试验，其间由于 GIS 带电局部放电检测传感器专用支撑组合工具的应用，使得每 GIS 间隔试验平均用时减少 0.442 工时，663 个间隔节省了 293 工时，极大地缩短了试验用时，提高了工作效率。此外，也是由于本工具的应用，使得每次 GIS 局放带电检测试验人员由 3 人减少为 2 人，如图 1-59 所示。

图 1-59 现场实用效果对比图

如果以技术工人人工费每小时 100 元，出差一天 50 元（8h 工作制）计算，那么公司 2016 年的 GIS 局放带电检测节省人员工费支出

$$293 \times (100 + 50 \div 8) = 31\ 131.25(\text{元/年})$$

创造直接效益 31 131.25 元/年。

（三）安全效益

GIS 带电局部放电检测传感器专用支撑组合工具的应用，省去了工作人员登高测试的环节，避免了高摔、误碰高处带电部位的可能性，保证了试验人员及试验设备的安全，同时，由于现场作业人员由 3 人减至 2 人（见图 1-59），不安全因素出现的概率减小，增强了现场作业安全的可控性。

五、 课题总结

GIS 特高频及超声波局部放电测试传感器专用支撑工具小巧灵活、便于携带、方便操作、绝缘良好、可同时适用于超声波和特高频两种形状完全不同的传感器专用支撑工具，起到延长支撑作用以便作业人员不用登高作业就能完成测试的组合工具，保障工作人员的人身安全和设备的安全，结构简单，成本低，使用方便，快捷，节省人力，提高带电检测工作效率。

在今后的工作实践中，本小组将继续对本专用支撑工具进行改进，以求更便捷、更实用、更人性化。例如：绝缘杆材质采用更轻便的绝缘材质；为此支撑工具配备定制盒；将杆体做成可伸缩式以便携带等。

案例 9　一种变压器直流电阻试验接线转换盒

一、 课题概述

针对传统方法进行变压器直流电阻试验时需要多次攀登变压器换线接线，耗时长且存在高摔危险，研制了一种新型辅助接线装置，可在变压器接线柱处一次性完成接线，并可通过转换开关，实现变压器直流电阻试验接线的自动切换，从而将高空接线换线工作转移至地面进行，避免多次登高接线换线，提高了工作效率，消除了安全隐患。

二、 课题背景

变压器是电力系统中一种主要的电气设备，根据《国家电网公司变电检测管理规定》的要求，需要周期性测量变压器绕组的直流电阻，以反映绕组接头焊接质量好坏、绕组有无匝间短路、分接开关是否良好、导线是否断股等情况。使用传统方法进行直流电阻试验，存在复杂性、反复性、耗时长、效率低等问题。试验人员需穿戴安全带爬上变压器，将安全带挂钩挂在牢固架构上，然后对高压侧 U 相绕组进行试验接线，待该相直流电阻测量工作结束，试验人员重复上述操作，依次测量高压侧 V、W 相和低压侧 U、V、W 相绕组的直流电阻。整个操作过程中，试验人员需反复至少 6 次攀登变压器进行接线、换线，不仅费工费时，而且存在坠落和触电等安全隐患。为解决上述技术问题，以下提出了一种变压器直流电阻试验接线转换盒，可将高空工作转移至地面进行，解决了传统试验时多次攀登变压器接线、换线的问题。

三、 研发与实施

（一）转换盒结构设计

设计的变压器直流电阻试验接线转换盒为中空长方体，六面均为绝缘材质。其特征在于，转换盒正面为矩形测试面板，包括设备区、仪器区和操作区三部分，转换盒主视图如图 1-60 所示。接线端子安装在转接盒面板上，彼此具有足够的安全距离，转接盒的机械强度大，使测试线与面板之间具有良好的绝缘性能。

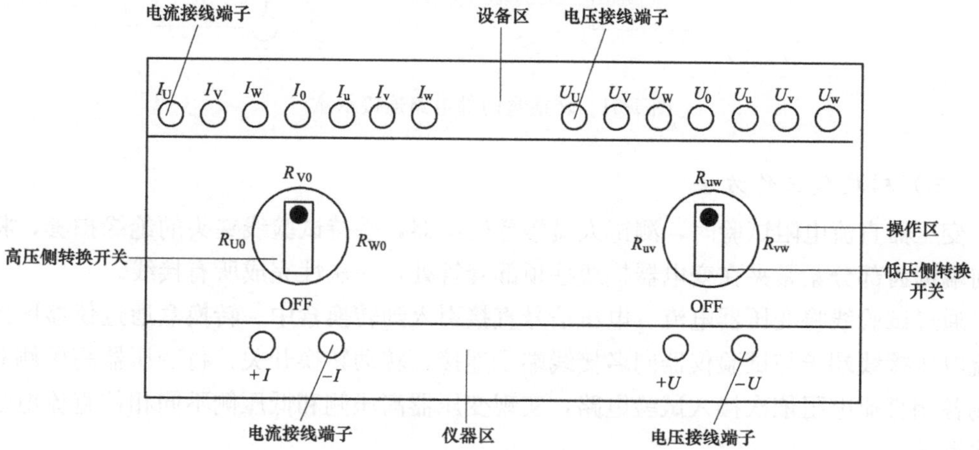

图 1-60　转换盒面板示意

从图 1-60 可以看出，设备区内设有 I_U、I_V、I_W、I_0、I_u、I_v、I_w 七个电流接线端子和 U_U、U_V、U_W、U_0、U_u、U_v、U_w 7 个电压接线端子，电流、电压接线端子通过接线装置与变压器同名接线柱连接。

仪器区内设有 $+I$、$-I$ 仪器区电流接线端子和 $+U$、$-U$ 仪器区电压接线端子，电流、电压接线端子通过试验仪器自身配套的试验线缆与所述试验仪器同名接线端子对应连接。

操作区内设有转换开关，用于实现挡位选择和试验电路的切换。转换开关包括高压侧转换开关和低压侧转换开关。高压侧转换开关包括 OFF 挡、R_{U0}挡、R_{V0}挡和 R_{W0}挡，用于控制试验电路的切断和实现变压器高压侧直流电阻的测量。低压侧转换开关包括 OFF 挡、R_{uv}挡、R_{vw}挡和 R_{wu}挡，用于控制试验电路的切断和实现变压器低压侧相间电阻的测量。

（二）转换盒内部电路连接

转换盒内部电路连接如图 1-61 所示。仪器区电流接线端子 $+I$ 在转换盒内部分别通过开关 S_1、S_2、S_3、S_5、S_6 和设备区电流接线端子 I_U、I_V、I_W、I_u、I_v 对应连接，电流接线端子 $-I$ 分别通过开关 S_4、S_7、S_8 和设备区电流接线端子 I_0、I_v、I_w 对应电连接。仪器区电压接线端子 $+U$ 在转换盒内部分别通过开关 $S_{1'}$、$S_{2'}$、$S_{3'}$、$S_{5'}$、$S_{6'}$ 和设备区电压接线端子 U_U、U_V、U_W、U_u、U_v 对应电连接，电压接线端子 $-U$ 分别通过开关 $S_{4'}$、$S_{7'}$、$S_{8'}$ 和设备区电压接线端子 U_0、U_v、U_w 对应连接。

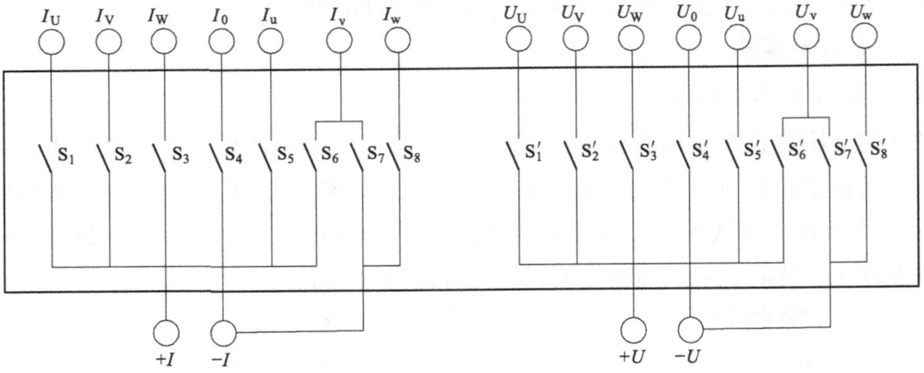

图 1-61 转换盒内部电路连接示意

（三）转换盒工作方法

变压器直流电阻试验时，测试人员攀登变压器，手持试验线夹头的绝缘护套，将夹头前端锯齿部分紧紧夹在变电器接线柱顶部套管处，一次性完成所有接线。

通过试验线将变压器电流、电压信号直接引入到转换盒中。转换盒通过仪器区内的电流电压接线端子与试验仪器同名接线端子连接，转动转换开关，将变压器高压侧和低压侧各相直流电阻依次接入试验电路，实现变压器高压侧和低压侧不同相位直流电阻的依次测试。

如图 1-61 所示，当高压侧转换开关切换到 R_{U0} 挡时，开关 S_1、S_4、$S_{1'}$、$S_{4'}$ 闭合，

开关 S_2、S_3、S_5、S_6、S_7、S_8、$S_{2'}$、$S_{3'}$、$S_{5'}$、$S_{6'}$、$S_{7'}$、$S_{8'}$ 断开，此时测量变压器高压侧 U 相直流电阻 R_{U0}；当高压侧转换开关切换到 RV_0 挡时，开关 S_2、S_4、$S_{2'}$、$S_{4'}$ 闭合，开关 S_1、S_3、S_5、S_6、S_7、S_8、$S_{1'}$、$S_{3'}$、$S_{5'}$、$S_{6'}$、$S_{7'}$、$S_{8'}$ 断开，此时测量变压器高压侧 V 相直流电阻 R_{V0}；当高压侧转换开关切换到 R_{W0} 挡时，开关 S_3、S_4、$S_{3'}$、$S_{4'}$ 闭合，开关 S_1、S_2、S_5、S_6、S_7、S_8、$S_{1'}$、$S_{2'}$、$S_{5'}$、$S_{6'}$、$S_{7'}$、$S_{8'}$ 断开，此时测量变压器高压侧 W 相直流电阻 R_{W0}。

当低压侧转换开关切换到 R_{uv} 挡时，开关 S_5、S_7、$S_{5'}$、$S_{7'}$ 闭合，开关 S_1、S_2、S_3、S_4、S_6、S_8、$S_{1'}$、$S_{2'}$、$S_{3'}$、$S_{4'}$、$S_{6'}$、$S_{8'}$ 断开，此时测量变压器低压侧 u、v 相间直流电阻 R_{uv}；当低压侧转换开关切换到 R_{vw} 挡时，开关 S_6、S_8、$S_{6'}$、$S_{8'}$ 闭合，开关 S_1、S_2、S_3、S_4、S_5、S_7、$S_{1'}$、$S_{2'}$、$S_{3'}$、$S_{4'}$、$S_{5'}$、$S_{7'}$ 断开，此时测量变压器低压侧 v、w 相间直流电阻 R_{vw}；当低压侧转换开关切换到 R_{wu} 挡时，开关 S_5、S_8、$S_{5'}$、$S_{8'}$ 闭合，开关 S_1、S_2、S_3、S_4、S_6、S_7、$S_{1'}$、$S_{2'}$、$S_{3'}$、$S_{4'}$、$S_{6'}$、$S_{7'}$ 断开，此时测量变压器低压侧 w、u 相间直流电阻 R_{wu}。

当高压侧转换开关或低压侧转换开关切换到 OFF 挡时，开关全部处于断开状态。

这样，通过攀爬变压器一次，使用变压器直流电阻试验接线转换盒，利用转换开关就可以实现高、低压侧三相绕组试验接线的自动切换，避免了反复接线、换线工作。

四、 课题成效

变压器直流电阻试验接线转换盒已经成功应用于国网保定供电公司 2018 年的春检预试现场中。与传统测试方法进行对比，采用转换盒后，变压器高空作业时间由原来的平均用时 150min 降低为平均用时 114min，接线总耗时由原来的平均用时 30min 降低为 9min，大大降低了变压器直流电阻的测试时间与高空接线时间，提高了试验效率，更降低了试验人员高空作业的风险。

而且，转换盒盒体采用绝缘材质，有效降低了高压环境下操作带来的触电风险，提高了试验人员操作过程中的安全性。

五、 课题总结

传统高空测量接线存在复杂性、反复性、耗时长、效率低等问题。利用试验线将变压器绕组接线夹转移至地面，不仅可将高空接线、换线工作转移至地面进行，降低了试验人员高空作业的次数和风险；而且可通过转换开关实现高、低压侧三相绕组试验接线的自动切换，避免了反复接线、换线工作，以及因此而造成的试验误差，有效缩短了试验时间，提高了工作效率，降低了触电风险。同时，该设备测量时间短，数据准确，不会增加测量误差，能够真实反映变压器绕组的直流电阻，可应用于 Y/△接线方式的 35kV、110kV 和 220kV 双绕组变压器直流电阻测量试验，实用性强，易于推广。

案例 10 220kV 电容式电压互感器介损试验转接盒

一、 课题概述

针对 220kV 电容式电压互感器（CVT）例行试验过程中需要试验人员多次爬梯接

线、倒线，整体试验耗时长、占用人数多的现状，提出了解决方案，设计了一款专用转接盒，介绍了其结构及内部接线，使用方法及功能。从该转接盒运用在实际工作现场的调查情况及数据统计来看，专用转接盒很大程度缩短了该试验工时，为公司创造了经济效益及安全效益。

二、课题背景

电容式电压互感器（CVT）的工作原理是由串联电容器先分压，再经过电磁式电压互感器降压和隔离。与传统电磁式电压互感器相比，CVT 具有冲击绝缘强度高、制造工艺简单、重量轻、体积小、成本低、运行可靠，维护方便并可兼做高频载波通信的耦合电容等优点。

为保证 CVT 的安全正常运行，采集设备的状态量，根据国家、行业及企业规程规定，设备运维管理单位会按照设备周期对其进行停电例行试验，其中介质损耗因数（介损）和电容量的测量是判断 CVT 绝缘状态的重要参数之一，它能有效反映出设备进水受潮、绝缘老化等一系列缺陷。

对于 220kV 电压等级的 CVT 来说，介损及电容量测量的传统作业方法分为两步，即屏蔽法和自激法。通常需要 1 名试验人员穿戴安全带攀爬绝缘梯，将安全带挂钩及二道保护绳固定在 CVT 支撑架构的合适位置后，对 CVT 二次面板进行拆除及试验接线，待接线完毕接线人员下梯转移到安全位置后，进行试验第一步“屏蔽法”。操作完成之后，接线人员需再次攀爬绝缘梯，倒换试验线，随后下梯转移到安全位置，进行试验的第二步“自激发”。操作完成之后，该接线人员须再次上梯拆除试验接线，恢复 CVT 二次面板至初始状态。接线倒线过程耗时费力，况且反复上下绝缘梯增加了作业人员高摔及磕碰的风险。

三、 研发与实施

（一）220kV CVT 介损试验转接盒的结构

专用转接盒盒体由绝缘材料构成。如图 1-62 所示，主面板包括切换区、试品区和仪器区三个区域。

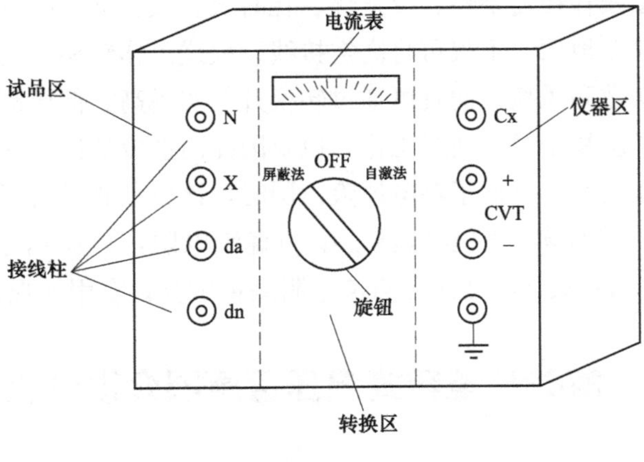

图 1-62　专用转接盒的外观图

切换区包括交流电流表和用于切换盒体内部连接方式的转换开关；试品内设有用于连接被试设备二次面板相应端子的四个设备接线柱，分别为“N”“X”“da”和“dn”；仪器区内设有用于连接测试仪器的四个仪器接线柱，分别为“Cx”“CVT+”“CVT−”和接地。

此专用转接盒内部接线如图 1-63 所示。

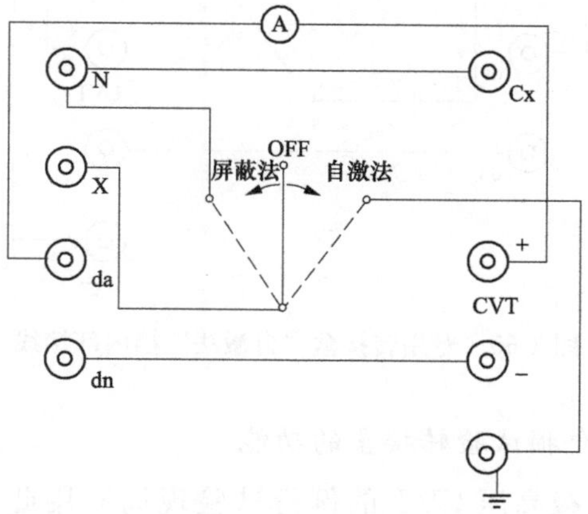

图 1-63 专用转接盒内部接线

当转换区转换开关旋转至“屏蔽法”挡时（见图 1-64），①“N”与“Cx”导通；②“da”与“CVT+”导通；③“da”与“CVT−”导通；④“X”与“N”及“Cx”导通。

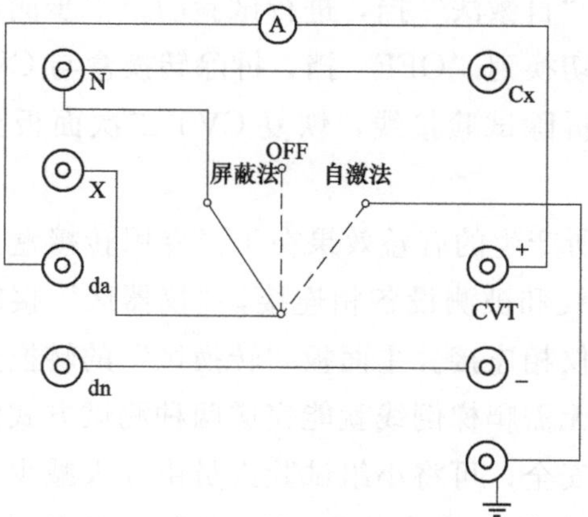

图 1-64 专用转接盒“屏蔽法”挡内部接线

当转换区转换开关旋转至“自激法”挡时（见图 1-65），①“N”与“Cx”导通；②“da”与“CVT+”导通；③“da”与“CVT−”；④“X”与接地导通。此外“da”与“CVT+”端子间串联一块量程为 50A 的机械指针式电流表，用以监测试验时的回路电流情况，为避免试验时因为电流过大而烧毁测试仪器。设备接线柱和仪器接线柱的耐压水平达到 3kV。

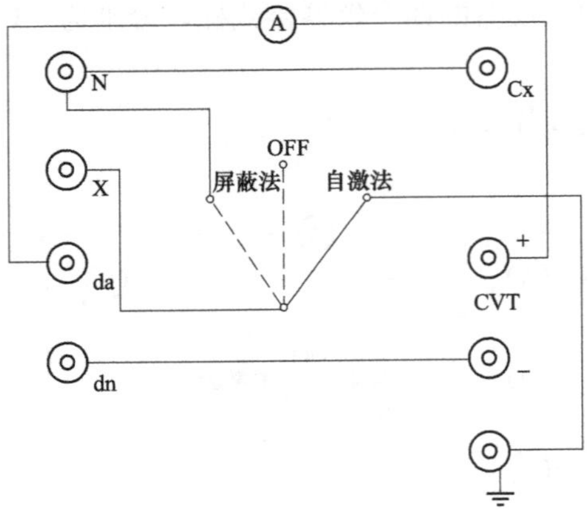

图 1-65 专用转接盒“自激法”挡内部接线

（二）220kV CVT 介损试验转接盒的功能

在变电站 220kV 等级高压 CVT 的例行试验现场应用此专用转接盒：1 名试验人员穿戴安全带攀爬绝缘梯，对 CVT 二次面板进行拆除并将试验时所用到的全部 4 个二次端子即“N”“X”“da”和“dn”，用定制的试验引线安全、牢固地接引至转接盒主面板“试品区”相应的接线柱上。利用测试仪本身配套的试验线将测试仪连接到转接盒“仪器区”相应的接线柱上。接线完毕后，将转换开关的旋钮从“OFF”挡切换到“屏蔽法”挡，进行试验的第一步测试。随后将转换开关的旋钮从“屏蔽法”挡切换到“自激法”挡，进行试验的第二步测试。完毕后将转换开关的旋钮从“自激法”挡切换到“OFF”挡，拆除转换盒与 CVT 和测试仪器的连线，该接线人员需再次上梯拆除试验接线，恢复 CVT 二次面板至初始状态，完成整个试验。

采用上述技术方案所产生的有益效果在于：专用转接盒主面板上“试品区”接线柱通过专用的绝缘导线和被测设备相连接，“仪器区”接线柱通过试验测试仪本身配套的试验线和测试仪相连接。主面板“转换区”的转换开关可以改变盒体内部的导线连接方式，实现无需爬梯倒线就能完成两种测试方式的目的。该转接盒携带方便，操作简单，实用安全，可将小组试验人员由 3 人减少为 2 人，同时减少了试验人员上梯登高和接线次数，优化整个试验流程，提高了 220kV CVT 例行试验效率。

四、课题成效

（一）应用情况

本专用转接盒已成功应用于公司 220kV 电压等级 CVT 例行试验现场，同时纳入工区《电容式电压互感器停电试验作业指导》中，长期执行。此外本专用转接盒已申请了国家发明型及实用新型专利，其中实用新型专利已获得授权（ZL 2016 2 0886945.2）。

（二）应用效果

1. 经济效益

2016年我班组共对6座220kV变电站（共52支CVT）进行停电例行试验。通过应用专用转接盒，提高CVT该项试验工作效率，节省停电时间，平均提前恢复供电30min，以平均每座变电站装机容量为240MVA、一度电0.5元计算，挽回的经济效益大概为：6×0.5×240×0.5＝36万元。

6座变电站52支CVT，经班组人员统计每支CVT例行试验节省3工时，如果以电气试验工人工费每小时150元，为公司节省开支：52×3×150＝2.34万元。

2016年总经济效益：36＋2.34＝38.34（万元）。

2. 安全效益

通过应用此专用转接盒，省去了接线人员攀爬绝缘梯倒换接线的过程，降低了高摔及磕碰等不安全因素发生的概率。同时将作业小组人员由3人减至2人，增加了工作负责人对现场的把控，从而使作业现场安全的可控性极大增强。

五、课题总结

220kV电容式电压互感器介损试验转接盒主面板上“试品区”接线柱通过专用的绝缘导线和被测设备相连接，“仪器区”接线柱通过试验测试仪本身配套的试验线和测试仪相连接。主面板“转换区”的转换开关可以改变盒体内部的导线连接方式，实现无需爬梯倒线就能完成两种测试方式的目的。该转接盒携带方便，操作简单，实用安全，可将小组试验人员由3人减少为2人，同时减少了试验人员上梯登高和接线次数，优化整个试验流程，提高了220kV CVT例行试验效率。

案例11 电容型设备停电例行试验移动式平台的研发与应用

一、课题概述

根据电容型设备停电例行现场实际工作需要，发明设计了一种结实耐用，操作方便，实用性强的移动性试验平台，应用此平台不仅提高了该项工作效率，降低了工作人员的工作量，而且使作业现场更加整洁美观。

二、课题背景

电容型设备是指采用电容屏绝缘结构的设备，如电容型电压互感器、电容型电流互感器、耦合电容器、电容式套管等。涉及电容型设备的停电例行试验项目主要包括介质损耗因数及电容量（介损）测试和绝缘电阻测量，其中介损是反映电力系统中高压容性设备绝缘状况的重要参数，是设备本身绝缘状态及性能的精准体现。通过对介损的测量可以及时、准确地发现电力设备中绝缘受潮、局部放电、劣化变质等局部或整体缺陷，从而保证电力系统安全稳定地运行。介损测试是电力系统中最重要也是开展最频繁的绝缘监督手段之一，当试验人员在现场进行实际工作时，也面临以下几个问题。

（一）仪器工器具多，需要多人搬运

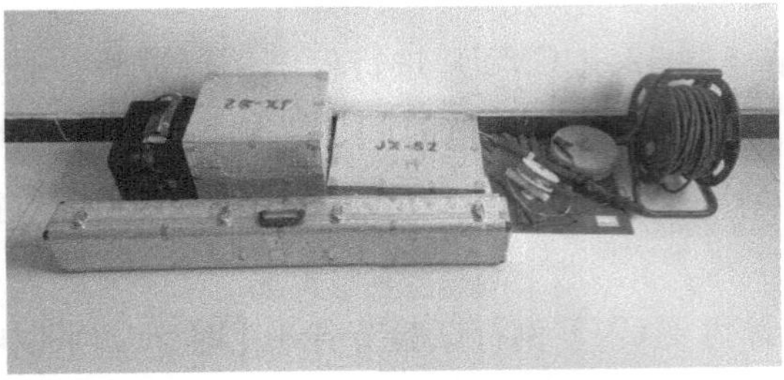

图 1-66 电容型设备停电例行试验所需仪器及工器具

在停电例行试验中，电容型设备停电例行试验所需的试验仪器及工器具包括介损测试仪、介损测试线、绝缘摇表、电源轴、绝缘杆、绝缘垫、绝缘手套、接地线、安全警戒带、万用表及常用工具共计 11 项，如图 1-66 所示。

介损测试仪带箱重 26kg，需要至少 2 名工作人员搬运。因为该项试验所需仪器及工器具种类数量多重量沉，所以该项试验需要至少 4 名工作人员共同配合完成。试验所需工器具的零碎性导致试验现场丢落工器具的现象时有发生。同时，由于个别仪器比较沉重，还存在机械砸伤的风险。电容型设备试验仪器搬运需要 4 人·次，现场不利于人员分工配置。

（二）设备多且分散，需要频繁改变作业地点

在电气设备运行过程中，需要定期开展介损及电容量测量的设备包括主变压器、主变压器套管、站用变压器、电流互感器、电磁式电压互感器、电容式电压互感器、电力电缆和耦合电容器，共 8 类设备。在停电例行试验现场，是所耗工时最多的一项工作。变电站内电容型设备数量众多并且位置分散，这就需要工作人员频繁变化工作地点，而且转移过程中可能需要往返多次才能将所有仪器及工器具转移完毕。这样极大消耗了工作人员体力精力。因为所需设备及工器具众多，很容易造成试验现场布置的混乱，违背了现场“5S”定制原则，给试验过程中带来安全隐患，造成安全事故。

三、 研发与实施

为解决现有电容型设备停电例行试验时所需仪器工器具数量多且沉重、被试设备分布范围大、需多名工作人员共同配合浪费人力等问题，设计了电容型设备停电例行试验移动式平台，具体设计图如图 1-67 所示。

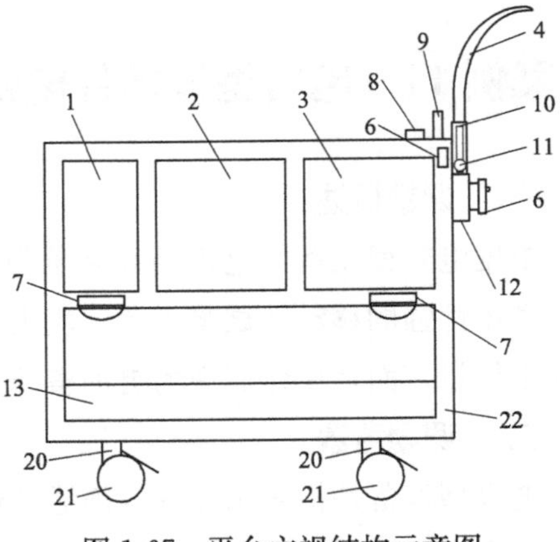

图 1-67 平台主视结构示意图

1—介损测试线放置区；2—介损测试仪放置区；3—绝缘摇表放置区；4—手把；6—电源轴；7—提拉装置；8—水平仪；9—温湿度计；10—手把滑道；11—转动轴；12—手把固定筒；13—绝缘杆放置区；20—升降杆；21—脚轮；22—测试平台

测试平台设置为上、下两层，其中上层设有介损测试线放置、介损测试仪放置区，绝缘摇表放置区；平台下层设有绝缘杆放置区，绝缘垫及绝缘手套放置区，照明设备放置区，工具箱放置区，接地线放置区，安全警戒带放置区，万用表放置区；平台底部设

有脚轮及手把其中脚轮为定向轮或万向轮；脚轮为绝缘材质；脚轮与手推车通过可调节高度的升降杆连接。平台上层设有手把滑道、手把固定筒、水平仪、温湿度计；平台上层设有安全警戒带挂钩；同时该测试平台两侧设有提拉装置；手把为绝缘材质，设置在测试平台上层的一端，其设有转动轴；转动轴与所述手把滑道铰接；手把可插入手把固定筒中。

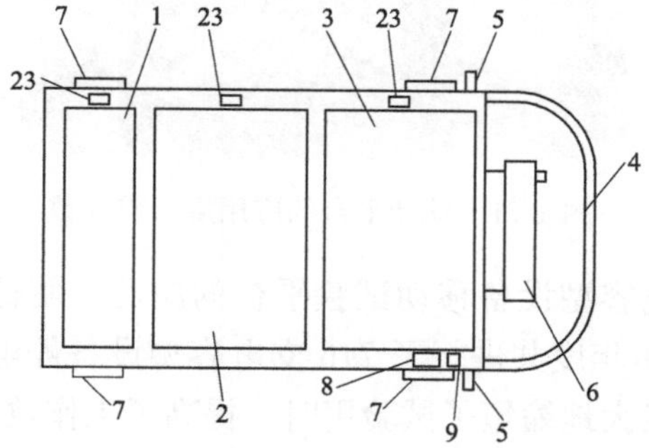

图 1-68　平台上层俯视图结构示意图

1—介损测试线放置区；2—介损测试仪放置区；3—绝缘摇表放置区；4—手把；5—安全警戒带挂钩；6—电源轴；7—提拉装置；8—水平仪；9—温湿度计；23—标签区

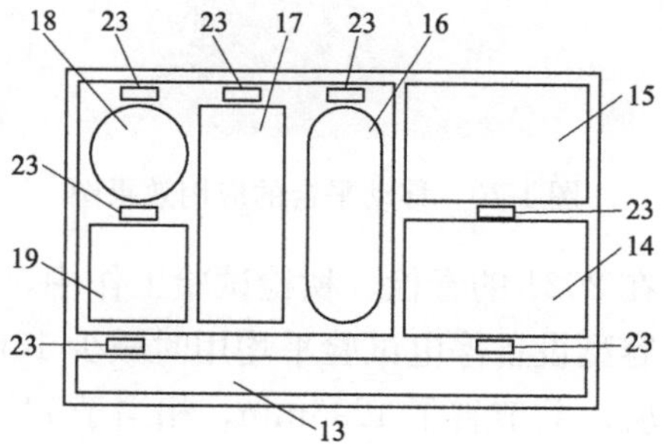

图 1-69　平台下层俯视图结构示意图

13—绝缘杆放置区；14—绝缘垫及绝缘手套放置区；15—照明设备放置区；16—工具箱放置区；17—接地线放置区；18—安全警戒带放置区；19—万用表放置区；23—标签区

介损测试仪放置区、绝缘摇表放置区、介损测试线放置区、安全警戒带放置区、接地线放置区、万用表放置区、工具箱放置区、照明设备放置区、绝缘垫及绝缘手套放置区以及绝缘杆放置区均设有标签区，标签区内标有对应放置区的名称。

工具箱内包括：验电器、钳子、扳手、螺丝刀、电工刀；安全警戒带与所述安全警戒带挂钩可拆卸连接；电源轴设置在所述测试平台上层；绝缘杆分三节，每节长度60cm 或 80cm；介损测试线与所述介损测试仪连接；介损测试线为三条。

电容型设备停电例行试验移动式平台设计的有益效果在于，与现有技术相比，本平台带有可以移动的脚轮，并在测试平台上设置有设备及工具放置区。工作人员可以推动测试平台，移动测试设备及工具更加方便，避免了搬运测试设备往返于各个需要测试的电气设备之间，提高了工作效率，降低了试验操作人员的工作量。测试设备和工具在整理放置过程中可以对应放置区进行检查核对，避免设备或工具遗落在试验现场的情况，使试验现场整洁，减少安全隐患。

四、课题成效

移动平台的应用效果图如图 1-70 所示。

将电容型设备停电例行试验移动式平台应用于试验现场后，该项试验所需工作人员由 4 人减少为 2 人（见图 1-71），大大缩减了仪器搬运转移所耗工时。同时使试验现场接线清晰整洁，更加符合现场“5S”管理，减少不安全因素的出现。

图 1-70 移动平台的应用效果图

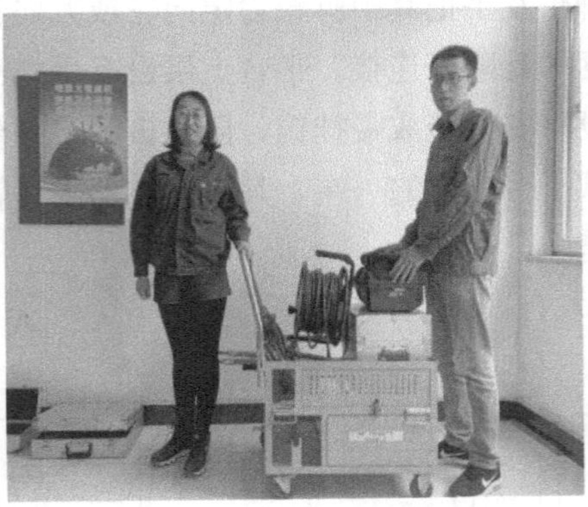

图 1-71 移动平台的应用后所需人数

在 2021 的春检、秋检试验工作中，由于电容型设备移动试验平台的应用，使得每组电容型设备停电试验平均用时减少 18min，本年度共进行了 716 支电容型设备停电例行试验。共节省了 4296min，相当于 71.6h，极大地缩短了试验用时，提高了工作效率。此外，也是由于电容型设备移动试验平台的应用，使得每次电容型设备试验人员由 4（人·次）减少为 2（人·次），今年电容型设备例行试验工作共节省人力支出 1 432（人·次），极大地降低了劳动强度，优化了试验人员配置，并缓解了日趋紧张的班组用工情况。

由于缩短了停电试验工作时间，保证了各类电容型设备能及时投入运行，为缓解电网缺电压力和电网的稳定运行提供了可靠的支持。同时，停电时间的减少，也会使得客户满意程度提升，使供电系统美誉度得以提升，履行了公司“人民电业为人民”的企业宗旨，提升了客户满意程度，塑造了良好的公司形象。

五、 课题总结

根据电容型设备停电例行试验实际工作需要，弥补传统测试方式诸多不足，工作人员发明设计了一种电容型设备停电例行试验移动式平台。此平台不仅满足了电容型设备停电例行试验需要，而且结实耐用，操作方便，实用性强，同时将该项试验所需 4 名工作人员缩减为 2 名，节省工时，提高效率并且使作业现场更加整洁美观。

案例 12 应用于输变电多场景的高压试验组合工器具“4S 试验宝” 的研发与应用

一、 课题概述

根据电力生产现场实际工作需要，设计研发了一种应用于输变电多场景的高压试验组合工器具，从传统作业方式布置不灵活、使用不便捷、固定不可靠及配件不整合等实际问题出发，利用头脑风暴法及归纳总结法提出设计方案，最后将成品试用于工作现场，使工作人员能够更加牢固、灵活地布置安全警戒带和试验加压线。

二、 课题背景

在电力系统中，为了诊断电力设备的“健康状况”电气试验人员需要定期对其进行各类高压试验。

在进行输变电高压电气试验时，试验接线一直耗费了现场工作人员大量的时间和精力。如何摆脱传统围网布置及试验线架线方法受地形环境等因素限制，解决传统架线方式支撑物体积大、分量重，搬运、携带不方便等问题，是试验人员面临的一大痛点。“4S 试验宝”的研发与应用，满足了不同电压等级高压试验需求的支撑与安措布置工具。成果应用灵活、连接牢靠、操作轻便，可充分满足输变电多场景高压试验布线与安措布置需求。高压试验规程要求如图 1-72 所示。

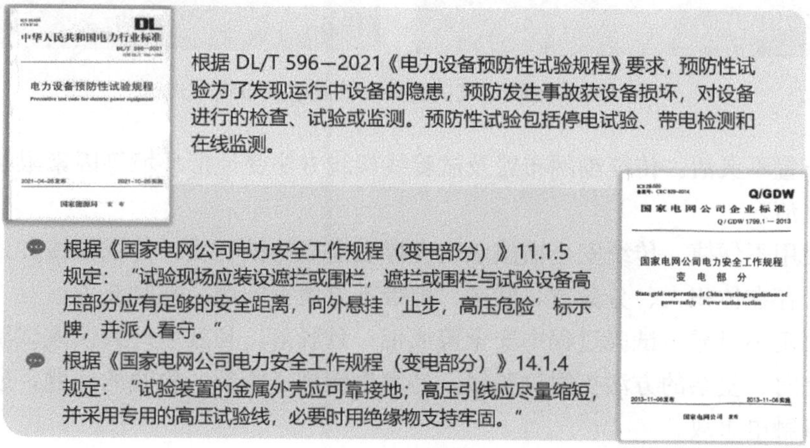

图 1-72　高压试验规程要求

在此过程中加压线须与周边非加压部位保持足够的绝缘距离，防止因绝缘距离不够造成放电事故，因此加压过程中试验人员需设法将加压线支撑起来，使其与周围非被试品保持一定安全距离。传统电气试验布线方式如图 1-73 所示，通常需要至少两名接线人员相互配合利用绑带、绳子、绝缘挂杆等零散工具将加压线布置牢靠。

图 1-73　传统电气试验布线方式

此外高压试验前需要对被试设备布置安全警戒带，将被试品围起，防止加压时人员误碰被试设备造成触电事故，如图 1-74 所示。安全警戒带需要通过绑、缠在变电站的固定支撑设备或者支撑杆上进行固定。

目前，停电高压试验现场工作中主要存在以下痛点（见图 1-75）：

图 1-74 传统电气试验安全警戒带及布线方式

（1）布置不灵活。传统围网布置及试验线架线方法受地形环境等因素限制，现场不够美观、整洁。

（2）使用不便捷。传统安全措施墩的支撑底座是铸铁材质，传统架线方式多采用绝缘杆支撑，存在体积大、分量重，搬运、携带不方便等问题，耗时耗力。

（3）固定不可靠。试验过程中安全警戒带一旦脱落，易发生外人误入试验区域的问题；采用临时、复杂的方法支撑试验线，易发生倒杆、断裂、松脱的问题，或导致仪器损坏及人身触电事故。

（4）配件不整合。安全措施墩、安全警戒带、绝缘杆、试验绑绳等试验辅助配件零散，收纳困难，容易遗忘。

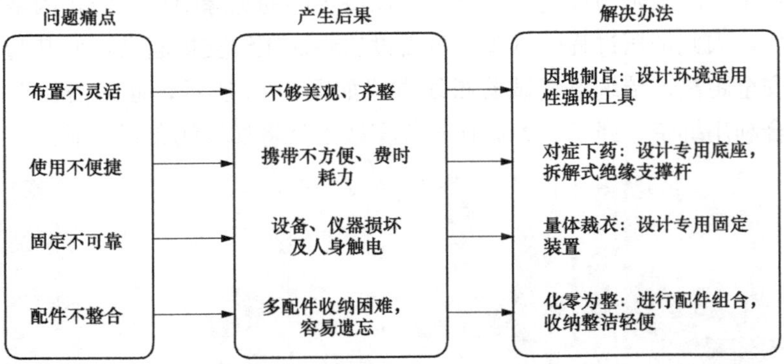

图 1-75 痛点分析

团队充分考虑电气设备、架构、设施的结构特点，设计了一种满足不同电压等级高压试验需求的支撑与安措布置工具。成果应用灵活、连接牢靠、操作轻便，可充分满足输变电多场景高压试验布线与安措布置需求。

三、研发与实施

（一）研究方案

本产品由四个模块组成，其中“吸”“卡”模块用于安全警戒带的固定及支撑；“挂”“支”模块用于使加压测试线与周围物体保持足够的安全距离。“吸”“卡”“挂”

和“支”这四个动词可以分别翻译为四个以“s”开头的英文单词：“stick”“stuck”“suspend”和“sustain”，这也就是“4S 试验宝”产品名字的由来。成套产品实物图如图 1-76 所示，成套产品零部件布局图如图 1-77 所示。

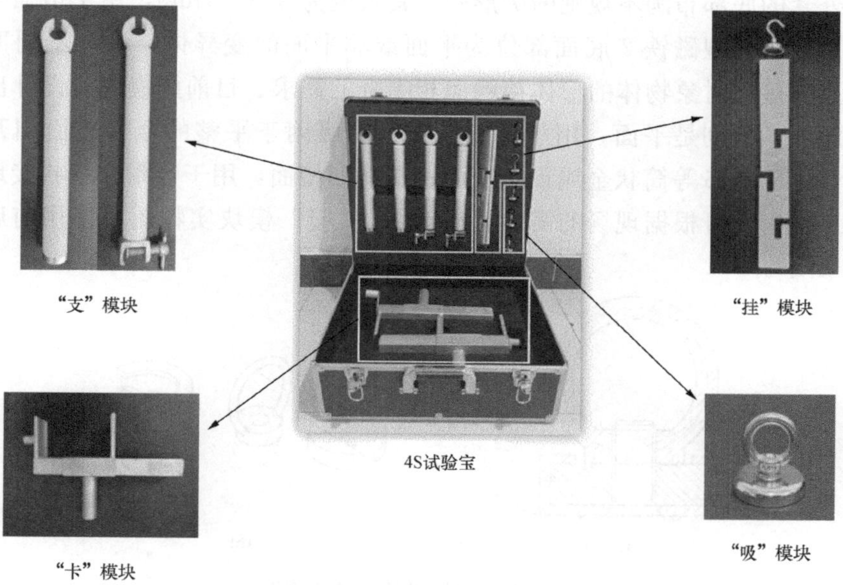

图 1-76　成套产品实物图

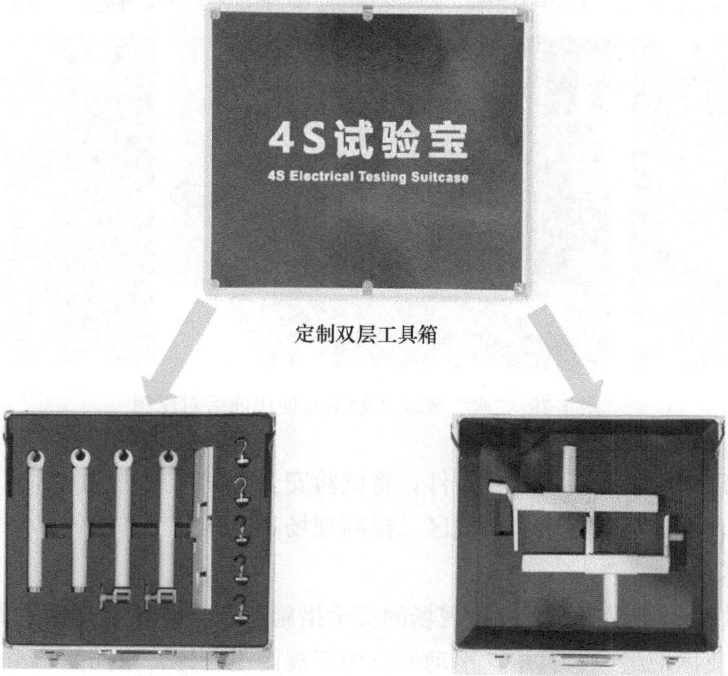

图 1-77　成套产品零部件布局图

1. STICK——“吸”

“吸”模块用于安全警戒带防滑定位。由图 1-78 所示的五部分组成，专用异型磁铁 2 安装在聚氯乙烯 PVC 外套的里面，通过定位螺钉将圆形拉环固定在专用异型磁铁上；在外套的底部布满不规则的尖形刺，其长度为 0.5～1mm，用于增强与警戒带的附着力。专用异型磁铁 2 底面部位为平面或非平面的变异体，设计不同下端的形状，以满足与接触对象物体的形体接触面相吻合的需求。目前此模块共设计出了三种形状的接触面，分别是平面，用于将安全警戒带吸附于平整的金属表面如开关柜门等；弧面，用于 GIS 等筒状金属设备表面；管状凹槽面，用于吸附在管状接地引下线上。实际工作中，可根据现场的需要灵活选用。“吸”模块实物图及使用前后对比图如图 1-79 所示。

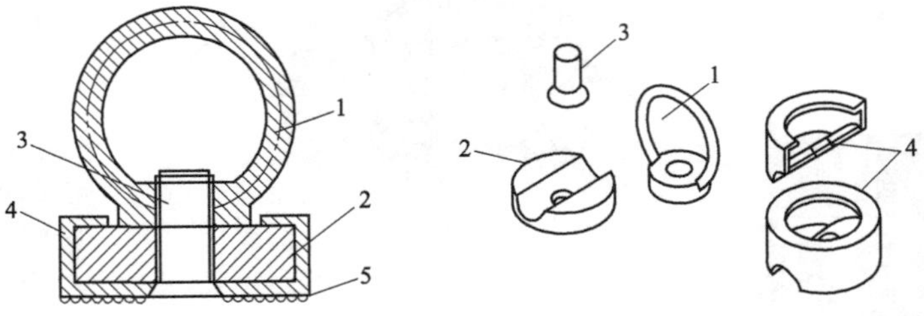

(a)　　(b)

图 1-78　“吸”模块组装原理图

(a)“吸”模块剖视图；(b)“吸”模块部件图

1—圆形拉环；2—专用异型磁铁；3—定位螺钉；4—聚氯乙烯 PVC 外套；5—尖形刺

图 1-79　“吸”模块实物图及使用前后对比图

本模块可以借用设备现场各种条件，将试验安全警戒带方便、灵活地固定在不同的可借用物体上，形成可靠的试验警戒区，提高现场高压试验工作的效率和安全可靠性。

2. STUCK——“卡”

“卡”模块用于变压器高压试验现场的安全措施布置。此专用支架主要由滑动部分、主轴部分，以及摇把组成。其中，滑动部分为不规则组合体，由插筒、滑体和滑动部分夹片焊接而成；主轴为内置螺杆的长方体，并与主轴夹片焊接为一体。摇把与内置螺杆相连，通过转动来提供滑动部分沿主轴移动的动力。“卡”模块组装原理图如图 1-80 所示。

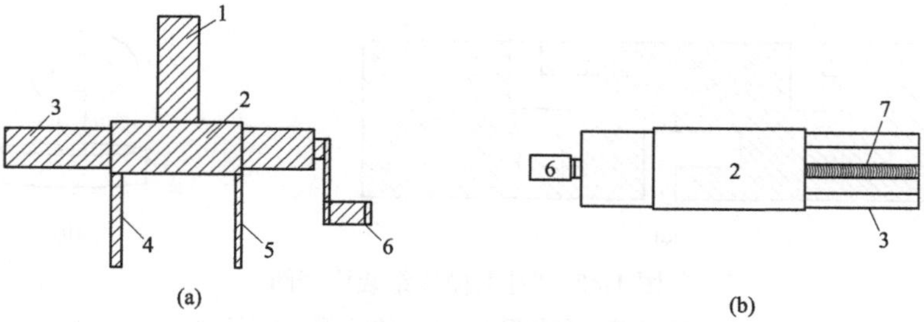

图 1-80 “卡”模块组装原理图

(a)“卡”模块主视图；(b)“卡”模块俯视图

1—插筒；2—滑体；3—滑动主轴；4、5—紧固夹片；6—摇把；7—内置螺杆

通过转动摇把带动内置螺杆转动，从而调节紧固夹片的夹紧范围，紧固夹片直接与变压器围台两侧接触，起到固定作用；转动摇把的同时滑体沿着滑动主轴滑动；插筒与滑体焊接为一体，用来固定安全警戒带支撑杆。从而实现借助变压器四周的围台，并根据变压器围台不同宽度对支架进行调节，给安全警戒带提供支撑。“卡”模块实物图及现场使用图如图 1-81 所示。

图 1-81 “卡”模块实物图及现场使用图

本模块布置主变压器高压试验现场安全措施时，如单独使用仅需四支“卡”模块即可；如配合使用，仅需两支“卡”模块和三支“吸”模块，节省工时、结实牢靠、使用寿命长。

3. SUSPEND——“挂”

“挂”模块用于加压过程中将加压线悬挂起来，适用于试验线顶部有金属架构的场景。该模块由 3240 环氧树脂绝缘隔板加工雕刻切割而成，支撑板设有三个卡孔，开口方向倾斜向上，用于卡持电力测试线，如图 1-82 所示 。支撑板顶端有圆孔，用于悬挂，并配套配置吸铁挂钩，可根据现场环境选用，如图 1-83 所示。

4. SUSTAIN——“支”

“支”模块用于加压过程中将加压试验线支撑起来，适用于试验线底部或侧方有架构的场景，如图 1-84 所示。

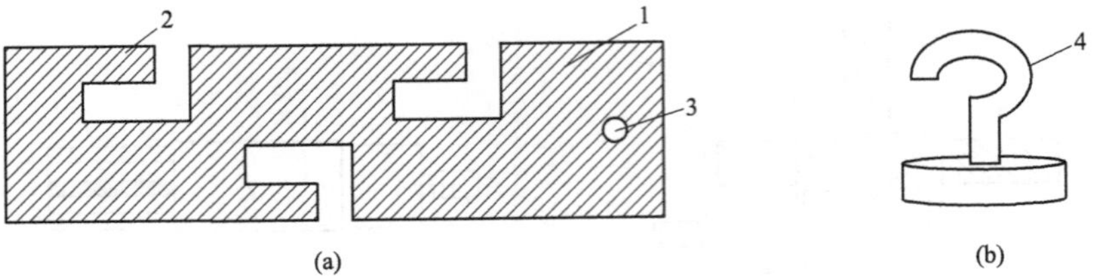

图 1-82 “挂”模块组装原理图

(a)“挂”模块部件图 1；(b)“挂”模块部件图 2

1—3240 环氧树脂绝缘隔板；2—卡孔；3—圆孔；4—吸铁挂钩

图 1-83 “挂”模块实物图及现场使用图

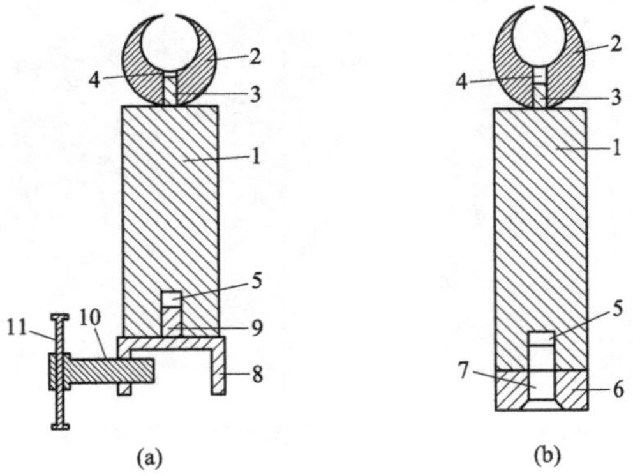

图 1-84 “支”模块组装原理图

(a)“支”模块剖视图 1；(b)“支”模块剖视图 2

1—绝缘杆；2—加压线固定卡环；3—绝缘杆端部凸起螺纹杆；

4—加压线固定卡环底部螺纹孔；5—杆底部凹进螺纹孔；6—强力磁铁底座；7—固定螺栓；

8—门型卡紧工件底座；9—凸起的螺纹杆；10—门型工件内设螺杆；11—摇把

由绝缘杆体、加压线固定卡环及固定底座三个部件组成，其中固定底座还分为“强力磁铁”和“门型卡紧工件”两种，按需选用：对于较平整的设备金属表面用强力磁铁底座；对于管、片状结构用门型卡紧工件底座。根据现场布线实际情况（电压等级、电力设备结构等）确定所需绝缘杆节数，进行组装对接，安装“加压线固定卡环”，根据安装环境选择安装“强力磁铁饼”或“铜底脚主体门型工件”，并将组装好成型的工具固定牢靠，如图 1-85 所示。

两种固定底座能为绝缘杆和加压线提供结实牢靠的支撑，避免倒杆等危险现象发生

图 1-85　“支”模块实物图及现场使用图

的同时，具有更广泛的适用性。

（二）创新点

（1）让作业方式更灵活。采用“吸”“卡”“挂”“支”四模块，各部件灵活选用，满足输变电现场不同场景对工器具使用的需求。

（2）让现场安全更可控。由原来临时的、复杂的架设围网及试验接线的方法过渡到更加符合 5S 管理的试验现场，提高作业安全性，实现作业的“人防”到“技防”。

（3）让作业工具更规整。通过对零散工器具进行组合，最终实现单人操作，同时，通过配备定制工具箱，使零散工具收纳整洁、便于携带，极大减少了人力物力的浪费。

（三）安全控制措施

2022 年 11 月，团队委托保定诚达电力科技有限公司对成果的绝缘性能、安全性能等进行检测，均合格，检测报告如图 1-86 所示，同时获批在国网保定供电公司管辖变电站内进行现场使用，《国网保定供电公司新工具推广安全控制卡》如图 1-87 所示。

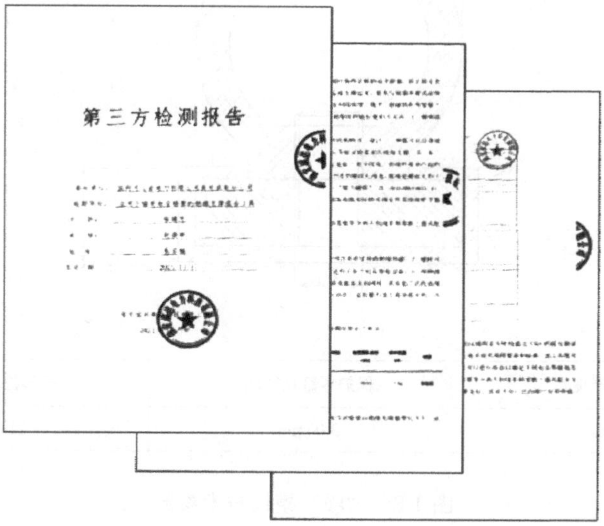

图 1-86　第三方检测报告

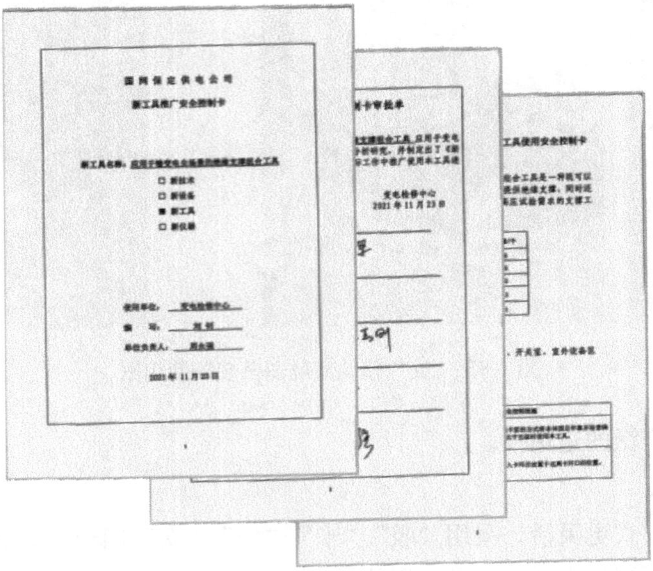

图 1-87 新工具推广安全控制卡

（四）工艺控制措施

1. STICK——“吸”模块技术指标（见图 1-88）

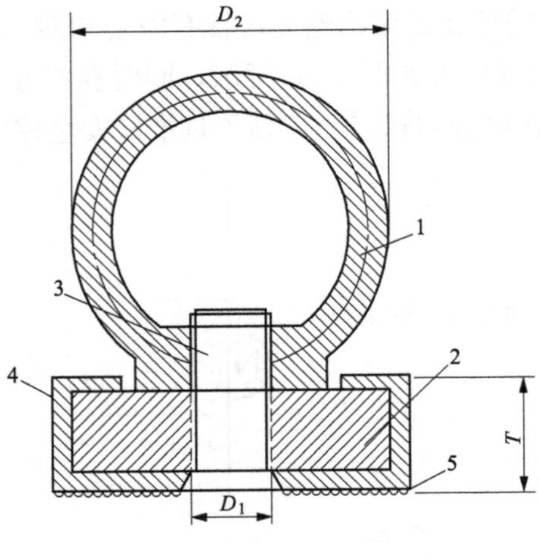

保护外套厚度T	保护螺钉直径D_1	圆形拉环直径D_2
7.00mm	3.00mm	21.00mm

图 1-88 “吸”模块技术参数

1—圆形拉环；2—专用异型磁铁；3—定位螺钉；4—聚氯乙烯 PVC 外套；5—尖形刺

2. STUCK——“卡”模块技术指标（见图 1-89）

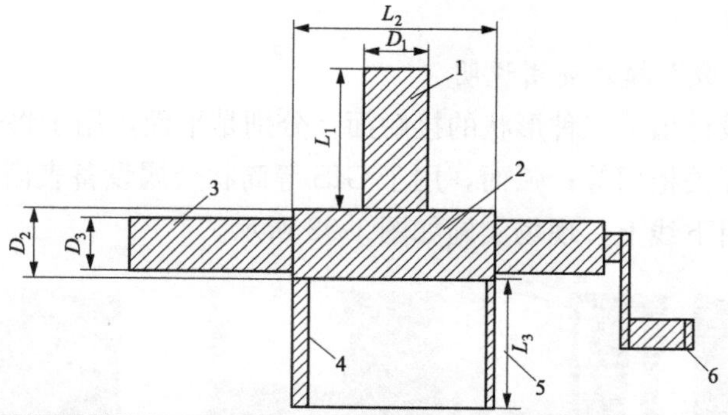

插桶直径D_1	插桶高度L_1	滑体直径D_2	滑体长度L_2	滑动主轴直径D_3	紧固夹片高度L_3
30.00mm	103.00mm	37.00mm	105.00mm	35.00mm	85.00mm

图 1-89 “卡”模块技术参数

1—插筒；2—滑体；3—滑动主轴；4、5—紧固夹片；6—摇把

3. SUSPEND——“挂”模块技术指标（见图 1-90）

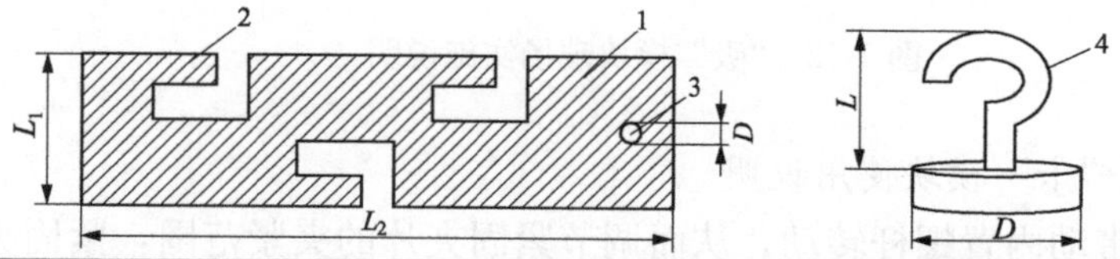

圆孔直径D	挂板宽度L_1	挂板长度L_2	挂钩底座直径D	挂钩高度L
8.00mm	38.00mm	300.00mm	30.00mm	39.00mm

图 1-90 “挂”模块技术参数

1—3240 环氧树脂绝缘隔板；2—卡孔；3—圆孔；4—吸铁挂钩

4. SUSTAIN——“支”模块技术指标（见图 1-91）

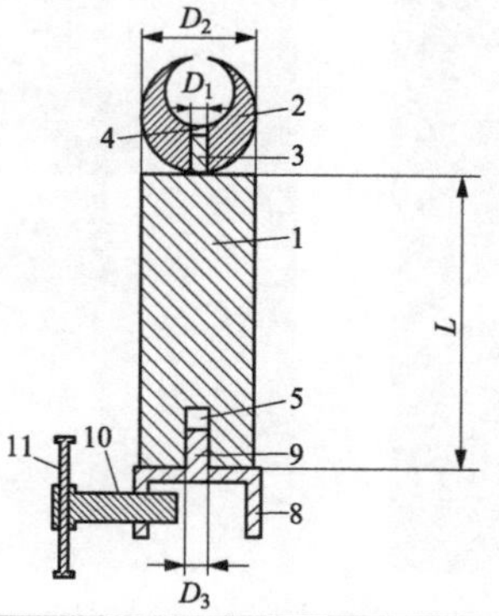

直径D_2	单节长度L	连接螺杆直径D_1	连接螺孔直径D_2
29.00mm	230.00mm	10.00mm	10.00mm

图 1-91 “支”模块技术参数

1—绝缘杆；2—加压线固定卡环；3—绝缘杆端部凸起螺纹杆；

4—加压线固定卡环底部螺纹孔；5—杆底部凹进螺纹孔；8—门型卡紧工作底座；

9—凸起的螺纹杆；10—门型工件内设螺杆；11—摇把

四、课题成效

（一）使用说明

1. STICK——“吸”模块使用说明

目前此模块共设计出了三种形状的接触面，分别是平面，用于将安全警戒带吸附于平整的金属表面如开关柜门等；弧面，用于GIS等筒状金属设备表面；管状凹槽面，用于吸附在管状接地引下线上，现场实施如图1-92所示。

图1-92 “吸”模块现场实施说明

2. STUCK——“卡”模块使用说明

通过转动摇把带动内置螺杆转动，从而调节紧固夹片的夹紧范围，紧固夹片直接与变压器围台两侧接触，起到固定作用；转动摇把的同时滑体沿着滑动主轴滑动；插筒与滑体焊接为一体，用来固定安全警戒带支撑杆。从而实现借助变压器四周的围台，并根据变压器围台不同宽度对支架进行调节，给安全警戒带提供支撑，现场实施如图1-93所示。

图1-93 “卡”模块现场实施说明

3. SUSPEND——“挂”模块使用说明

卡孔中卡持电力测试线，支撑板顶端的圆孔用于配置吸铁挂钩悬挂，可根据现场环境选用，现场实施如图1-94所示。

图 1-94 “挂”模块现场实施说明

4. SUSTAIN——“支”模块使用说明

如图 1-95 所示，根据现场布线实际情况（电压等级、电力设备结构等）确定所需绝缘杆节数，如需多节则先将多节绝缘杆组装对接，然后安装“加压线固定卡环”，随后根据安装环境选择安装“强力磁铁”或“门型卡紧工件”，安装完毕后将组装好成型的工具固定牢靠即可。

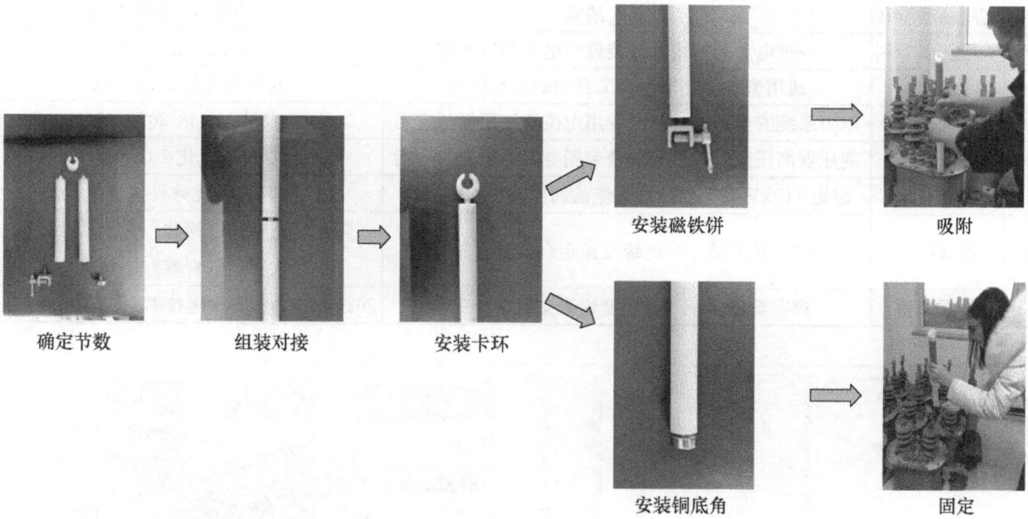

图 1-95 “支”模块现场实施说明

（二）成果应用情况

成果已在国网保定供电公司管辖变电站内全面铺开使用，在系统外推广至保定变压器配件有限公司、保定华创电气有限公司等企业，《成果应用证明》如图 1-96 所示。

（三）知识产权及获奖

如表 1-4 和图 1-97 所示，该产品已获得 7 项国家专利授权，其中发明型专利 1 项，实用新型专利授权 6 项，在国家级期刊发表论文 3 篇，形成坚固的技术壁垒。且获得省

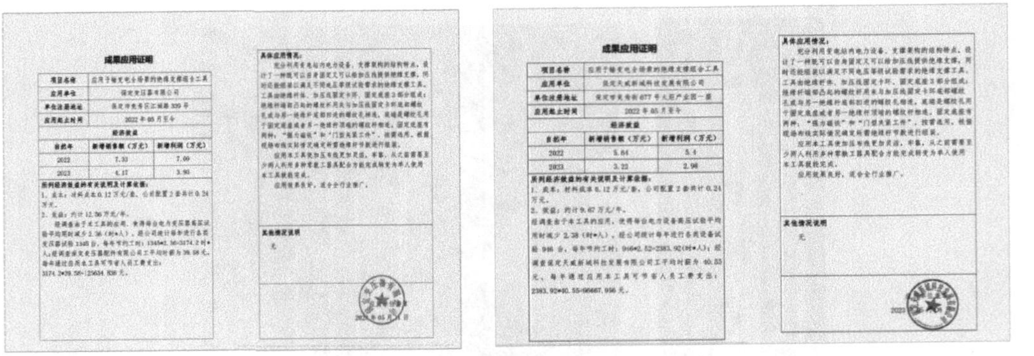

图 1-96 应用证明

级以上创新奖项 3 项，得到行业评委专家的认可，受到同业同行的一致好评。

表 1-4 **专利、论文及获奖情况**

序号	类型	名称	备注
1	发明型专利	变压器高压试验安全警戒带用支架	ZL 2015 1 0397214.1
2	实用新型专利	变压器高压试验安全警戒带用支架	ZL 2015 2 0488427.0
3	实用新型专利	安全警戒带防滑专用定位器	ZL 2015 2 0919933.0
4	实用新型专利	一种导线绝缘支撑工具	ZL 2016 2 0850509.X
5	实用新型专利	一种多用途桩头结构及接地桩	ZL 2021 2 2004108.6
6	实用新型专利	工器具收纳箱	ZL 2022 2 1246994.1
7	实用新型专利	一种电力测试线支撑装置和电力测试系统	ZL 2022 2 2677514.3
8	论文	通用型绝缘支撑组合工具的研发与应用	农村电气化 2019（11）
9	论文	电力系统安全警戒带防滑专用定位器的研发与应用	农村电气化 2020（5）
10	论文	变压器高压试验安全警戒带专用支架的研发与应用	农村电气化 2021（1）
11	QC 项目	缩短 110kV 变压器脉冲电流法局部放电检测工时	2018 年河北省优秀科技质量成果奖
12	创新项目	“撑”筑便捷——绝缘支撑组合工具引领者	第十一届中国（河北）青年创业创新大赛“创青春”一等奖
13	创新项目	“撑”筑便捷——通用型绝缘支撑组合工具	2022 年电力设备管理技术创新成果（三星）

图 1-97 专利、论文及获奖情况

（四）成本构成

由于本创新成果为国网保定供电公司电气试验专业员工在日常工作中发现痛点、总结经验而自行设计，研发成本可以忽略不计，所以该创新成果成本主要由材料成本构成。成套工具成本为 2430 元，见表 1-5。

表 1-5　　成套工具制作成本明细

模块	模块名称	部件名称	数量	单价（元）	总价（元）
STICK“吸”	安全警戒带防滑专用定位器	圆形拉环	4	30.00	120.00
		强力磁铁饼	4	35.00	140.00
		强力磁铁饼固定螺钉	4	2.00	8.00
STUCK“卡”	变压器高压试验安全警戒带用支架	整体定制	2	300.00	600.00
SUSPEND“挂”	悬挂式电力测试线支撑装置	3240 环氧树脂绝缘板	2	90.00	180.00
		绝缘板固定勾环	2	30.00	60.00
		强力磁铁饼	2	35.00	70.00
		强力磁铁饼固定螺钉	2	2.00	4.00
SUSTAIN“支”	通用型绝缘支撑组合工具	聚酰亚胺绝缘杆	4	110.00	440.00
		加压线固定卡环	4	25.00	100.00
		铜底脚固定卡座	2	40.00	80.00
		强力磁铁饼	2	35.00	70.00
		强力磁铁饼固定螺钉	4	2.00	8.00
集成定制工具箱		定制工具盒	1	550.00	550.00
总计（元）			2430.00		

五、 课题总结

该创新成果能够规范“5S”管理，保障安全可控。应用后试验现场区域划分清晰，布线牢固，规范了操作流程，降低了触电风险，让现场安全更可控、作业流程更标准、基础工作更夯实。能够降低用户停电感知，优化社会营商环境。已在多个作业现场使用，大幅缩短停电时间，降低用户停电感知度，履行了公司“奉献清洁能源、建设和谐社会”的企业使命，践行了“人民电业为人民”的企业宗旨，提升了客户满意程度，塑造了良好的公司形象。

案例 13　开关柜 TEV 带电检测辅助工具的研制

一、 课题概述

作为一种有效的检测手段和分析诊断技术，开关柜暂态地电压检测能够准确、及时地对设备运行状态进行掌握，从而使设备运行更加安全、经济、可靠。开关柜 TEV 带电检测辅助工具投入现场使用后，在保证试验数据准确性的同时，不影响检测工作进行，工作所需人员数量由 3 人减少至 2 人，提高了现场的安全性和规范性，实现了预期目标。

二、课题背景

高压设备内部放电时，局部放电产生的电磁波通过金属箱体的接缝处或气体绝缘开关的衬垫传出，并且沿着设备金属箱体外表面继续传播。电容型传感器感应到这些电磁波后，会对地产生一定的暂态对地电压脉冲信号。该现象被命名为暂态对地电压（又称暂态地电波，英文缩写为 TEV）。

为保证开关柜 TEV 带电检测规范性，电气试验专业要遵守《国家电网公司变电检测通用管理规定暂态地电压局部放电检测细则》要求，严格按照规定进行试验检测，并对试验数据进行分析处理，利用带电手段掌握设备运行情况，保障电网的安全运行。

研发小组所在的电气试验班担负着保定东南部安新、容城、雄县、安国、高阳、蠡县、博野 7 个县域 109 座变电站一次设备的高压试验、油化试验以及仪表校验工作。

作为一种有效检测手段和分析诊断技术，开关柜暂态地电压检测能够准确、及时对设备运行状态进行掌握，从而使设备运行更加安全、经济、可靠。

如图 1-98 所示，目前暂态地电压局部放电检测工作小组由 3 人组成，1 名工作负责人在进行测试时始终对小组成员履行监护职责，不得兼任其他工作；1 名小组成员对试验仪器进行操作；1 名成员负责进行数据记录并对历史数据进行纵向对比。因变电站内开关柜数量较多，而每一台开关柜均有 5～8 个测点，每次检测后需记录数据并和历史数据进行对比，整体试验时间较长。

图 1-98 开关柜 TEV 带电检测方式

由于班组人员较少，班组人员还需进行日常检修任务、班务工作及应急值班力量，三人工作小组对每日班组承载力造成较大负担。

而根据《国家电网公司变电检测通用管理规定暂态地电压局部放电检测细则》要求，暂态地电压局部放电带电检测工作不得少于两人。工作负责人应由有检测经验的人员担任，开始检测前，工作负责人应向全体工作人员详细布置检测工作的各安全注意事项，应有专人监护，监护人在检测期间应始终履行监护职责，不得擅离岗位或兼职其他工作。

因此小组选择研制开关柜 TEV 带电检测辅助工具。

三、研发与实施

（一）需求分析

小组针对电气试验现场作业工时进行了统计分析，将统计结果转换为排列图。如图 1-99 所示，明确了现场作业工时过长的主要症结在于数据记录及分析时间过长。

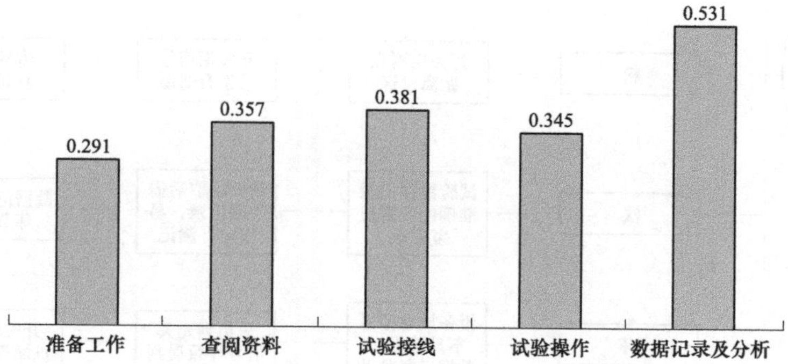

图 1-99　开关柜 TEV 带电检测平均用时柱状图

1. 数据记录及分析

经统计，传统方式需仪器操作人员待读数稳定后将测试数据口述给数据记录人员，数据记录人员查找到历史数据后进行对比分析，如若优化操作流程，小组成员认为将数据记录分析流程时间目标值设立为 7.2min 以内是合理的。

2. 人员数量

目前开关柜 TEV 带电检测需要 3 人一组，1 名工作负责人在进行测试时始终对小组成员履行监护职责，不得兼任其他工作；1 名小组成员对试验仪器进行操作；1 名成员负责进行数据记录并对历史数据进行纵向对比。如果仪器操作人员可以直接记录数据，可将人员数量缩减为 2 人。

（二）设计研发

根据小组会议形成的各类想法，小组成员剔除重复内容，将所涉及的现场需求、应用环境中应考虑因素、装置功能等方面运用亲和图法整理出相关信息，如图 1-100 所示。

如图 1-101 所示，检测小组利用专用的传感器对暂态的电压信号进行检测，从而判断开关柜内部的局部放电故障，也可根据暂态地电压信号到达不同传感器的时间差或幅值对比进行局部放电源定位。

每面开关柜的前面和后面均应设置测试点，具备条件时（例如一排开关柜的第一面和最后一面），在侧面设置测试点，检测位置见图 1-102。

小组在安新分部卓越创新工作室，针对“数据记录确认环节繁琐”这一要因，进行分析讨论。如图 1-103 所示，小组从提高数据记录效率角度出发，利用头脑风暴法，梳理现有工序流程。经分析，如若能够采用语音识别技术取代纸质记录，形成电子数据，则能减少现场人员沟通确认环节，将仪器操作人员和数据记录人员合并成为 1 人。

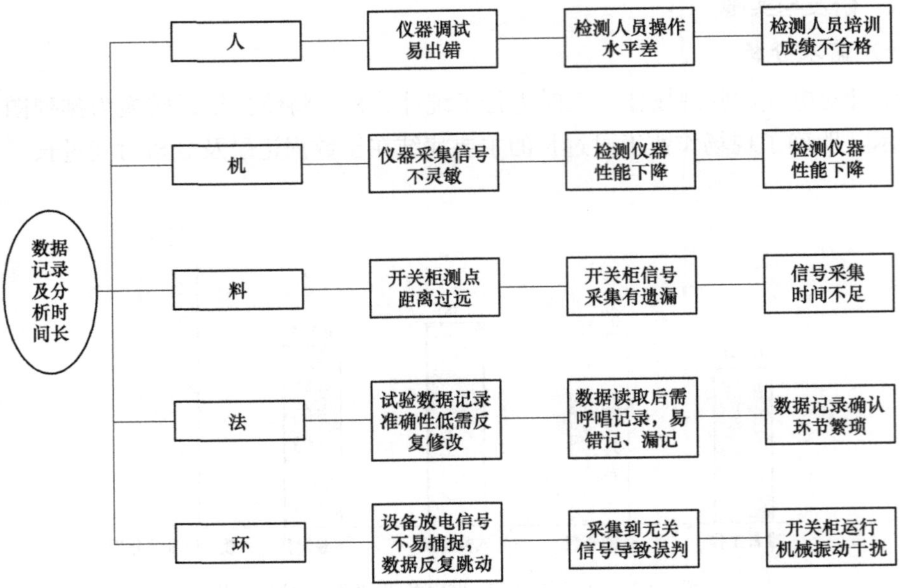

图 1-100　数据记录分析图

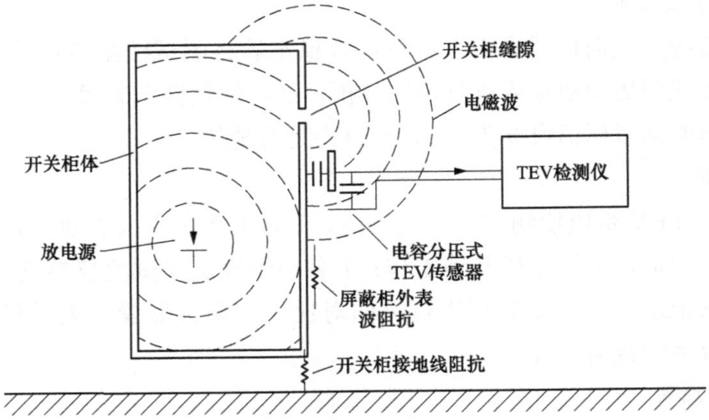

图 1-101　开关柜暂态地电压局部放电检测原理图

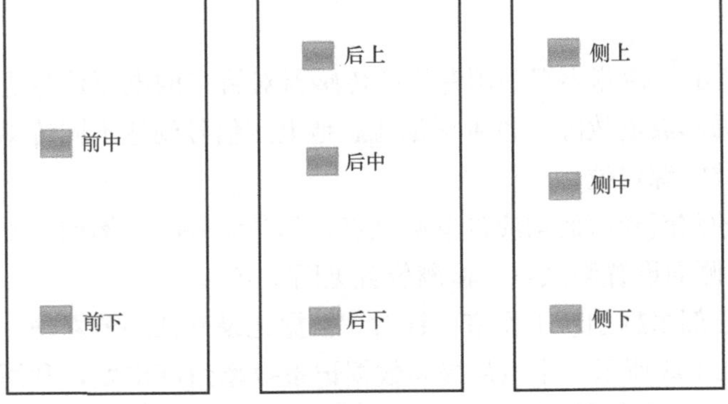

图 1-102　暂态地电压局部放电检测推荐检测位置图

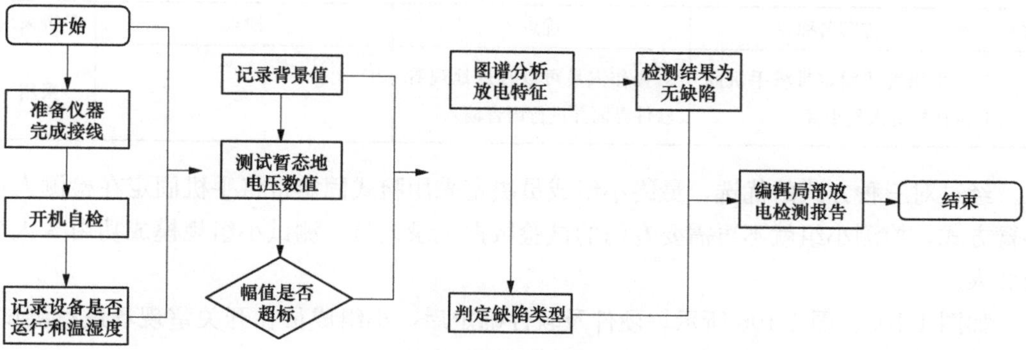

图 1-103　现有试验测试流程图

如图 1-104 所示，AI 助手是 I 国网 APP 中一款人工智能应用，采用先进文字和语音识别模型，通过移动化、智能化、内外网协同技术手段，利用图像识别、OCR、语音识别等人工智能能力，实现移动端图像文字快速识别提取、语音转文字等能力，将信息快速发送到内网邮箱等，小组成员一致认为此软件适用于工作现场。

图 1-104　AI 助手操作界面图

确认好语音识别软件后，如表 1-6 所示，小组成员在工作室研制数据终端固定模块。

表 1-6　　数据终端固定模块优选表

序号	方案名称	优点	缺点	是否采用
1	采用穿戴式马甲将智能平板固定于胸口	不再额外占用仪器操作人员双手	平板自重较大，且无法观测输入界面	不采用
2	采用蓝牙耳机及手机端进行配套使用	小巧轻便	蓝牙传输过程中易造成数据失真，影响准确性	不采用

续表

序号	方案名称	优点	缺点	是否采用
3	采用腕式固定带将手机固定在检测人员小臂	操作人员可以直观地观看软件界面并进行语音输入	无	采用

经过对三种方式的优选，最终小组成员决定采用腕式固定带将手机固定在检测人员小臂方式，检测小组就不再需要专门的试验数据记录人员，测试小组规模成功由 3 人变为 2 人。

如图 1-105、图 1-106 所示，硬件及软件确定后，小组成员在开关室现场进行测试，对数据记录准确性、内网邮件发送及时性进行检验。

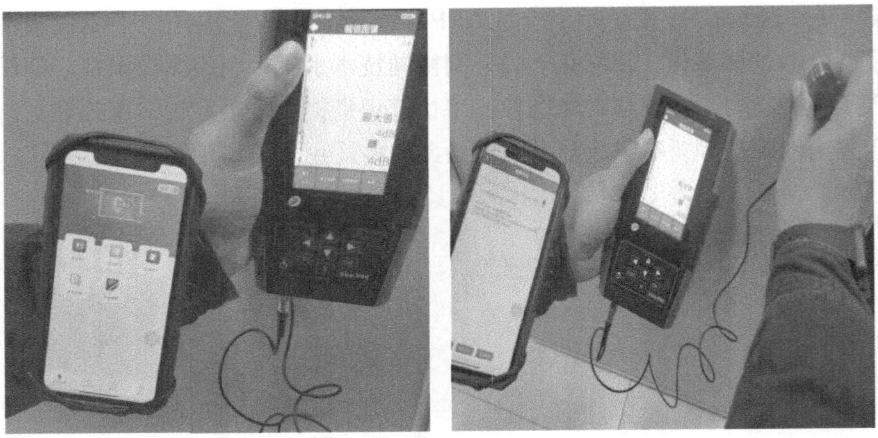

图 1-105 开关柜现场测试图

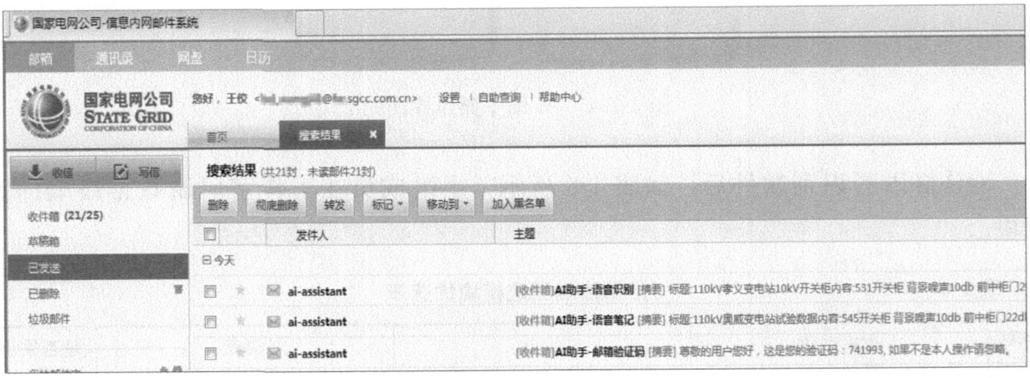

图 1-106 内网邮件显示界面图

利用不同类型、不同位置的开关柜测点，对装置的安装固定性、数据准确性、软件可靠性进行调试，试验结果如表 1-7 所示。

表 1-7　　固定性、准确性、可靠性试验

试验项目	试验条件	试验结果
装置固定性试验	将手机固定在腕带后多角度方向甩臂 50 次	50 次测试，0 次掉落
数据准确性试验	对 110kV 某变电站 36 组开关柜 117 个测点进行测试	准确率 100%
软件可靠性试验	语音数据输入完毕生成电子文档后，发送内网邮箱由班组人员接收检查	准确率 100%

通过现场实际操作整体调试，小组得出以下结论：

小组成员采用语音识别技术，仪器操作人员与数据记录人员合为一体后，形成电子数据试验记录准确率 100%，减少现场人员沟通确认环节，测试小组规模成功由 3 人变为 2 人。

四、 课题成效

如图 1-107 所示，从对比结果可知，对策实施后并不影响检测工作进行，在保证试验数据准确性的同时，工作所需人员数量由 3 人减少至 2 人，提高了现场的安全性和规范性，实现了预期目标。在此基础上，小组成员编制了《封闭式高压开关柜暂态地电压检测作业指导书》，编写《检修试验仪器操作手册》，将工作流程作为典型经验进行推广并对班组全体成员进行专项培训，确保班组每一名成员都能够熟练使用相关软件及装置。

图 1-107　对策实施前后效果对比图

五、 课题总结

该装置总体方案新颖，技术全面，结构小巧，成本低廉，实用性强。对策实施后并不影响检测工作进行，在保证试验数据准确性的同时，工作所需人员数量由 3 人减少至 2 人，提高了现场的安全性和规范性，实现了预期目标。工作组规模由 3 人减少至 2 人，增强了班组承载力。

基于效果检查中的社会效益分析，本装置具有很强的推广价值和实用价值。该装置没有使用电压等级的限制，可以推广至电力系统内变电站、发电厂等各电压等级开关柜测试工作中使用，具有较高的推广价值。

案例 14 检修电源快速接取装置的研制

一、 课题概述

在变电站内进行的常规检修、试验工作中，经常会使用检修电源箱作为外接电源供给点。检修电源快速接取装置的研制成功研制解决了检修现场电源接口不统一的问题，缩短了停电时间，减少了电费电量的损失，在保障企业售电目标的同时，实现了与用电客户的互利共赢，具有很高的使用价值。

二、 课题背景

在变电站内进行的常规检修、试验工作中，作业人员通常将检修电源箱作为外接电源供给点。变电站内的检修电源箱均未设置电源线，如图 1-108 所示，在工作过程中，检修试验人员经常需自带电源轴从检修电源箱中接取电源，但是目前变电站检修电源箱制式标准并不统一，检修电源箱内的电源接口形式各异，有接线柱型、两孔插头型、三孔插头型以及空气开关下端直接接线型等。而检修人员所使用的电源轴插头一般为三脚或两脚插头，在实际应用中，遇到不匹配的接口工作人员往往需要拆开插头将内置裸铜线直接接取电源的方法，这样做既影响检修效率又存在一定安全隐患，不能满足对电网运行维护的新形势、新要求。

图 1-108 检修电源箱结构图

三、 研发与实施

（一） 需求分析

检修电源箱制式标准不统一，形式各异，统一规格难度大。研究难点如下：

（1） 如何使检修电源箱与检修用电源轴相匹配。

（2） 如何保证检修电源接取时工作人员的安全。

（二） 总体方案选择

针对以上研制难点，小组召开“头脑风暴法”会议，如图 1-109、图 1-110 所示决定将“检修电源快速接取装置”的研制作为总体方案，并提出可能实现预定目标的各种方案。

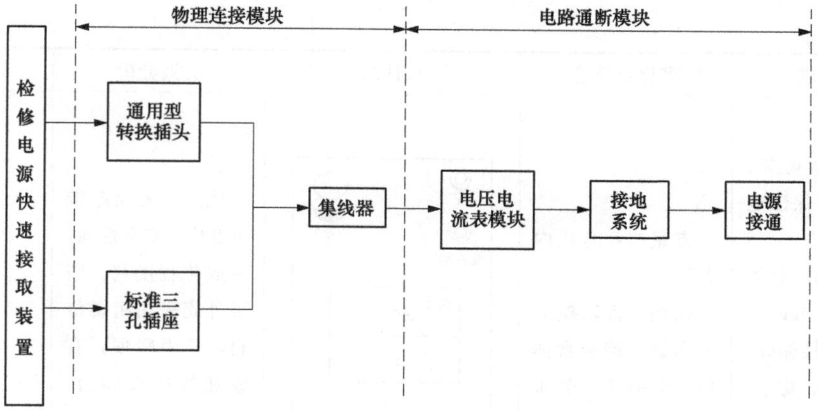

图 1-109 检修电源快速接取装置研制作总体方案

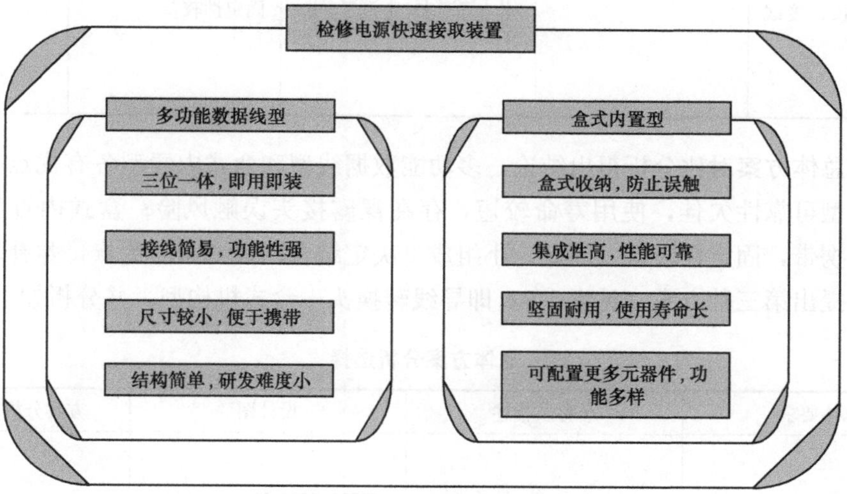

图 1-110 方案亲和图

对以上两种方案的主要技术特点进行分析，结论如表 1-8 所示。

表 1-8　　总体方案对比分析

总体要求	名称及描述	设计图	方案分析	结论
（1）安全可靠、完成操作后保证电源接触良好。 （2）便携，总体质量小于 1.5kg。 （3）固定性能好，具有防误触、防水、阻燃功能。 （4）可靠性高、使用寿命长、接线简单	方案一：多功能数据线型 描述：通过导线依次连接插座、电压电流表、分线器、开关和插接头，从而实现检修电源箱内的电源接取	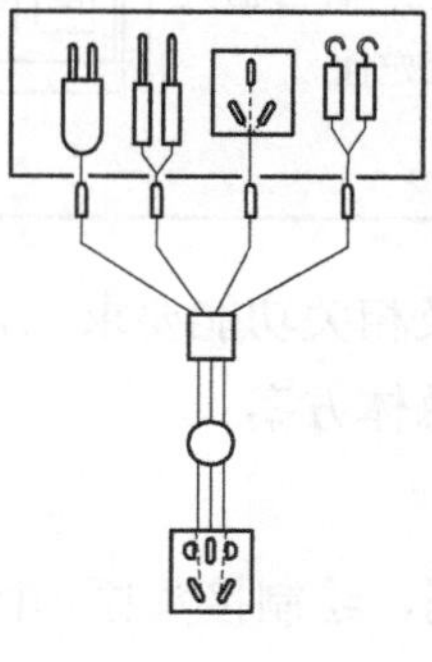	优点：便携性好。质量约为 0.8kg，能够满足现场电源通用接取要求。 缺点：可靠性欠佳，使用寿命较短，存在裸露接头误触风险	不采用

续表

总体要求	名称及描述	设计图	方案分析	结论
（1）安全可靠、完成操作后保证电源接触良好。 （2）便携，总体质量小于1．5kg。 （3）固定性能好，具有防误触、防水、阻燃功能。 （4）可靠性高、使用寿命长、接线简单	方案二：盒式内置型 描述：将转换插头内置入绝缘盒体内，将插座、电压电流表、开关集成于一个装置上	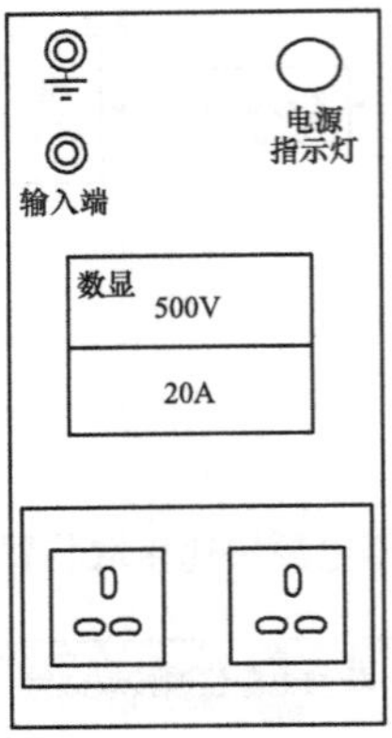	优点：无裸露带电部位，安全性高。集成化程度高。装置外壳采用阻燃材料，坚固轻便，有较强的抗震能力，耐腐蚀，抗冲击。 缺点：体积较大，固定性较差	不采用

通过总体方案对比分析得出结论：多功能数据线型和盒式内置型各有优点，但多功能数据线型可靠性欠佳，使用寿命较短，存在裸露接头误触风险；盒式内置型体积较大，不易携带，固定性较差。因此，小组成员决定结合两种方案的优点，弥补单一方案的缺陷，提出第三种方案（见表1-9）即导线转换头＋盒式机构型，并分析如下。

表1-9　　总体方案分析选择

总体要求	名称及描述	设计图	方案分析	结论
（1）安全可靠、保证电源接触良好。 （2）便携，总体质量小。 （3）固定性能好，具有防误触、防水、阻燃功能。 （4）可靠性高、寿命长、接线简单	（1）功能一：转接头独立连接，针对不同检修电源箱进行选择。 （2）功能二：将插座、电压电流表、接地系统、漏电自动开关集一体式密封。 （3）功能三：背部加入磁铁，增强固定性	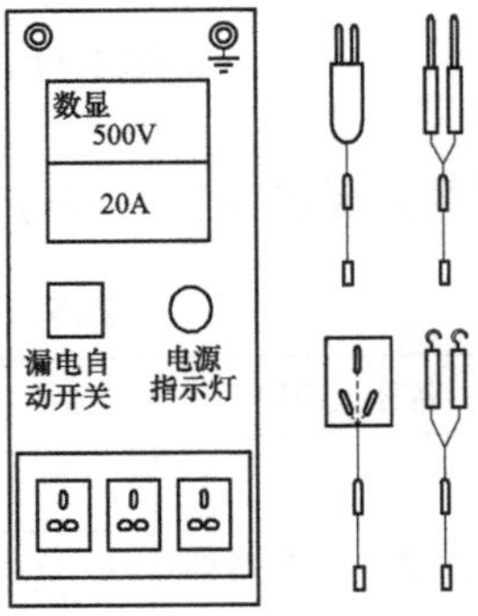	优点：具有两种方案的优点，质量轻，拥有电气回路保护，安全性，可靠性高。 缺点：增加了研发工作量	采用

可见，方案三满足需求分析及相关功能要求，且技术优点全面。因此，选定此方案为研制检修电源快速接取装置的总体方案。

（三）方案实施

小组成员按照“5W1H”原则，绘制接头原理图，如图1-111所示。

进一步，根据设计图，小组进行了通用型电源转换接头装置的制作。

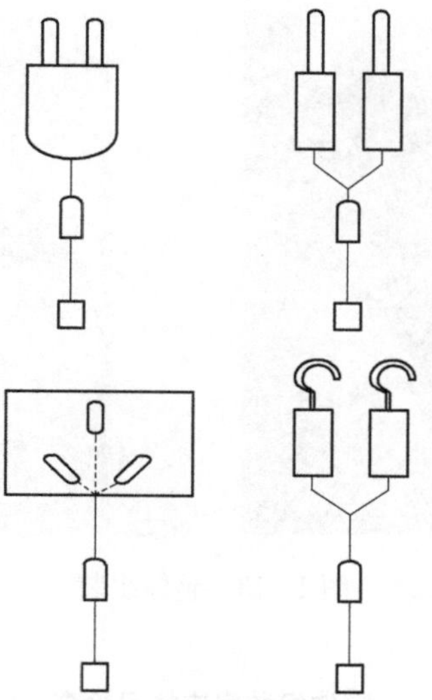

图 1-111 接头原理图

小组完成了电路系统＋保护系统操作台原理图和操作面板设计图，如图 1-112 所示。

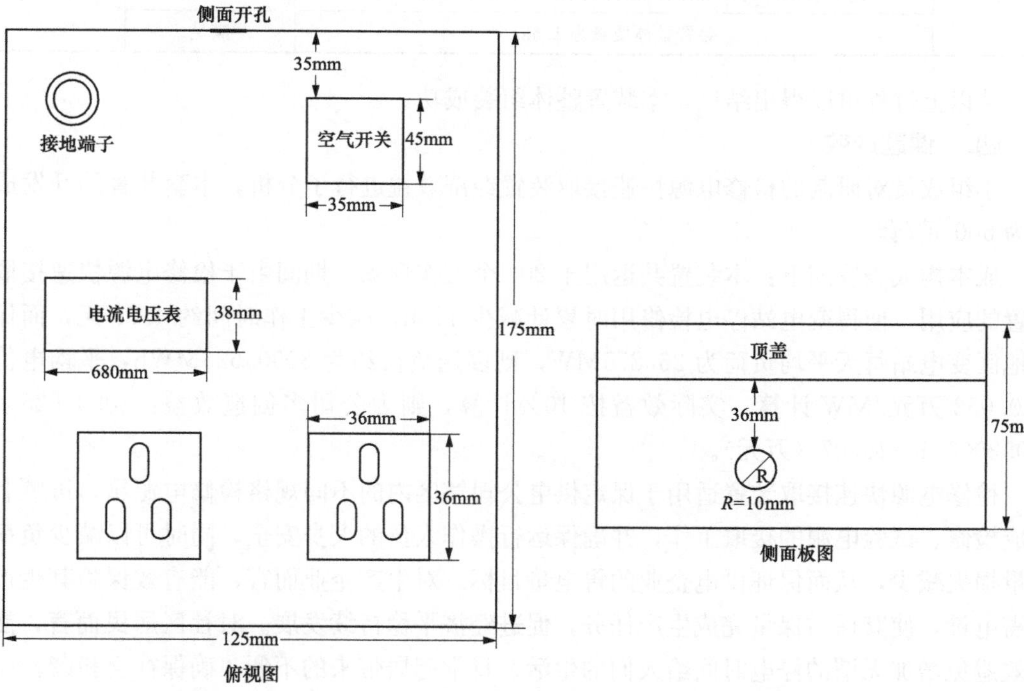

图 1-112 电路系统＋保护系统操作台原理图和操作面板设计图

如图 1-113 所示，小组使用专门工具接线，严格按照设计图纸进行接线及组装，并对裸露芯线使用热缩护套进行包裹。

组装完成后，小组成员对其可靠性进行了测试，结果如表 1-10 所示。

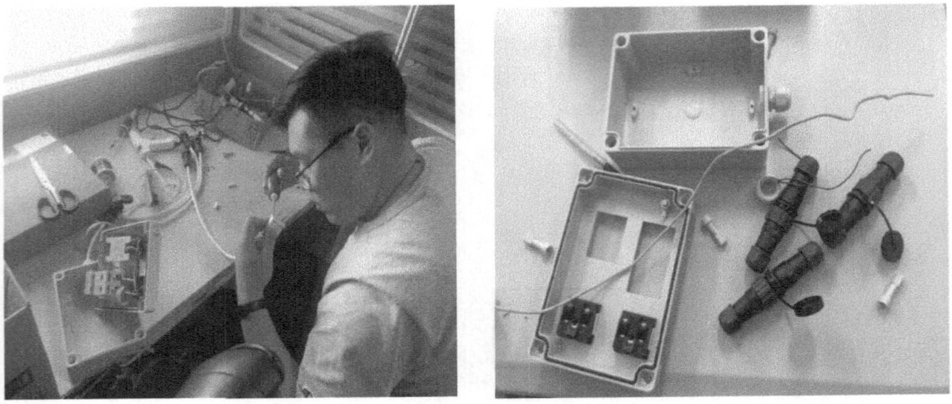

图 1-113 整体组装

表 1-10 整体组装完成情况检查

对策	完成情况	是否满足要求	结论
整体组装	接线正确率 100%	满足	已完成
	各部件接线绝缘试验合格率 100%	满足	
	组装各部件时，确保各部件无损伤，完好率达到 100%	满足	
	装置整体质量为 1.5kg	满足	

从以上过程可以得出结论，本装置整体组装成功。

四、 课题成效

小组成员对研制的检修电源快速接取装置经济效益进行了分析，本套装置的开发成本为 500 元/套。

成本构成表罗列下：本装置共运用于 200 个工作现场，期间由于检修电源快速接取装置的应用，使得变电站停电检修用时累计减少 115h，减少工作时间约 4.79 天，而保定地区变电站每天平均负荷为 26.875MW，则多送负荷约为 3090.625MWh，平均电价按 0.052 万元/MW 计算，实际效益按 10%计算，则为公司多创造效益：3090.625×0.052×0.1=16.07（万元）。

检修电源快速接取装置适用于保定供电公司辖区内的不同规格检修电源箱，可顺利完成检修、试验电源的接取工作，并确保运行操作人员的人身安全。同时可以减少负荷电量损失减少，从而保证供电企业的售电量目标。对生产企业而言，能有效保障其生产所需电量，使其保质保量完成生产任务，促进经济平稳持续发展。对社区居民而言，能有效避免增加无谓的停电时间给人们的生活、日常起居带来的不便，确保社会和谐。

综上所述，小组研制的检修电源快速接取装置，无需拆解电源轴即能可靠完成检修电源箱电源接取操作，且操作过程能保证人员的人身安全，避免电量电费损失，确保供电可靠性。

五、 课题总结

该装置总体方案新颖。本装置具有两种功能模块（导线转换头+盒式机构），技术全面，实用性强。

该装置使用过程安全可靠。本装置的使用过程充分保证了操作人员的人身安全。同时，本装置采用的数显交流电压电流表模块，可以及时监测检修电源箱内对应插头的电压，使用过程中的电流值；装置底部配置的强磁铁有效保证了装置能够牢牢吸附在检修电源箱内壁，避免了人员误碰导致电源接头脱落的可能，有效提高了现场的安全性。

本装置的成功研制解决了检修现场电源接口不统一的问题，缩短了停电时间，减少了电费电量的损失，在保障企业售电目标的同时，实现了与用电客户的互利共赢，具有很高的使用价值。

案例 15 变压器取油辅助装置的研制

一、 课题概述

针对传统变压器取油工作存在诸多问题，本文研制了一种变压器取油辅助装置，能够安全且高效地解决原有取油方法存在的弊端。该装置技术全面，结构小巧，成本低廉，实用性强。解决了变压器油样采集时工作人员动作受限、操作不便等问题。适用于各种型号变压器、减少了工作组成员规模、减少了玻璃取样瓶倾洒或破损概率。

二、 课题背景

变压器等充油设备需要定期进行油样采集试验分析工作，为满足全密封采样的技术要求，油样采集需使用玻璃注射器，不能使用注射器时应使用油样瓶采集。在实际现场操作过程中，工作人员常面临以下问题：

如图 1-114 所示，变压器油样采集阀门位于设备本体的不同位置，周围遍布不同障碍物，操作空间狭小，动作容易受限；

如图 1-115 所示，采样阀门种类繁多，采样嘴形式多样，出油顺畅程度不同，有时需工作人员长时间托举针管等待；

如图 1-116 所示，变压器油样采集过程中，采样人员一手拿注射器或采样瓶、一手拿扳手操作开关阀门，非常不便。尤其是位于高空的变压器套管设备油样采集时，采样人需站在设备架构上，复杂的操作流程易引起不安全情况发生。

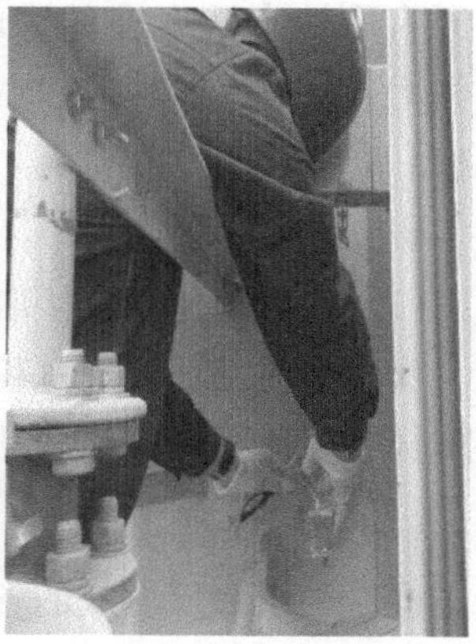

图 1-114 操作空间狭小

根据《国家电网公司电力安全工作规程》规定，工作负责人需履行监护职责，监督被监护人员遵守规程及现场安全措施，不能直接参与现场工作，且现有条件下取油工作 1 人无法独立完成。变压器油样采集工作最低配置为 3 人，1 人负责现场安全监护，2 人负责取油。采用变压器取油辅助装置后，1 人负责现场安全监护，1 人负责操作装置进行取油，2 人即可完成工作。而由于取油时手上沾有油污后，采样过程中扳手容易脱落伤人；玻璃采样瓶容易倾斜漏油；单手控制油样阀门易造成采样油喷洒等问题，需要在取油工作上配置多人队伍，给班组承载力也带来一定负担。针对上述问题，行业内并无特别有效的解决办法。

图 1-115 流速缓慢

图 1-116 单手操作阀门

三、研发与实施

（一）需求分析

现有取油方式存在变压器油样采集阀门周围操作空间狭小，动作受限无法操作；采样人员手持容器进行油样采集，单手控制油样阀门不便；玻璃注射器或油样瓶等容器摔坏、油样洒出、油样被污染、单手使用扳手不方便等问题。

综上所述，为解决上述问题，需研制一款装置或者工具，能够安全且高效地解决原有取油方法存在的弊端。具体需求包括：适用于各种型号变压器、节约工作人员体力、减少油样接取时间、减小工作组成员规模、减少玻璃取样瓶倾洒或破损概率。

研究难点：

(1) 如何简化油样接取过程，使工作可单人完成。

(2) 如何保证取油过程中装置与主变压器本体连接稳定，简化取油步骤。同时减少玻璃针管掉落损坏风险。

（二）设计研发

根据小组会议形成的各类想法，小组成员剔除重复内容，将所涉及的现场需求、应用环境中应考虑因素、装置功能等方面运用亲和图法整理出相关信息，如图 1-117 所示。

根据亲和图小组提出了两种总体方案，分别是方案一以磁吸底座为固定方式，以伸缩固定杆作为连接装置；方案二以夹件式固定装置为固定底座，以金属连接杆作为连接装置。总体方案的对比分析见表 1-11。

经过以上科学论证，综合考虑实现效果、研制难度等因素，小组最终选择以夹件式固定装置为固定底座，以金属连接杆作为连接装置的方案二。

小组成员经过分析研究，将总体方案进行分解，如图 1-118 所示。

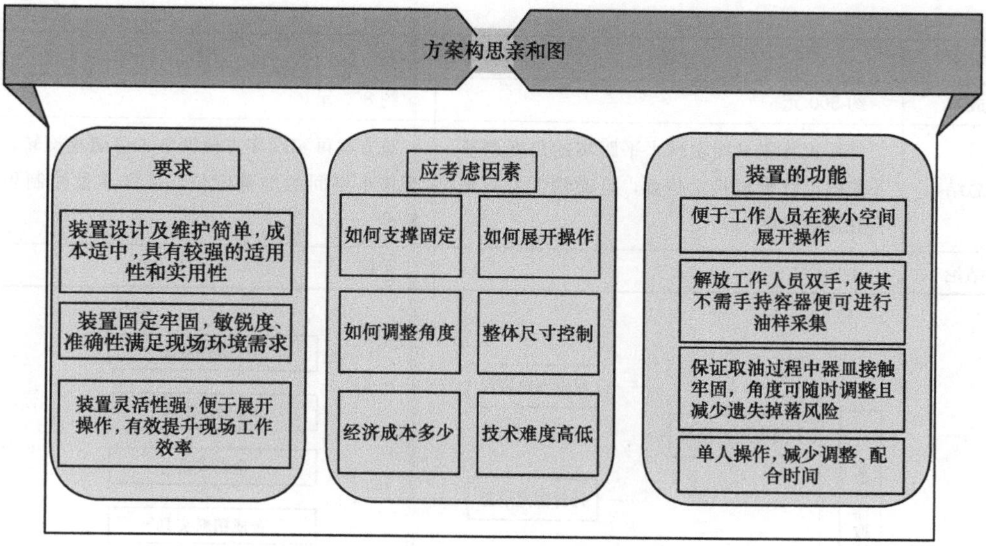

图 1-117 方案构思亲和图

表 1-11 **总体方案对比分析**

方案	方案一	方案二
方案描述	以伸缩连接杆为装置主体，以强力磁铁为固定底座能够将针管固定在油样阀门附近、角度可调、便于固定的专用装置	采用金属连接杆作为装置主体，增加针管固定装置的受力稳定性。采用夹件方式与主变压器本体固定，减少掉落几率的专用装置
方案需求	(1) 能够迅速展开投入使用。 (2) 能够对采样针管进行稳定支撑。 (3) 便于携带使用	(1) 能够与主变压器本体进行稳定连接。 (2) 能够对采样针管进行稳定支撑。 (3) 角度可多方位调节，可随意旋转。 (4) 便于携带使用
方案示意图	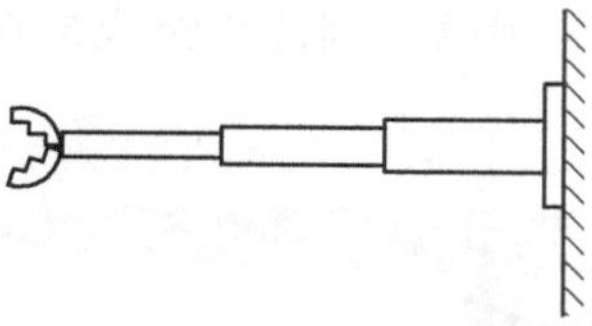	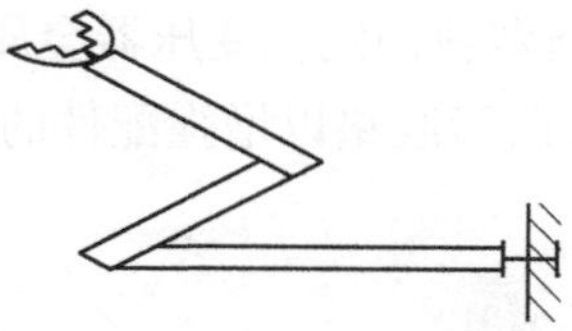
创新点	(1) 磁吸式底座便于操作，可以使装置迅速形成与主变压器本体连接固定。 (2) 利用伸缩杆作为连接装置，远近可调，操作简单	(1) 夹件式固定能够建立稳定的物理连接，不易松脱。 (2) 金属连接杆角度变化更为灵活，可实现多段式，多方向角度调节。 (3) 可实现狭小空间的准确定位，减少油样的洒落
设计难点	伸缩杆固定节点实现较为简单，阻值固定	(1) 需设计其水平应力及垂直应力均满足现场需求。 (2) 装置尺寸及相关材质更为复杂，研发过程长

续表

方案	方案一	方案二
成本	约 500 元	约 800 元
总结	伸缩式装置只能实现水平距离的角度调节，不能固定针管至指定位置，且磁铁吸力不足，存在掉落风险	该方案可实现多方位调节，可随意旋转，实现狭小空间的准确定位，采样油量控制更加精准
结论	不采用	采用

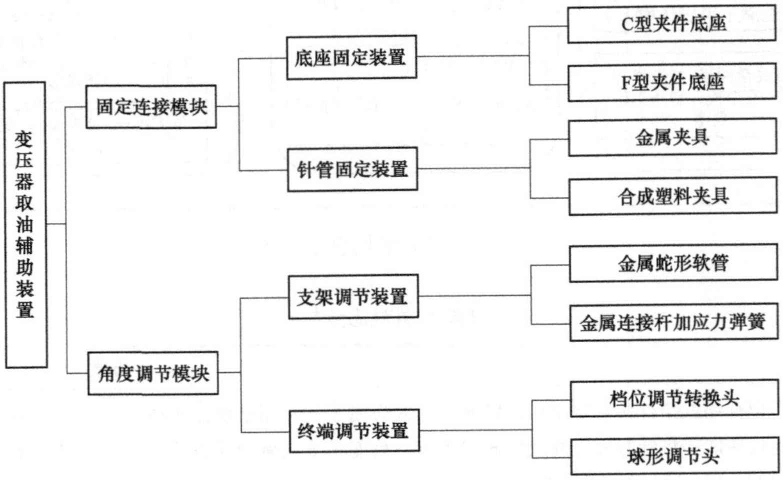

图 1-118 方案研制分解图

（三）方案实施

1. 底座固定装置设计及制作

如图 1-119 所示，小组成员采购合成塑制成的 F 型夹具，组合过程中小组成员发现，硬质塑料固定在变压器金属壁上后易松动、滑落，因此小组成员在夹件基础上增加了 EVA 防滑胶垫以增强配件的摩擦力。

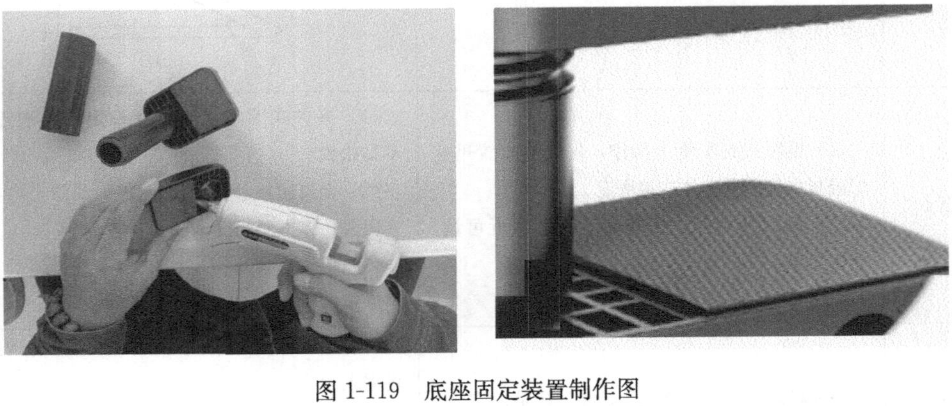

图 1-119 底座固定装置制作图

2. 针管固定装置设计及制作

如图 1-120 所示，小组成员市面上常见的几款合成塑料夹具，通过对开口角度、弹簧强度等性能指标综合考虑，选用了带高压弹簧的四点固定式夹具。

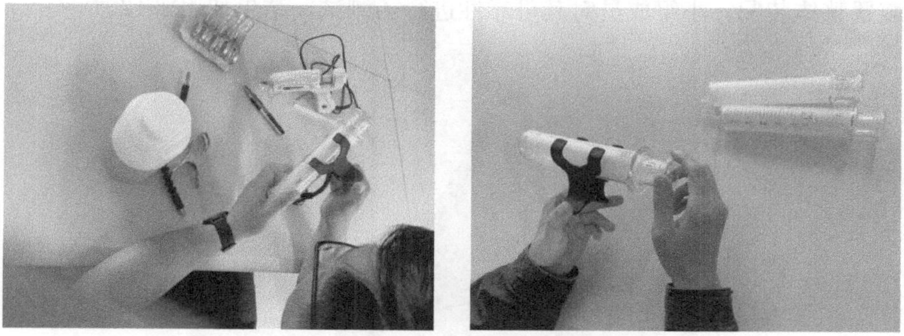

图 1-120 针管固定装置制作图

3. 支架调节装置设计及制作

如图 1-121 所示，小组成员选配合适铝合金杆材，打孔后添加固定螺丝和应力弹簧，在铝合金杆身处设计三处旋钮松紧调节，使其在稳固支撑的同时可进行多角度调节，满足现场需求。

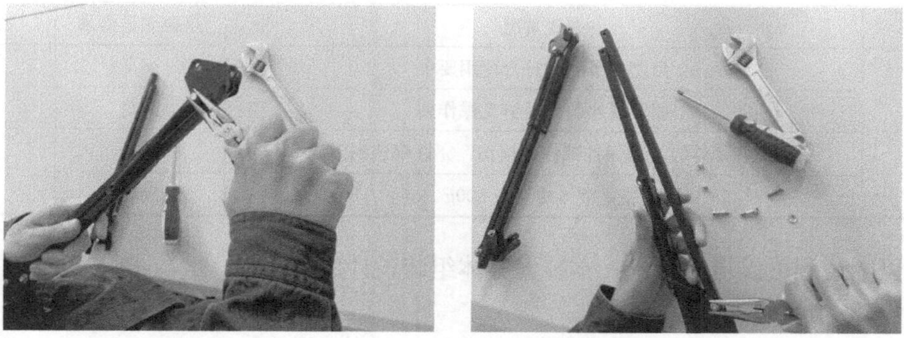

图 1-121 支架调节装置制作图

4. 终端调节装置设计及制作

如图 1-122 所示，小组成员将球形调节头与针管固定装置采用螺纹固定扣相连接，

图 1-122 终端调节装置制作图

这样在保证物理连接牢固的基础上，可实现球头阀的 360°旋转调节，使取样针管口更好地适应不同油样采集阀门。

如图 1-123 所示，小组使用专用工具，严格按照设计图纸对装置进行组装调试，最终完成装置整体装配。小组成员对其可靠性进行了测试，结果如表 1-12 所示。

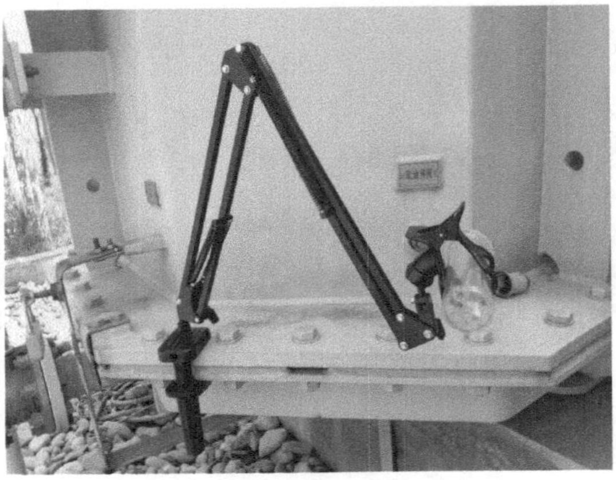

图 1-123　变压器取油辅助装置整体图

表 1-12　整体组装完成情况检查

对策	完成情况	是否满足要求	结论
整体组装	角度调节测试符合使用要求	满足	已完成
	固定模块起到足够支撑作用	满足	
	组装各部件时，确保各部件无损伤，完好率达到 100%	满足	
	装置整体质量为 500g	满足	

从以上过程可以得出结论，本装置整体组装设计成功。

四、课题成效

配合既定的油样采集工作，小组成员将变压器取油辅助装置携带至现场，配合变电站变压器取油工作，如图 1-124 所示。小组利用变压器取油辅助装置进行相关操作，并检查目标完成情况。

由图 1-124 可知，本装置的使用与站内其他小组工作互不干扰，提高了对变压器等设备进行油样采集的效率，取油工作所需人员数量由 3 人减少至 2 人，提高了现场的安全性和规范性，实现了预期目标。

如图 1-125 所示，变压器取油辅助装置投入现场使用过程中，针管固定后采样人员单手即可进行操作，解决了工作人员在变压器油样采集阀门周围操作空间狭小，动作受限无法操作的问题；装置辅助采样和针管悬停功能，避免了采样人员手持容器进行油样采集过程中单手控制油样阀门不便的情况，有效解决了玻璃注射器或油样瓶等容器摔坏、油样洒出、油样被污染、单手使用扳手不方便等问题。变压器取油辅助装置提高了对变压器等设备进行油样采集的效率，减少了取油工作所需人员数量，提高了现场的安

图 1-124　装置现场应用图

全性和规范性。本成果结构小巧，成本低廉，适用性强，适用于变电站内变压器等需要进行油样采集的充油设备。

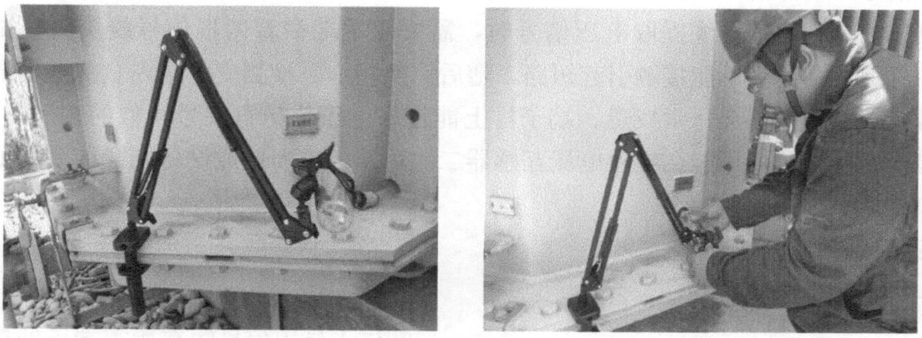

图 1-125　装置整体图

五、 课题总结

该装置总体方案新颖，技术全面，结构小巧，成本低廉，实用性强。解决了变压器油样采集时工作人员动作受限、操作不便等问题。装置使用后，工作人员单人即可完成油样采集工作，减少配合环节，工作组规模由 3 人减少至 2 人，增强了班组承载力。变压器取油辅助装置适用于变电站内变压器等需要进行油样采集的充油设备，投入使用后缩短了现场油样采集时间，提高了现场的安全性和规范性。

基于效果检查中的社会效益分析，本装置具有很强的推广价值和实用价值。同时由于变压器取油辅助装置没有使用电压等级的限制，可以推广至电力系统内变电站、发电厂等各电压等级变压器设备的油样采集工作中使用，具有较高的推广价值。

案例 16　避雷器带电测试电压提取智能终端的研制

一、 课题概述

110kV 及以上避雷器阻性电流带电检测（以下简称避雷器带电检测）按照相关规程要求需进行周期测试。研制的避雷器带电测试电压提取智能终端可以有效解决传统作业方法耗工时多、存在人身设备风险等问题。电压信号智能提取终端既能精确定位端子又方便提取信号，带电测试时只需将仪器信号线插入终端上对应的插孔后打开开关，无需全程操作、无需监护和指导，极大程度缩短该环节所耗工时，有效提高安全性。

二、课题背景

根据 Q/GDW 1168—2013《国家电网公司变电五项通用管理制度》变电检测第 16 分册和国家电网公司《十八项电网重大反事故措施》14.6.2 中要求，110kV 及以上避雷器带电检测周期为 1 年，宜在每年雷雨季节前进行本项目。

开展避雷器带电检测需从被试设备所在母线的电压互感器（TV）端子箱或者汇控柜内提取 TV 二次电压信号。提取时需要从端子排上数量繁多的端子中定位所需的 4 个端子，定位对于非专业继电保护人员来说相当困难。由于每个厂家生产的端子箱或者汇控柜布局和编号各不相同，测试人员无法通过记录位置和编号定位电压端子。为了精确定位电压提取端子，通常需要 1 名继电保护人员配合，进行现场或视频指导定位。即提取电压信号环节需要 1 人操作 1 人监护 1 人指导，费时耗力。

测试人员利用信号线提取电压信号时，需要双手端举着两根信号线头直至试验结束，并且保证两线头不能接触引起短路，随后倒换相别。检测变电站内全部避雷器，端举信号线的检测人员会非常疲惫。端子排上能提取电压信号且编号相似的端子有多组，如选错或误碰端子，可能会导致电压互感器二次短路，进而造成设备烧毁或跳闸的严重电网事故。

三、研究与分析

（一）现状调查

图 1-126　双手举端子利用线夹上铜丝提取电压信号

测试人员用信号线在所需端子处提取电压信号时，通常需要双手端举着两根信号线直至试验结束，并且保证两线头不能接触引起短路，随后倒换相别，具体操作如图 1-126 所示。辖区内 44 座 110kV 变电站中，避雷器最多的一座站内共有 7 组（21 支），检测站内全部避雷器端举信号线的工作人员会倍感疲惫。端子排上能提取电压信号且编号相似的端子有多组，如选错或误碰端子，可能会导致 TV 二次短路，进而造成设备跳闸或烧毁的严重电网事故。

通常情况下，避雷器带电检测工作由 1 名工作负责人和 5 名工作班成员共同完成。测试时分为两组，一组提取电流信号兼操作仪器，另一组提取电压信号，每组各需要 3 人，其中电压信号提取包括 1 名继电保护专业指导人员，如图 1-127 所示。

（二）设定目标

将此次课题目标设定为：避雷器带电检测电压信号接取由 3 人配合减少至 1 人完成，作业时间由 0.267h 缩短至 0.129h，并将检测工时目标值设定为 2.940(时·人)。

图 1-127　各小组工作照片

（三）主要做法

1. 原因分析

小组成员经过现场调查和分析，找出了导致“避雷器阻性电流带电检测接线工时长”的原因，如图 1-128 所示。

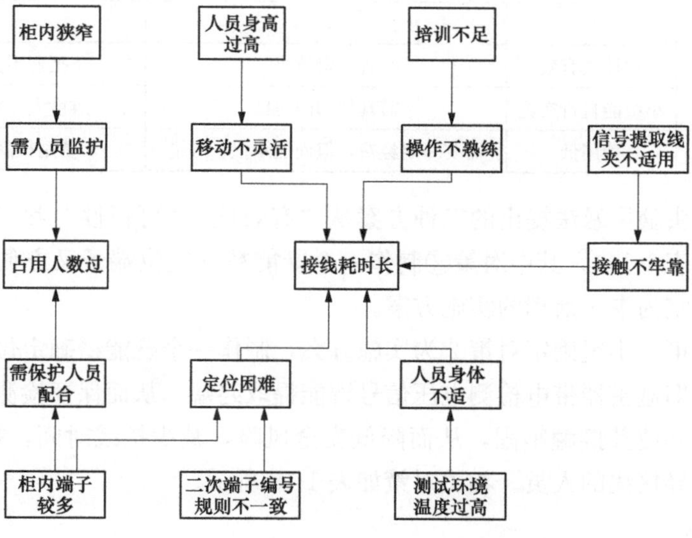

图 1-128　避雷器带电检测接线工时长原因分析

观察图 1-128 发现了 7 条末端因素，分别为：①柜内狭窄；②培训不足；③人员身高过高；④二次端子编号规则不一致；⑤测试环境温度过高；⑥柜内端子较多；⑦信号提取线夹不适用。

其中，①柜内狭窄；⑤测试环境温度过高；⑥柜内端子较多；⑦信号提取线夹不适用此4条末端因素均为技术协议、工艺要求、行业或安全规程规定，小组无法改变，因此不作进一步考查。

小组成员收集了剩余的3条末端因素，即培训不足、人员身高过高及二次端子编号规则不一致，并利用现场测量、试验及调查分析的方法对它们进行了逐一确认。

通过现场测量、试验及调查分析等一系列方法，小组对“培训不足”“人员身高过高”“二次端子编号规则不一致”3个末端因素对主要症结的影响程度进行了逐一分析，最终确定了“避雷器带电检测工时长”的要因：二次端子编号规则不一致。

2. 制定实施对策

(1) 提出对策方案。针对“二次端子编号规则不一致”这条要因，小组成员通过头脑风暴法提出解决方案，见表1-13。

表1-13　　要因对策方案论证表

主要原因	对策方案
二次端子编号规则不一致	①对所需端子制作专用标识
	②制作一个既能精确定位端子又方便提取信号的装置
	③从端子排引出独立端子

(2) 确定对策，见表1-14。

表1-14　　对策评价说明表

序号	评价内容	评价值		
		5	3	1
1	有效性	预计很有效	有一定效果	把握不大，试试看
2	可行性	小组能自行实施	需其他部门协助	难度大，需外单位合作
3	经济性	费用低	需要一定经费，但尚能承担、筹措	费用很高，很难承担

小组成员对头脑风暴法提出的三种方案从“有效性”“可行性”和“经济性”三方面进行评分（见表1-14），其中对策②制作一个既能精确定位端子又方便提取信号的装置得分最高，确定为本次活动的实施方案。

(3) 制定对策。小组确定对策②为实施方案，制作一个既能精确定位端子又方便提取信号的装置，即避雷器带电检测电压信号智能提取终端，从而保证检测过程中能够准确找到所需端子并使其接触牢固，从而降低安全风险，减少接线时间，提高工作效率，同时减少1名指导接线的人员。相关对策如表1-15所示。

3. 对策实施

(1) 设计接线。避雷器带电检测电压信号智能提取终端内部接线，如图1-129所示。

(2) 制作成品。小组成员参照电压信号智能提取终端设计图，进行成品制作（见图1-130）。

图1-131为“电压信号智能提取终端”实物图。它具有如下特点：①操作便捷；②绝缘性能强；③适用范围广，适用不同电压等级。

表 1-15 对策表

要因	对策	目标	措施	地点	完成时间
二次端子编号规则不一致	制作一个既能精确定位端子又方便提取信号的装置	接线成功率>99%	（1）原理设计及图纸绘制。	办公室	2019.07.05
			（2）按照所绘尺寸图、部件图采购并进行成品制作。	库房	2019.07.15
			（3）将成品应用于试验大厅模拟演练。	试验大厅	2019.07.25
			（4）将成品应用于现场提取电压信号测试	变电站	2019.08.25

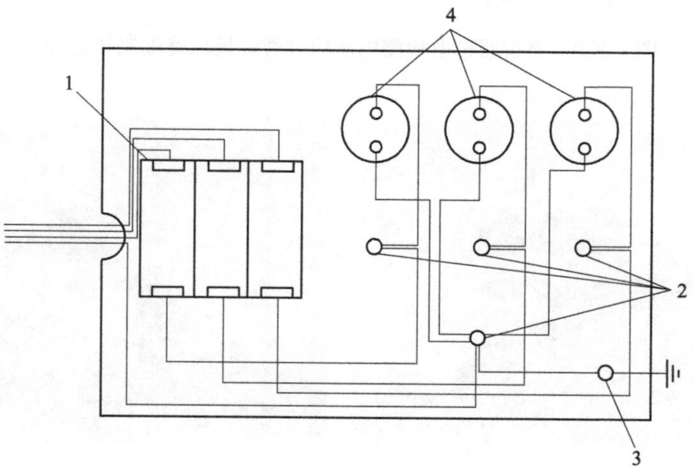

图 1-129 避雷器带电检测电压信号智能提取终端内部接线图

1—三相空气开关；2—信号提取端子；3—接地端子；4—电压指示

“避雷器带电检测电压信号智能提取终端”技术参数如表 1-16 所示。该装置已通过绝缘试验，具有相应检测报告。

表 1-16 电压信号智能提取终端技术参数

部件	尺寸（mm）	数量（个）	材质	质量（g）	耐压值（kV）
主体	180×120	1	丙烯腈	829	10
空气开关	53×45	1	丁二烯		
信号提取端子	5	4			
电压指示表	22	3	苯乙烯		
接地端子	6	1	（ABS 树脂）		

（3）现场应用。小组制作了一个既能精确定位端子又方便提取信号的装置，操作简

图 1-130 避雷器带电检测电压信号智能提取终端制作过程

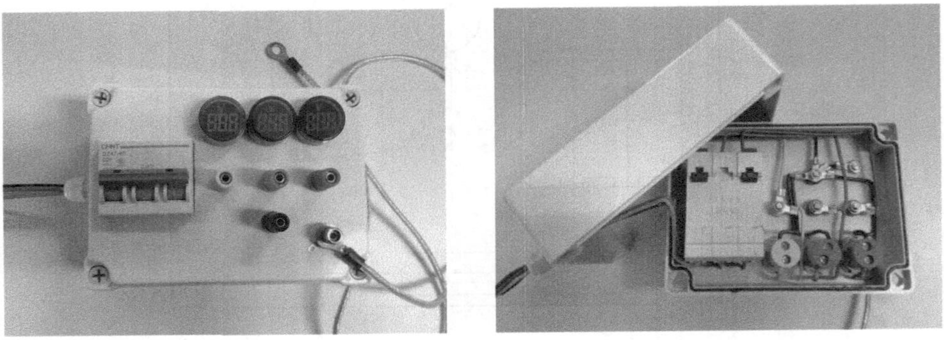

图 1-131 避雷器带电检测电压信号智能提取终端实物图

单使用便捷，具体操作方法见图 1-132。

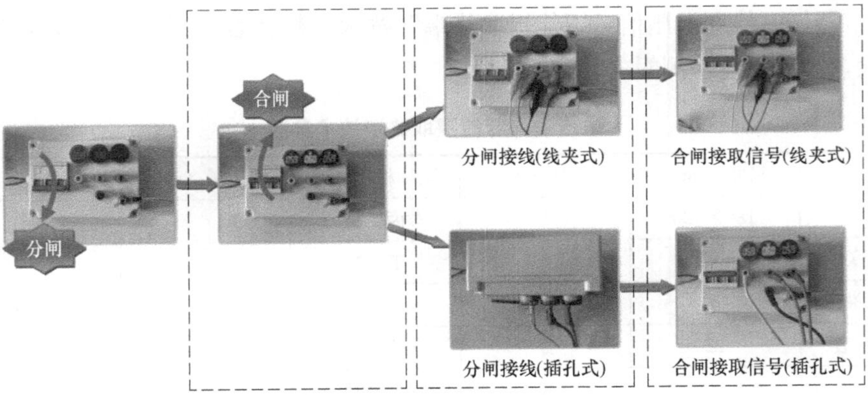

图 1-132 电压信号智能提取终端的使用说明示意图

如图 1-132 所示，小组成员在试验大厅进行模拟试验。

步骤 1：将空开合闸，检查仪表区各相电压指示表是否正常工作。

步骤 2：将空开分闸，将测试仪器的试验线接入接线区的接线柱上（插孔式或线夹式）。

步骤 3：将空开合闸，关注仪表区各相电压表示数是否在正常范围内，随后开展检测。

检测结束后将空开断开，将接线区试验仪器的测试线移除，恢复到试验前状态。

（4）成果展示。在继电保护人员的配合下，小组将避雷器带电检测电压信号智能提取终端安装至现场，实现了 1 人操作接取电压信号，具体效果如图 1-133 所示。

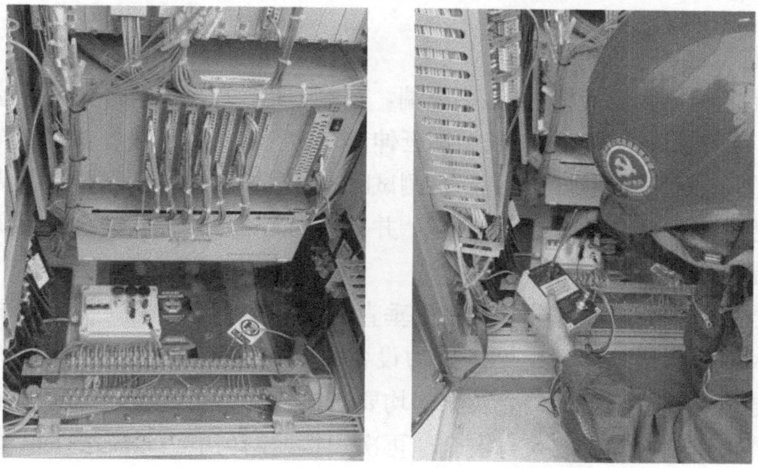

图 1-133 成果现场应用

四、课题总结

（一）经济效益

2019 年 08 月至 2020 年 07 月易县运检分部电气试验班对 18 座站总计 104 个间隔避雷器进行了阻性电流带电检测，期间由于电压信号智能提取终端的应用，使得每个间隔避雷器带电检测平均用时减少 2.26(时·人)，104 个间隔避雷器共节省了 235.04(时·人)，极大地缩短了试验用时，提高了工作效率。此外，也是由于本工具的应用，使得避雷器带电检测试验人员由 6 人减少为 4 人。由于人员的减少使得用车也减少一辆。综合本成果带来安全效益，公司在避雷器带电检测一项工作中节省人员工费支出约 186 240.00 元，抛去研发成本 7856.00 元，创造直接经济效益：186 240.00－13 158.00＝173 082.00 元/年。

（二）安全效益

由于避雷器带电检测电压信号智能提取终端的应用，避免了选错电压端子及长期双手端举误碰其他端子发生短路的情况，降低了危害人身、设备及仪器安全情况的出现几率。同时，由于接线人员由 3 人减至 1 人，增强了现场作业安全的可控性。

（三）社会效益

通过进行本次 QC 活动，大大缩减了避雷器带电检测工时，极大提高了该项工作的工作效率，履行了公司“人民电业为人民”的企业宗旨，提升了客户满意程度，塑造了良好的公司形象。

（四）推广效益

该装置已经纳入国网保定供电公司《金属氧化物避雷器阻性电流试验作业指导书》。至今为止，避雷器带电检测电压信号智能提取终端使用良好，能发挥其在实际避雷器带电检测工作中的高效性和实用性，具有很好的推广价值。

案例 17　变电站接地网阻抗测试辅助装置的研制

一、 课题概述

接地网阻抗测试传统做法存在诸多弊端，有鉴于此，现场人员需要一种接地网阻抗测试辅助装置，能够辅助实现导线的长距离延伸，辅助测试用的导线能够延伸至远距离处的测试点处。可有效解决上述地网接地阻抗测试时布置测试极铁钎费时耗力、无法准确判断插入深度致使频繁返工、效率低下的难题，并可实现测试线快捷收纳、灵活变向。

二、 课题背景

接地网是电网重要组成部分，它是由垂直和水平接地极组成的兼有泄流和均压作用的较大型的水平网状接地装置。站内电力设备均要与接地网可靠相连用以获得参考电位；其次变电站内电力设备的外壳及架构均要与接地网可靠连接，目的是保护变电站运维及检修人员操作或检修时的人身安全。再次，接地网为电力系统故障电流或者雷击电流提供“宣泄通道”用以保护站内电力设备和工作人员人身安全。

接地网的接地阻抗的测量是通过测量变电站内电力设备对远方电位零点的阻抗，判断接地网质量的优劣。其中“三极直线法”是目前各级设备运维管理单位应用最广泛的方法，如图 1-134 所示。“三极”是指电流极、电压极、站内极/测试极。

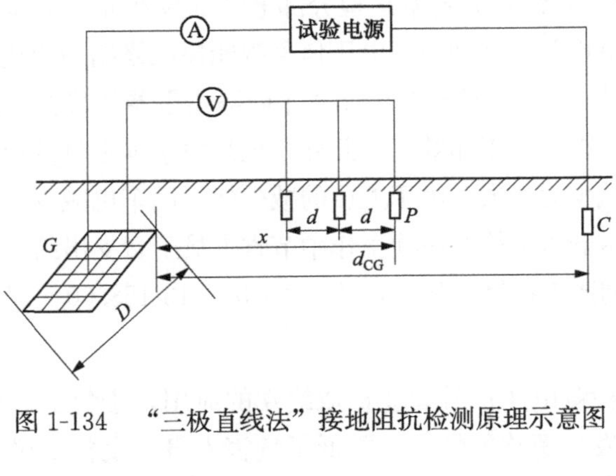

图 1-134　“三极直线法”接地阻抗检测原理示意图

根据测试原理，由于测试点选择在距离变电站较远的地方，测试用的导线需要延伸很长的距离，测试时首先需要定位电流极 C 或电压极 P 的位置，其次将电流极铁钎和电压极铁钎插入土壤中至少 40cm。为了避免破坏田地中的庄稼作物，该项测试一般在冬季或秋收以后进行，北方冬季温度低常使土壤结冻，工作人员需要费极大力气才能将铁钎布置到位，还经常出现插入深度不够需要返工数次的情况。

测量时测试线需尽量避开河流、湖泊并避免横穿道路以防止交通工具对测试线的碾压损坏。同时测试线需远离地下金属管线和运行中的输电线路以避免电磁干扰。

传统做法是将一节工地用钢筋当作铁钎将其用铁锤砸入土壤中，工作人员还需要携带比较沉重的铁锤，而且砸入过程中需要 1 人扶住铁钎 1 人抡锤砸，需要耗费很大力气才能将钢筋砸入土壤中，而且铁锤砸偏致使工作人员手部受伤的情况时有发生。

以现场常用的“三极直线法”测试原理为例，电流极和电压极测试线长度为 4～5 倍和 2.5 倍变电站对角线距离，对于如图 1-135 所示 110kV 变电站而言，其对角线距离在百米左右，因此电压极和电流极的测试线都达到百米以上的长度，放线期间难免遇到对测试线的拉扯抻拽或者途中被车辆碾压的情况，测试线损坏的状况时有发生，放线期间为减少途中被车辆碾压的情况，需避免将测试线跨越道路，需进行多次变向，导致电流极与电压极测试线极易缠绕在一起，影响试验效率，也易造成试验线损坏。

图 1-135 接地阻抗检测方法理想布线图

鉴于此，现场人员需要一种接地网阻抗测试辅助装置，能够辅助实现导线的长距离延伸，辅助测试用的导线能够延伸至远距离处的测试点处。可有效解决上述地网接地阻抗测试时布置测试极铁钎费时耗力、无法准确判断插入深度致使频繁返工、效率低下的难题，并可实现测试线快捷收纳、灵活变向。

三、 研究与分析

小组成员受到线路杆塔启发，在输电线路中杆塔是线路的主要支撑结构，终端杆塔是线路起始或终止的杆塔，是线路进出线的第一基杆塔。转角杆塔用于线路的转角处，主要承受两侧架空线产生的角度力，使线路改变走向形成转角。

（一） 装置 1.0 版本

课题小组研发制作变电站接地网阻抗测试辅助装置 1.0 版本，如图 1-136 所示。

将接地铁钎安装手柄后形成“T”字型主体，位于整个装置的中心，形成竖直接地导体，下端呈圆锥形，用于插入土地中以进行接地。以主体为基础，将可转动的普通导

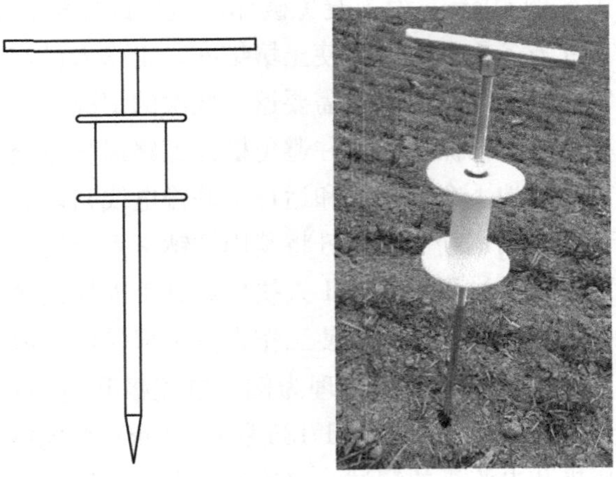

图 1-136 接地网阻抗测试辅助装置 1.0 版本

(a) 结构图；(b) 实物图

线轴（见图 1-137）与主体进行组装，导线轴通过轴孔套装于主体，以主体为转轴灵活转动，测试时，导线通过线夹与装置本体相连可实现可靠接地，同时灵活收放。

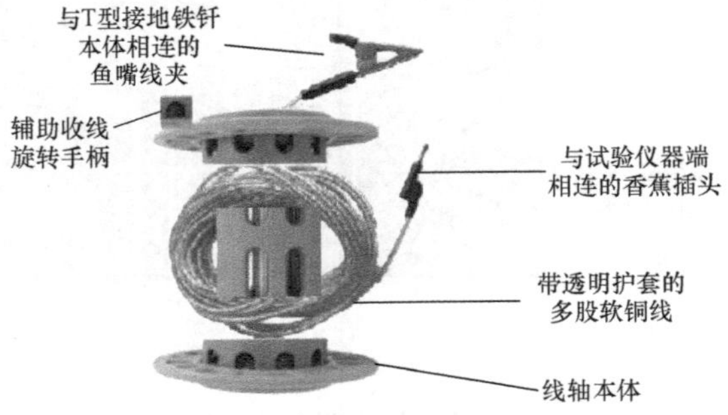

图 1-137 安装于装置主体的导线轴

装置 1.0 版本在安装使用时可仅由一人操作，利用“T”字型手柄垂直发力作用于主体将其插入测试点位土壤中，对应于输电线路的终端杆塔及转角杆塔，装置既可作为接地铁钎又可作为转角铁钎。接地铁钎用于与测试导线实现电连接并接地，即作为电压极或电流极测试点；转角铁钎用于改变测试导线铺设的路径，在拐角处实现方向的改变。

对于接地网阻抗测试辅助装置 1.0 版本的实用性，研发小组走进试验现场进行了针对性测试。测试发现，装置的优越性体现在：

（1）每次试验作业可减少 1 名人工，且无需携带铁锤，省去将铁钎夯砸进入土壤的步骤，直接插入即可实现接地；

（2）导线轴可灵活转动，放线、收线便捷省力；

（3）接地铁钎和转角铁钎配合使用，可使测试导线布设路径灵活改变。

使用过程中发现的不足：

（1）装置插入土壤的深度不易控制，遇土壤硬度较大的情况往往插入深度不够；

（2）装置安装后抓地力和稳定性不足，尤其当导线持续受力时装置多次出现歪斜倾倒甚至松脱地面的情况；

（3）缠绕在导线轴上的测试导线易松散脱落，特别是变向时绕过转角铁钎的测试线极易与导线轴脱离易位，缺少限位措施；

（4）测试导线通过线夹与本体不能实现100%可靠连接，且此种连接方式一定程度上阻碍导线轴的转动，收放导线时偶尔出现缠绕混乱的情况。

（二）装置2.0版本

研发小组对1.0版进行了改进设计，最终得出接地网阻抗测试辅助装置2.0版本，在原基础上改进了导线轴、加入了导线防脱组件、脚踏限位组件等功能性组件，其结构原理示意图如图1-138所示。

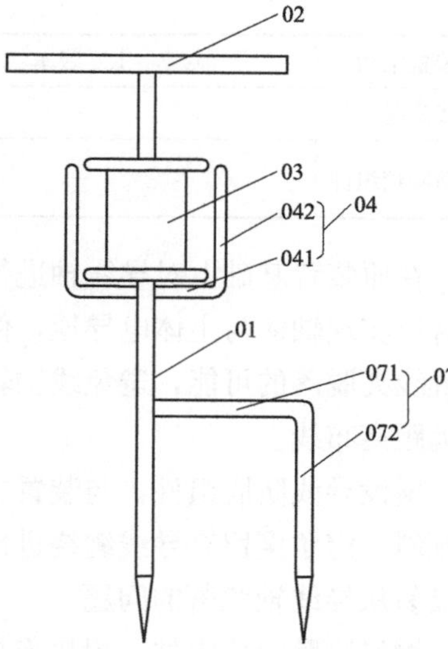

图1-138 接地网阻抗测试辅助装置结构示意图

2.0版接地网阻抗测试辅助装置包括主体01、手柄02、导线轴03、导线防脱组件04以及脚踏限位组件07。

装置主体为中心竖直部分，形成接地导体，下端为圆锥形，用于插入土地中以进行接地。

手柄与装置主体连接，形成“T”字型，便于握持。

导线轴设置在装置主体上，由上下各一限位盘和可转动的轴体组成，通过轴孔套接于装置主体上，用于收纳导线或对导线的延伸方向进行改向。

导线防脱组件的第一部分连接在装置主体上，第二部分延伸至导线轴的侧方。

脚踏限位组件连接在装置主体上，形成“T”字型。限位组件包括横向部分和竖向部分。横向部分垂直连接在主体上；竖向部分平行于装置，下端为圆锥形，用以辅助向下施力将装置插入土中。

研发小组成员依据设计图纸，购置原材料，在原装置基础上进行焊接组装，最终形成接地网阻抗测试辅助装置2.0版本，其功能改进情况见表1-17。

表1-17　接地网阻抗测试辅助装置两版本功能结构对比

装置结构	1.0版本	2.0版本
主体	中心竖直部分，包含接地导体，下端为圆锥形	中心竖直部分，包含接地导体，下端为圆锥形
手柄	与主体连接形成“T”字型，便于握持	与主体连接形成“T”字型，便于握持
导线轴	普通导线轴，套装于主体用于收纳导线或改向	改进为不锈钢导体材质，导线存纳容积增加

续表

装置结构	1.0版本	2.0版本
导线防脱组件	—	对导线进行限位，导线不易脱落
脚踏限位组件	—	便于发力插入土壤并控制插入深度，接地更为牢固可靠

在原装置基础上对导线轴进行了改进，对普通材质导线轴进行替换，采用不锈钢导体材质实现轴体与主体电导通，使用时直接将测试导线的接地端焊接于轴体上，排除原装置线夹脱落的可能，避免线轴转动受到阻碍；缩小轴体直径增加导线存纳容积，实现更远距离布线。

增设导线防脱组件，与装置主体焊接连接于导线轴底部，两端延伸至导线轴侧方，并倾斜一定角度留有导线缠绕进出空隙。此项改进可以对导线精准限位，很好地解决导线极易从导线轴脱落的问题。

增设脚踏限位组件，焊接连接于装置主体下端，横向部分用于试验人员踩踏受力，竖向部分配合主体插入土中，脚踏限位组件全部没入土壤即为可靠接地，此项改进可精准控制铁钎的插入深度。组件与主体接地部分互为备用、相互支撑，保证接地牢固可靠，避免装置插入土壤后倾斜松脱的可能。

接地网阻抗测试辅助装置2.0版本实物见图1-139。将装置应用于接地网阻抗测试试验现场，辅助进行电压极和电流极的布置。

该接地网阻抗测试辅助装置作为接地铁钎时，如图1-140所示。将该接地网阻抗测试辅助装置携带至变电站外的测试点位，在导线轴上缠绕收纳足够长度的导线，导线防脱组件用以避免导线从导线轴上脱出掉落，利用脚踏限位组件对装置进行安装后，可以实现可靠接地。装置可靠接地后，检查导线的一端与装置已可靠电连接，导线另一端从导线轴上取下，携至变电站内并与待测试的电力设备电连接，从而实现对电力设备进行接地测试。

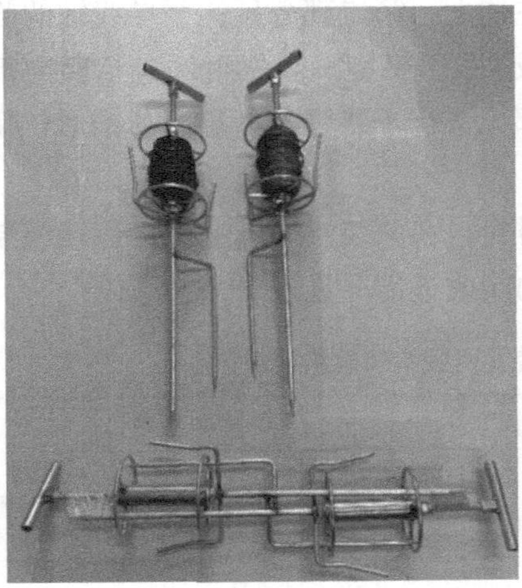

图1-139　变电站接地网阻抗测试辅助装置2.0版本整体实物图

图1-140　接地网阻抗测试辅助装置用作接地铁钎

在将导线携带至变电站的过程中，若需要转角变向时，则将另一个接地网阻抗测试辅助装置作为转角铁钎，将装置安装于拐点，再将导线绕过导线轴实现拐弯，导线防脱组件用以避免导线从导线轴上脱出掉落。往往使用一个接地网阻抗测试辅助装置作为接地铁钎，另一或多个装置作为转角铁钎成套配合使用。

综上，经过现场实际测试，该装置能够辅助实现测试点的可靠接地以及测试用导线的长距离延伸。

（三）成果主要创新点

1. 布置一体化

解决了传统方法耗时费力的问题，摆脱传统方法冗余繁琐的操作步骤，实现接地极安装与测试线布置一体化。

（1）省去两人配合使用铁锤夯实铁钎这一环节，缩减人工。传统方法并将接地钎用铁锤砸入土壤中，携带铁钎的同时还要携带比较沉重的铁锤工具，而且砸入过程中需要一人扶住铁钎另外一人抡锤砸；装置通过结构改进，省去铁锤工具的使用，无须两人配合即可将接地铁钎顺利安装。

（2）提供脚踏限位部件，便于发力插入土壤并控制插入深度，接地更为可靠。在遇冬季土壤结冻等情况时，传统方法下试验人员需要耗费极大力气才能将铁钎布置到位，而且插入深度不易掌握；此装置设计有“7”字型脚踏限位部件，可利用身体重量将铁钎插入土壤，当脚踏限位铁钎没入土壤即可主体接地部分互为备用，精准控制插入深度，保证牢固可靠。

（3）查线收线方便快捷。电压极和电流极的测试线往往达到百米以上的长度，测试线损坏的状况时有发生，测试现场缺少检验测试线完整性的有效方法；装置导线轴可顺时或逆时针双向旋转，收放自如、便于掌控，发生特殊状况时可在最短时间内完成收线和查线工作。

（4）装置可配套使用，实现测试线灵活变向，跨越房屋、道路等障碍物。试验过程中测试线可能需进行多次变向，导致电流极与电压极测试线极易缠绕在一起，影响试验效率，也易造成试验线损坏；可将多个装置配套使用，接地铁钎用于接地、转角铁钎用于变向，使得测试线布置路径更加清晰可观，达到灵活变向的效果。

2. 成果应用中采取的安全控制措施

（1）接地网阻抗测试辅助装置主体、手柄、导线轴、导线防脱组件以及脚踏限位组件均需采用不锈钢材质，外表光洁、导电性能良好、硬度高、韧性高、易于加工，耐磨、耐腐蚀、耐高温性能良好，需适用于一般自然环境和潮湿酸碱性土壤以及化学腐蚀介质的特殊环境中，保证使用过程中能够可靠接地导通。

（2）装置主体与手柄、主体与导线防脱组件、主体与脚踏限位部件、导线轴轴体与上下两限位盘等部位连接处均采用焊接工艺，焊缝平滑、连接紧固，不得发生形变或脱落。

（3）装置导线轴部分使用螺栓固定于主体固定位置，轴孔套装于主体，使用过程中能够实现平滑转动、无卡涩，竖直方向上不得留有上下滑动的空隙。

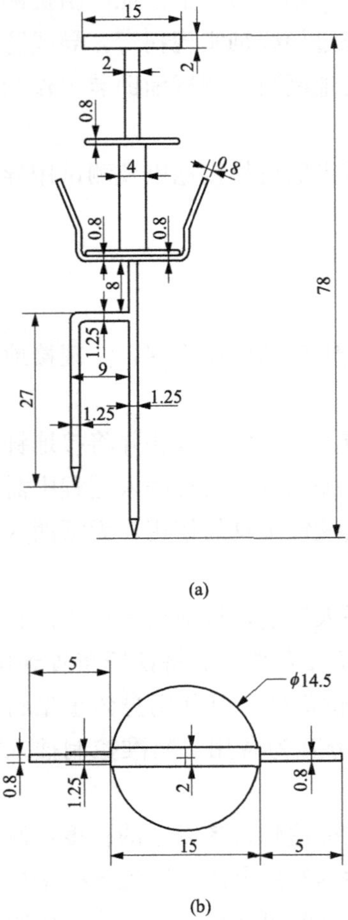

图 1-141 变电站接地网阻抗测试辅助装置尺寸
(a) 正视图；(b) 俯视图

3. 成果材料选择、结构尺寸等工艺控制规范

(1) 变电站接地网阻抗测试辅助装置整体采用 304 奥体氏不锈钢材质，铬含量18%～20%，镍含量8%～10.5%，碳含量小于 0.08%。材料密度（20℃，g/cm^3)7.93，硬度不大于 201HBW；不大于 92HRB；不大于 210HV，抗拉强度 δ 不小于515～1035MPa，耐高温 800℃，导电率约为 1.45MS/m。

(2) 装置尺寸规范。变电站接地网阻抗测试辅助装置总长 78cm，最大直径 25cm。各部分尺寸见图 1-141（单位：cm）。

装置主体总长 78cm，手柄宽度 15cm，导线轴长度 21cm，距离主体顶端手柄 14cm，导线防脱组件底部宽度 16cm，延伸至上端宽度为 25cm，脚踏限位组件横向脚踏部分长度 8cm，符合成人脚掌平均宽度，竖直限位部分长度 27cm，将其没入土壤可保证装置可靠接地，脚踏限位组件连接于导线防脱组件底端 8cm 处，留有脚踏发力空间。

四、课题结论

（一）成果产生的安全、经济效益

装置的使用省去了使用铁锤将铁钎砸入土壤的步骤，不须携带和抡砸过于沉重的铁锤工具，有效避免了人员操作过程中的意外损伤；此外，装置主体脚踏限位组件精准控制铁钎的插入深度，与主体部分铁钎相互配合可靠保证接地装置布置紧固到位，为接地有效性提供双重保证，避免了铁钎插入后松脱的可能，进一步保证了试验人员的人身安全，有效提高试验现场安全性。

自接地网阻抗测试辅助装置推广应用以来，平均每站次接地网阻抗测试试验用时缩短 33.8%，累积节省工时 21.1h；平均每站次接地网阻抗测试试验节省经济至少 1645.8 元，累积节省 15.141 4 万元。大幅提升了经济效益，缩短了设备停电时间，为缓解电网缺电的压力和电网的稳定运行提供可靠支持。

（二）推广效益

装置很好地解决了变电站接地网阻抗测试中耗时费力的问题，可以有效提升接地网阻抗测试工作效率、提高试验现场的安全性与规范性。该装置制造简单、成本低廉，操作简单易于上手，可靠性高、安全系数高，可以应用于各种 35kV 及以上变电站接地阻抗检测试验过程中测试线的布置以及测试极的接地，适合在接地阻抗检测工作中作为辅助工具大规模推广应用。由于河北省域内变电站所处环境条件相差不大，周边土壤硬度、湿度、酸碱度等情况相似，此装置亦可在省公司范围内推广应用。

案例 18 电流互感器带电测试接线盒取样单元放电管检测装置

一、 课题概述

国家电网公司《十八项电网重大反事故措施》中要求，电容型设备需按一定周期进行带电测试。在现场进行电容型电流互感器（以下简称“电流互感器”或“TA”）带电检测的过程中，经常会出现短接连片和隔离开关接触不良的情况，而这时候就需要放电管进行不停地放电泄压使末屏处于低电位，若持续时间较长或者出现频率较高，则放电管因承受长时间或频繁的过电流而导致发热升温，过高的温度使放电管存在短路或炸裂的风险，除非出现严重的烧毁，否则大多数情况下放电管是否已经损坏不能单纯从外表进行观察，目前也鲜有相应的仪器可以进行放电管的故障检测。本创新提供了一种便携式放电管的性能检测装置，弥补了放电管现场检测技术的空白，为带电检测人员掌握放电管状态提供了可靠有效手段，减少了电流互感器带电测试数据异常时的排查时间，间接提高了电流互感器带电检测效率。

二、 课题背景

电容型电流互感器是依据电容分压原理将一次侧大电流转换成二次侧小电流，并以此实现计量和保护等功能的设备。在电力系统中，TA 绝缘状况的好坏不仅直接影响整个变电站及所在电网的安全运行，同时还关系到变电站内运维检修人员的安全，所以涉及电流互感器的绝缘状态诊断工作至关重要。检验 TA 绝缘状态的电气试验方法有停电试验和带电测试，带电测试主要为相对介质损耗因数及电容量比值的测试。相比于停电检测，带电检测不受停电时间限制，具备了停电试验技术灵敏性和可靠性的同时，也克服了停电试验在供电可靠性、试验数据有效性、经济性和安全性方面的短板。TA 相对介质损耗因数及电容量比值带电检测试验原理如图 1-142 所示。

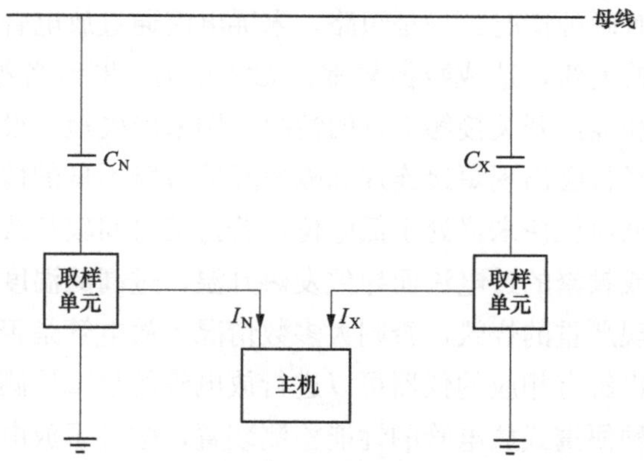

图 1-142 相对介质损耗因数及电容量比值带电检测原理图

对电流互感器开展相对介质损耗因数及电容量比值带电检测需要对设备本身进行加装取样单元的改造，取样单元有接线盒型取样单元和传感器型取样单元，现绝大部分取样单元采用接线盒型。接线盒型取样单元串接在设备的接地引下线中，主要功能是提供一个电流测试信号的引出端子并防止末屏开路，测试时通过测试电缆将电流引入带电检测仪内部的高精度穿心电流传感器进行测量。接线盒型取样单元主要由外壳、防开路保护器、放电管、短接连片及操作隔离开关等部件构成。接线盒型取样单元外观图如图 1-143 所示，电气接线示意图如图 1-144 所示。

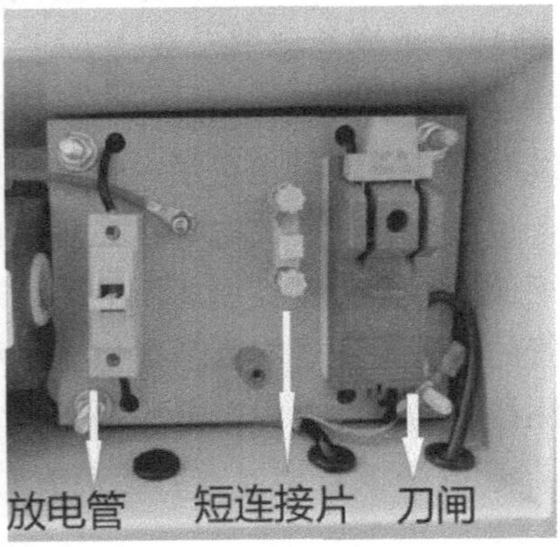

图 1-143　接线盒取样单元外观图

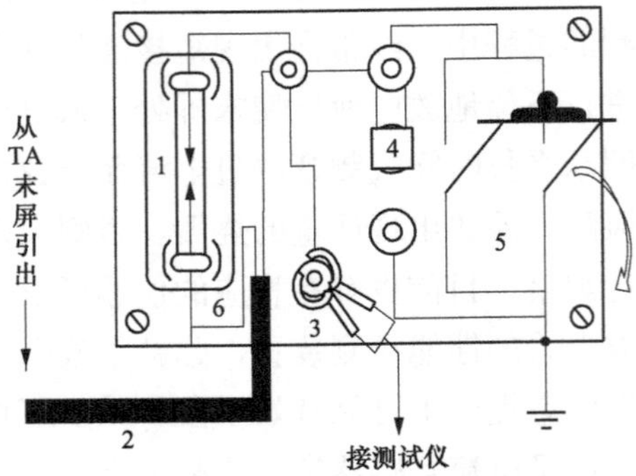

图 1-144　接线盒取样单元电气接线示意图

1—放电管；2—TA 末屏引下线；3—带电测量端；4—接地连接片；5—接地开关；6—屏蔽线

接线盒取样单元为了防止末屏开路，其中放电管是一种间隙型保护器件，工作原理是气体间隙放电，在末屏接地的情况下处于开路状态，如果末屏失地在放电管两级产生一定电压时，极间产生不均匀电场，在此电场作用下，管内气体开始游离，当外加电压增大到使极间场强超过气体的绝缘强度时，两极之间的间隙将放电击穿，由原来的高阻态变为低阻态，形成导通，导通后放电管两极之间的电压维持在放电弧道所决定的残压水平，这种残压一般很低，从而使末屏免受过电压的损坏。

放电管损害一般有两种情况：一是短路，末屏电流通过放电管流入大地，带电检测时仪器不能引入全部的电流，造成数据异常，无法正确判断设备绝缘状态；二是开路，若同时出现短接连片和隔离开关接触不良的情况，则末屏失地，设备损坏。在现场进行带电检测的过程中，经常会出现短接连片和隔离开关接触不良的情况，而这时候就需要放电管进行不停地放电泄压使末屏处于低电位，若持续时间较长或者出现频率较高，则放电管因承受长时间或频繁的过电流而导致发热升温，过高的温度使放电管存在短路或炸裂的风险，除非出现严重的烧毁，否则大多数情况下放电管是否已经损坏不能单纯从外表进行观察，目前也鲜有相应的仪器可以进行放电管的故障检测。

本创新提供了一种便携式放电管的性能检测装置，弥补了放电管现场检测技术的空白，为带电检测人员掌握放电管状态提供了可靠有效手段，减少了电流互感器带电测试数据异常时的排查时间，间接提高了电流互感器带电检测效率。

三、研究与分析

（一）成果研发技术路线、原理图、效果图、具体实施方案

图 1-145、图 1-146 分别为本创新成果的结构框图和结构示意图。

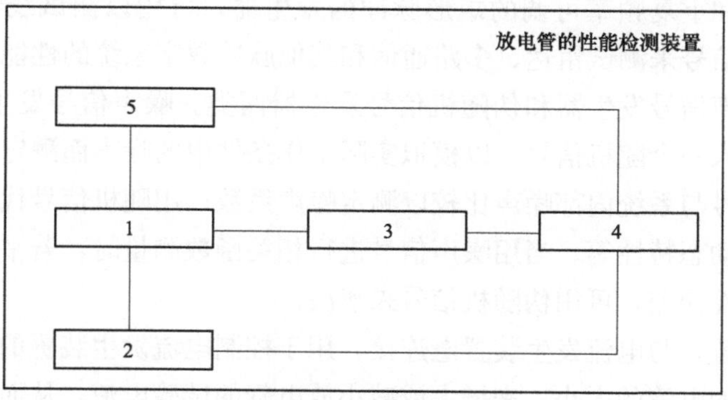

图 1-145 放电管的性能检测装置的结构框图

1—电流发生装置；2—电流控制装置；3—显示装置；4—供电电源；5—放电管

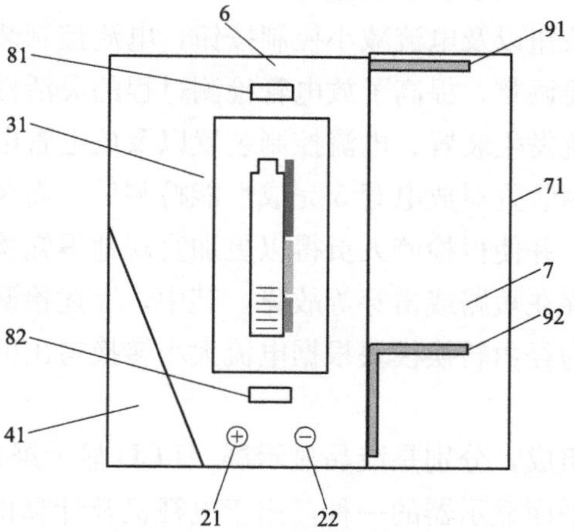

图 1-146 一种放电管的性能检测装置的结构示意图 1

6—外壳体；7—放置卡槽；21—电流放大控制按钮；22—电流减小控制按钮；31—液晶显示屏；41—电池仓；71—保护盖；81—第一指示灯；82—第二指示灯；91—固定部；92—移动部

电流发生装置与被试放电管电连接，用于对放电管施加测试电流，从而使得待检测的放电管得以处于工作状态，待电流经过放电管时，即可对放电管进行故障检测。在本创新成果中的电流发生装置具体为脉冲发生器。脉冲发生器是用来发生信号的设备，其为产生所需参数的电测试信号仪器。具体的，按其信号波形分为四大类，包括正弦信号发生器、函数（波形）信号发生器、脉冲信号发生器以及随机信号发生器。其中，正弦信号发生器主要用于测量电路和系统的频率特性、非线性失真、增益及灵敏度等，按其不同性能和用途还可细分为低频（20～10MHz）信号发生器、高频（100kHz～300MHz）信号发生器、微波信号发生器、扫频和程控信号发生器、频率合成式信号发生器等，函数（波形）信号发生器能产生某些特定的周期性时间函数波形（正弦波、方波、三角波、锯齿波和脉冲波等）信号，频率范围可从几个微赫到几十兆赫，除供通信、仪表和自动控制系统测试用外，还广泛用于其他非电测量领域。脉冲信号发生器能产生宽度、幅度和重复频率可调的矩形脉冲的发生器，可用以测试线性系统的瞬态响应，或用作模拟信号来测试雷达、多路通信和其他脉冲数字系统的性能。随机信号发生器通常又分为噪声信号发生器和伪随机信号发生器两类。噪声信号发生器主要用途为：在待测系统中引入一个随机信号，以模拟实际工作条件中的噪声而测定系统性能；外加一个已知噪声信号与系统内部噪声比较以测定噪声系数；用随机信号代替正弦或脉冲信号，以测定系统动态特性等。当用噪声信号进行相关函数测量时，若平均测量时间不够长，会出现统计性误差，可用伪随机信号来解决。

电流控制装置，与电流发生装置电连接，用于控制电流发生装置的电流大小，通过控制经过放电管的电流的大小，来增大或减小放电管的试验电流，从而更加准确地对放电管进行合理检测。电流控制装置包括：电流放大控制按钮，用于放大所述电流发生装置的电流，为便于识别设置为带有“+”符号的按键；电流减小控制按钮，用于减小所述电流发生装置的电流，为便于识别设置为带有“-”符号的按键。

利用电流放大控制按钮以及电流减小控制按钮，电流控制装置得以对经过放电管的试验电流可根据试验需要调整，提高了放电管检测过程的灵活性和试验结果的可靠性。

显示装置分别与电流发生装置、电流控制装置以及放电管电连接，用于显示放电管的检测信息。当性能检测装置对放电管 5 完成性能检测后，需要对应输出检测结果，显示装置即可实现此目的，并使得检测人员得以更加直观地得知检测结果，即放电管 5 的性能是否正常，或是否存在短路或击穿等故障。其中，上述检测信息可以为经过放电管的电流的大小，也可以为经由转换模块根据电流大小转换得出的文字信息、声音信息或图像信息等。

显示装置由三部分组成，分别是液晶显示屏（LCD 显示屏）、第一指示灯和第二指示灯。液晶显示屏属于平面显示器的一种，用于电视机及计算机的屏幕显示，该显示屏的优点是耗电量低、体积小、辐射低。其安装在外壳体的外表面，对经过放电管 5 的试验电流以及放电管的检测信息进行对应显示，如此使得检测人员可以更加直观、及时地得知放电管是否存在故障以及性能是否良好等。

第一指示灯和第二指示灯与电流发生装置以及放电管电连接，用于通过指示灯来表示放电管的检测信息，如通过设置灯亮与否、不同颜色以及明暗程度等，来表示放电管不同的状态，包括是否故障、性能是否正常、是否短路与是否击穿等，如此使得检测人员可以更加直观快速地获悉放电管的检测结果，提高检测效率。

第一指示灯用于表示放电管正常，即放电管在电流发生装置施加电流的过程中性能良好未发生击穿、短路等故障。设置为绿色指示灯，其可以位于液晶显示屏的屏幕上方。

第二指示灯用于表示放电管故障，即放电管不能经受电流发生装置施加电流或内部存在短路等。设置为红色指示灯，其可以位于液晶显示屏的屏幕下方。

当放电管在电流发生装置施加电流的过程中性能良好未发生击穿时，绿色指示灯长亮，当放电管不能经受电流发生装置施加电流或内部存在短路情况时，底部红色指示灯亮起。

供电电源，所用于为流发生装置、电流控制装置以及显示装置提供工作电压。供电电源为干电池，用以减少外接电源对检测造成的不便。

外壳体采用 ABS（丙烯腈-丁二烯-苯乙烯共聚物）绝缘材料制成，这种材质强度高、韧性好、易于加工成型，且其成本可控。其中，电流发生装置以及电流控制装置均可安装在此外壳体中，使得此放电管的检测装置一体化程度提升，便于携带。显示装置则可以安装在此外壳体的表面，如此使得显示装置在进行试验电流或检测信息的显示时，更加便于检测人员观察，及时得知检测结果。

放置卡槽用于放置放电管，如此使得放电管得以更加方便地与电流发生装置以及电流控制装置等电连接，降低放电管的检测难度。电池仓用于进行干电池的安装，此电池仓为一槽体，还设有可拆卸的仓盖，当需要进行干电池的拆装时，打开仓盖，待电池安装完成或拆卸完成，再将仓盖与槽体安装一体。

放电管夹持装置包括：固定部、移动部以及弹簧。其中，固定部与放电管放置卡槽的第一内壁固定连接；移动部与放电管放置卡槽的第二内壁滑动连接，第二内壁垂直于第一内壁；弹簧的一端与移动部背离固定部的一侧连接，另一端与放电管放置卡槽的第三内壁连接，第三内壁与第一内壁相对设置。

观察图 1-146 和图 1-147 可知，当此检测装置需要进行放电管的检测时，向远离放电管放置卡槽的第一内壁的方向拉动移动部，预留出放电管的放置空间，此时移动部压缩弹簧，弹簧受压形变，待检测人员将放电管置于移动部和固定部之间后，松开移动部，弹簧恢复原状的同时对移动部产生朝向固定部所在方向的弹力，使得移动部朝向固定部所在方向移动，直至移动部与放电管的底端抵触，放电管在移动部的作用下夹持于放电管放置卡槽中，以此达到对放电管的夹持目的。

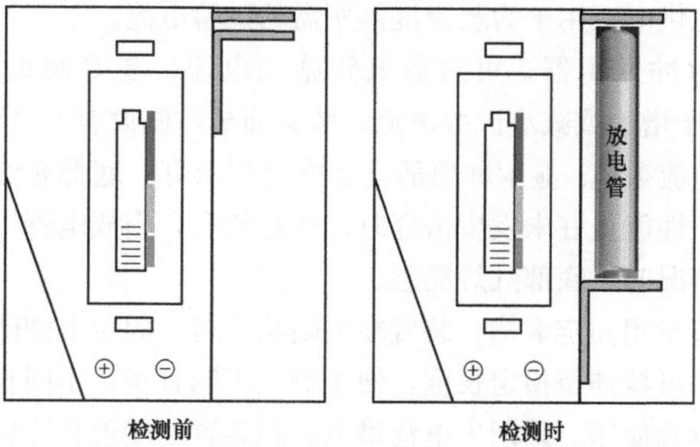

图 1-147　一种放电管的性能检测装置的结构示意图 2

（二）成果主要创新点

本创新成果的创新点主要有：

（1）本测试装置小巧灵便，属于便携式手持装置，区别于传统的台式或测试箱式测试装置；

（2）本测试装置由干电池供电，工作时无需外接电源；

(3) 安全可靠，检测装置外壳采用绝缘材质并且放电管放置槽外带保护盖板，防止通流试验过程中发生击穿炸裂；

(4) 测试结果显示直观，测试装置带有明显的红绿灯指示，通过试验绿灯亮，未通过红灯亮，简单明了；

(5) 方便快捷，可以对接线盒取样单元中的放电管进行即取即测，使得放电管的检测不再仅能通过外观判断，对于放电管可能存在的击穿、短路以及断路等问题，均可对应输出检测结果，提高了放电管性能检测准确性以及便捷性，进而有效提高了放电管的使用安全；

(6) 通用性强，可滑动卡槽固定把手可拉伸至指定长度，便于测试不同直径、长度的放电管，具有极强推广价值。

(三) 成果应用中采取的安全控制措施

本创新成果绝缘外壳通过了专业检测机构的绝缘电阻测试及交流耐压试验以及相关技术检测，均能满足现场工程要求。

使用本创新成果进行检测时，需要将放电管从带电测试盒中取出并放入检测装置放电管放置槽进行检测。此过程应符合《国家电网公司电力安全工作规程　变电部分》要求，由至少两名工作人员进行，一人操作一人监护。在从带电测试盒中取下放电管时，应确保短接连片连接闭合且隔离开关处于合闸状态。之后将放电管放入放置槽后工作人员应将保护盖板关闭。

(四) 成果材料选择、结构尺寸等工艺控制规范

本次创新项目的放电管性能检测装置外壳采用ABS绝缘材料，装置右侧带有放电管放置槽，用于安放放电管，放置槽外带有保护盖板，防止放电管测试过程中炸裂伤人，装置采用干电池供电，用于为装置提供所需的试验电流。

装置内部带有脉冲发生器，可对放电管施加电流。装置面板底部设有“+”和“—”两个按钮。用于增加或减小试验电流，装置面板左侧设有LCD显示屏，可显示装置施加在放电管的电流数值. 显示屏顶部设有绿色指示灯，底部有红色指示灯，当放电管在装置施加电流下性能良好未发生击穿时、绿灯长亮，当放电管不能经受装置施加电流或内部存在短路情况时，底部红灯亮起。

装置设有放电管专用固定卡槽，装置在关闭状态时，固定卡槽闭合，当需要进行测试时，卡槽固定把手可拉伸至指定长度，便于测试不同直径，不同长度的放电管。

装置不需外接电源使用。采用干电池供电，在装置左侧设有可拆卸式电池仓。

(五) 应用效果

本创新成果适用于所有35kV及以上电压等级安装有带电检测盒的电容型设备包括但不限于电流互感器（TA)、电容式电压互感器（CVT）以及变压器套管。

本检测仪器使用方法如图1-148所示。检测试验人员到达变电站后，打开电容型电流互感器接线盒取样单元，将放电管取出。打开放电管性能检测装置的保护盖，将移动部向远离固定部的方向移动，待移动至大于放电管的长度后，将放电管放入卡槽后固定，并将放电管与电流发生装置电连接，随后将保护盖合上。

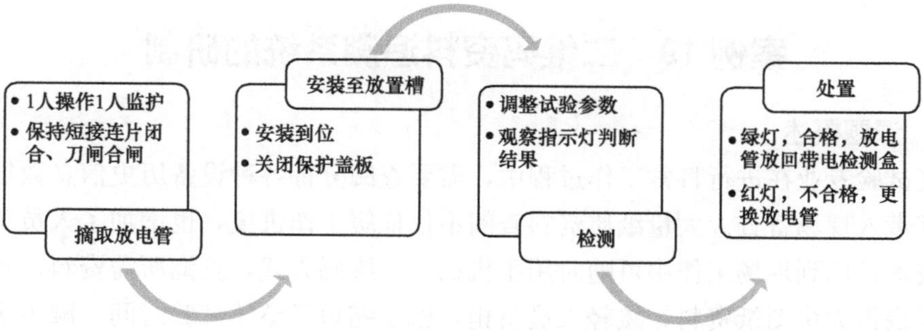

图 1-148 放电管的性能检测装置使用说明

打开供电电源开关，按“＋”键为放电管 5 施加电流，观测仪器显示状态，施加至指定数值，待数值稳定后，如果装置持续绿灯常亮，则放电管性能无问题，如果在施加电流过程中，或施加至指定电流后，装置红灯亮起，则放电管可能内部存在短路或击穿等风险。

本创新成果设计方案“一种放电管的性能检测装置”已经申报国家发明型专利，案件编号：22-15302CN。该成果研发完成后，与保定诚达电力科技有限公司合作制作成品，材料成本为 1440 元/套，具体明细如表 1-18 所示。

表 1-18　　材料成本明细表

名称	数量	单价（元）	总价（元）
ABS 外壳	1	660.00	660.00
电流发生器	1	268.00	150.00
电流控制旋钮开关	2	35.00	70.000
液晶显示屏	1	520.00	520.00
指示灯	2	20.00	40.00
总计（元）		1440.00	—

四、课题总结

放电管性能检测装置通过电流发生装置、电流控制装置、显示装置以及供电电源，可以对接线盒取样单元中的放电管进行即取即测，方便快捷，同时直观输出放电管的检测结果，使得放电管的检测不再仅能通过外观判断，对于放电管可能存在的击穿、短路以及断路等问题，均可对应输出检测结果，提高了放电管性能检测准确性以及便捷性，进而有效提高了放电管的使用安全。

该放电管检测装置已经在国网保定供电公司广泛应用，效果良好，为了规范使用和推广应用，国网保定供电公司已经将该装置的使用规范列入企业标准《Q/GDW 0404-运检-高压-19-2022 电容型设备相对介质损耗因数及电容比带电测试作业指导书》中。

本创新成果本测试装置小巧灵便、安全可靠、测试结果显示直观、使用方便快捷、通用性强，适合在所有的变电运维单位以及发电企业、用户单位推广应用。

案例19 二维码资料追溯系统的研制

一、课题概述

电气试验专业在进行日常工作过程中，需要查阅分拣各种设备历史信息数据和相关试验标准带入现场备查。大量纸质资料查阅不仅拖缓工作进度，也增加了人员负担。将二维码技术运用到现场工作中可随时用手机扫描二维码方式，查询所需资料，现场工作人员无需携带大量图纸资料，减轻人员负担，由于缩短了整体试验时间，减少了人工投入，从而提高了试验安全性。

二、课题背景

（一）选题理由

电气试验班负责辖区内32座110kV变电站和67座35kV变电站内一次设备，设备种类繁多，设备状况状态信息各不相同。作为检修专业的一线班组，电气试验班在进行设备巡视排查、投运前检查、例行试验、周期性试验、交接验收等电气试验工作过程中，需要查阅分拣各种设备历史信息数据和相关试验标准带入现场备查。大量资料查阅不仅拖缓了工作进度，也增加了人员负担。

因此，研发小组选定研究课题为“缩短电气试验现场作业工时”。

（二）现状调查

县公司上划至分部的变电站内设备基础资料内容繁杂，种类众多，资料大多为纸质，现场携带易丢失和损毁，资料查阅起来相当耗费时间，一定程度上影响了现场工作进度。

电气试验班需进行多种高压电气设备检查及设备状态信息收集上报工作，需查阅大量技术性规程及资料以确定试验项目、周期和技术要求，用以判断设备是否符合运行条件，保证安全运行。

进行电气试验工作过程中，需要查阅分拣各种设备历史信息数据并将相关试验标准带入现场备查。电气试验本身需携带专业试验仪器，大量资料携带查阅不仅拖缓了工作进度，也增加了人员负担。

小组对2016年试验过的5座变电站主变压器试验组介损试验各环节平均工时进行了统计，如表1-19所示。

表1-19　　试验各环节平均共识统计表　　单位：h

变电站	准备工作	查阅资料	更改接线	试验操作	整理现场
安新35kV张六站	0.1	0.24	0.18	0.12	0.08
雄县35kV仁义庄站	0.08	0.22	0.14	0.14	0.08
安国35kV谢庄站	0.09	0.20	0.16	0.11	0.09
雄县35kV城南站	0.12	0.21	0.13	0.12	0.09
高阳35kV南路台站	0.10	0.19	0.12	0.09	0.09
平均用时	0.10	0.21	0.15	0.12	0.09
用工人数（人）	3				
工时（时·人）	0.30	0.63	0.45	0.36	0.27

基于以上调查分析，小组针对电气试验现场作业工时进行了统计分析，明确了现场作业工时过长的主要症结在于查阅资料时间过长。

（三）目标确定

经现状调查，查阅资料平均用时为 0.21h，占用 3 人，耗费工时 0.21×3＝0.63（时·人），小组设定目标将查阅资料时间缩短至 0.3（时·人）。

三、分析与研究

（一）分析原因

小组针对电气试验现场作业工时过长的症结问题采用头脑风暴法，集思广益，分析原因，绘制出树型图，如图 1-149 所示。共找出 4 条末端因素：①班组人员培训不足；②技术规程专业性较强；③资料繁杂；④资料不易携带。

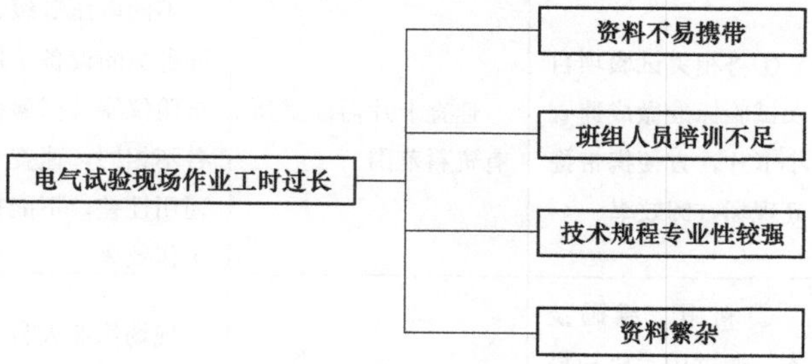

图 1-149 树形图

（二）确认要因

1. 班组人员培训不足

首先，我工区职工均按培训计划进行培训并考核，成绩优秀，并结合实际工作现场教学。

其次，所有班组成员均经过专业的特种作业培训，并经考试合格，取得了特种电工作业证书。

结论：非要因。

2. 技术规程专业性较强

高压电气设备试验的项目、周期和技术要求都有相关标准规范如《国家电网公司输变电设备状态检修试验规程》《河北省电力公司输变电设备状态检修试验规程》《高压试验现场标准化作业指导书》，是判断设备是否符合运行条件、保证电网安全运行的重要依据。

结论：非要因。

3. 资料繁杂

县公司上划至分部的变电站内设备基础资料没有统一规范，内容参差不齐，为保证现场工作安全，对设备状态进行精确判断，必须对资料进行检索查询，这种状况目前无法克服。

结论：非要因。

4. 资料不易携带

试验专业相关技术规程为纸质印刷资料，为对试验数据进行纵向比较，还需携带变电站内一次设备的历史试验报告，种类多，重量大，不易携带且容易损毁、丢失。

结论：非要因。

（三）实施对策

1. 对策方案评价选择

针对要因，小组成员通过头脑风暴法分别讨论出解决方案，如表 1-20 所示。

表 1-20　　要因对策方案论证表

主要原因	对策方案	方案论证		选择方案
		关键点分析	整体评价	
资料不易携带	①将相关试验项目及试验标准做成速查小卡片，方便携带提高现场查阅效率	速查卡片需涵盖所有资料范围	不同电压等级、不同种类的设备采用的试验仪器及试验标准各不相同，速查卡片通用性差，不能提高工作效率	②
	②利用二维码技术，通过用手机扫描二维码的方式，快速、方便查询仪器操作说明、试验标准、安全要求和注意事项等资料	需设计二维码及建立完善电子资料库	现场作业人员无需携带纸质资料，并且可以快速查询所需内容，缩短了现场解决有关问题的时间，提高了现场的工作效率	

2. 对策表

根据决定采用的方案，小组制定了相关对策，如表 1-21 所示。

表 1-21　　对策表

要因	对策	目标	措施
资料不易携带	将二维码技术运用到现场工作中	可随时用手机扫描二维码方式，查询所需资料	建立电子资料库，将试验所需仪器操作说明、试验标准及规程整理归纳方便查询检索
		现场工作人员无需携带大量的纸质资料，减轻人员负担	在试验仪器上粘贴含有其资料信息的二维码作为现场工作人员资料查询入口

3. 实施过程

实施一：现场应用

如图 1-150 所示，在试验仪器上粘贴相应二维码，利用手机扫码技术获知仪器信息。

实施二：学习培训

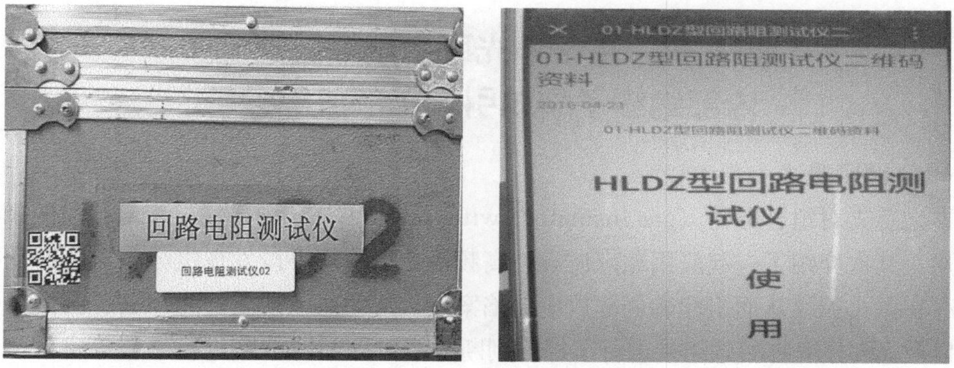

图 1-150　二维码查询实物图

如图 1-151 所示，建立电子资料库，将现场工作指引及规程整理归纳，方便员工随时查询信息，并且激发员工学习兴趣。

图 1-151　电子资料查询应用图

（四）课题成效

二维码资料追溯系统缩短了整体试验时间，减少了人工投入，提高了试验安全性，保证了设备能及时投入运行，为缓解电网缺电压力和电网的稳定运行提供了可靠的支持。同时，由于停电时间减少，也会使得客户满意程度提升，从而带来较好的社会效益和经济效益。

四、课题总结

通过二维码资料追溯系统的研制，课题小组成员的技术水平、质量意识、团队精神、综合能力以及 QC 知识都得到一定提高。

在日后的现场工作和仪器管理工作中继续对二维码技术进行灵活运用，以求更便捷、更实用、更人性化。如：将试验仪器的出厂合格证、检修记录、保养记录录入电子资料库；将二维码技术推广到所辖变电站一次设备，进一步提高检修试验效率，缩短停电时间，将二维码向“万用码”转变。

案例 20 基于声光联合法发现的 GIS 内部绝缘子裂纹引起局部放电分析

一、 课题概述

本文首先对组合电器（gas lnsulated switchgear，GIS）局部放电带电检测的现状进行描述，其次介绍了一起应用超声波、特高频等带电检测手段发现组合电器内部支撑绝缘子存在微小裂纹从而引起的局部放电缺陷案例。文章对该缺陷的超声波、特高频信号特征以及 SF_6 分解物测试结果进行了综合判断分析，同时对缺陷进行了精确定位，最终经解体检查以及绝缘件返厂局部放电及 X 光探测检查，发现异常局放信号是 GIS 内部一绝缘件上的微小裂纹引起的，最后针对本案例和 GIS 局放带电检测技术提出了建议。

二、 课题背景

GIS 指气体绝缘金属封闭开关设备（组合电器），它是将一次设备元件直接连接在一起，并全部封闭在接地的金属外壳内，壳内充以一定压力的 SF_6 气体作为绝缘和灭弧介质。GIS 设备内部出现的局部放电（以下简称“局放”），多体现为悬浮电位放电、尖端放电、自由颗粒放电、空穴放电、绝缘物沿面放电等潜在缺陷，这种放电仅仅是绝缘局部短接而不形成导电通道，放电能量小，会使微量 SF_6 分解。通常是由于设备受潮、制造工艺差、运输维护不当、安装工艺不良造成的。虽然耐压试验合格能正常运行，但长期存在局放，SF_6 分解产物会不断积累，使 SF_6 气体击穿电压降低，极易发生贯穿性对地放电故障。目前，检测 GIS 内是否存在局放的方法主要有特高频局放检测技术，超声波局放检测技术及 SF_6 分解物测试技术等。特高频法、超声法局放检测对初期的局放检测较为灵敏，而 SF_6 分解物检测只能发现较为严重的局放缺陷。

特高频（UHF）局放检测技术是通过检测设备内局部放电时的电流脉冲激励产生的高频率电磁波信号来实现检测局部放电的。特高频法检测频段为 300～3000MHz 具有检测灵敏度高、抗低频电晕干扰能力强、便于局放源定位、便于绝缘缺陷类型识别等优点。由于检测频带宽，检测现场易受手机、雷达、电机等电磁信号的干扰，另外由于筒式全封闭金属结构对特高频电磁波的屏蔽，需要在法兰的绝缘盆子留置测试孔或内、外置传感器，开展特高频检测易受设备结构影响。目前，220kV 及以上 GIS 出厂安装已被要求内置特高频传感器。

超声波（AE）局放检测技术是通过对电力设备发生局部放电时产生的超声波信号进行采集、处理和分析来获取设备运行状态的一种检测技术，其检测频段一般为 20～200kHz。超声波局放检测具有抗电磁干扰能力强、便于放电定位、适应范围广等优点，存在对于绝缘子内部缺陷不敏感、受机械振动干扰较大、放电类型难识别等缺点，且超声波信号在 GIS 内衰减较快。

在 GIS 带电测试工作中，往往通过特高频法、超声法联合检测分析，以相互印证判断放电类型、放电源定位，辅以 SF_6 分解物检测技术。另外现在更多地将 X 射线检测技术应用到 GIS 带电测试中，实现可视化检测。

三、研究与分析

（一）设备基本情况

2022 年 08 月 14 日，检测人员在对某 220kV 变电站组合电器进行例行超声波、特高频局部放电带电检测时，发现 110kV 1 号母线组合电器 145-1C 相隔离开关附近母线筒内中下方存在较明显局部放电信号，特高频局放检测未见明显异常。该站 110kV GIS 设备型号为 ZF7A-126，生产日期 2007 年 11 月，投运时间 2007 年 11 月 25 日。

该变电站 110kV 电压等级设备运行方式为Ⅰ号、Ⅱ号母线并列运行。110kV 145 间隔 GIS 布置情况如图 1-152 所示。

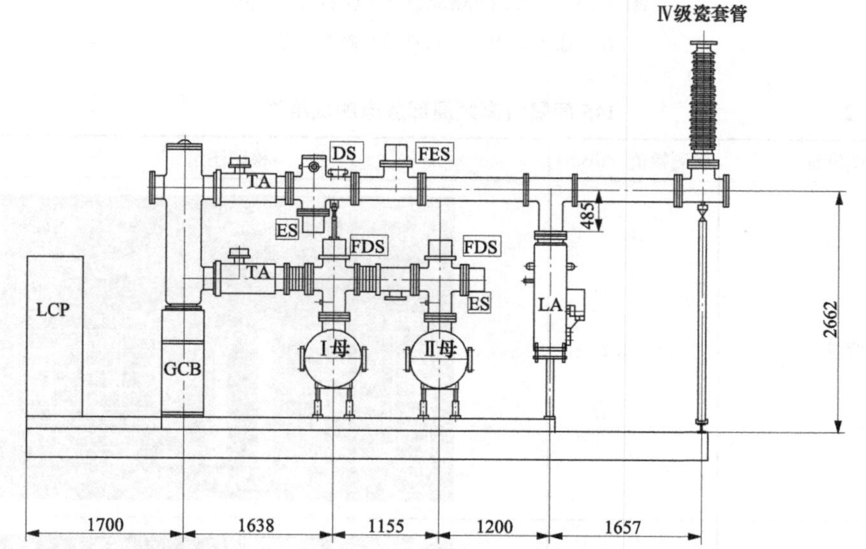

图 1-152 110kV 145 间隔 GIS 布置示意图

（二）试验数据分析

08 月 14 日，天气晴，温度 26℃，相对湿度 28%。110kV 145 间隔即Ⅰ、Ⅱ号母线各气室压力正常。试验人员使用天威新域 TWPD-510 型局放巡检仪进行超声波、特高频局放检测，特高频局放检测未见异常，超声波检测发现 110kV Ⅰ号母线组合电器 145-1C 相隔离开关附近母线筒内存在明显局部放电信号。

1. 特高频局部放电检测

特高频局部放电检测基本原理是通过使用特高频传感器来对电力设备中局部放电时产生的特高频电磁波信号进行检测。由于现场的电晕干扰主要集中在 300MHz 频段以下，因此特高频法能有效地避开现场的电晕等干扰，具有较高的灵敏度和抗干扰能力，可实现局部放电带电检测、定位以及缺陷类型识别等优点。

对 110kV 145 间隔及母线进行特高频局放检测，选取 145-1C 相隔离开关盆式绝缘子及邻近母线 145-2C 相隔离开关盆式绝缘子两个特殊测点进行图谱分析，图 1-153 所示的两个框位置，特高频检测数据如表 1-22 所示。

图 1-153　145 间隔局部放电测点示意图

注：①～⑦为 145 间隔局部放电测点。

表 1-22　　145 间隔特高频局部放电测试结果

测试位置	检测幅值（dBm）	检测图谱
背景	−74.2	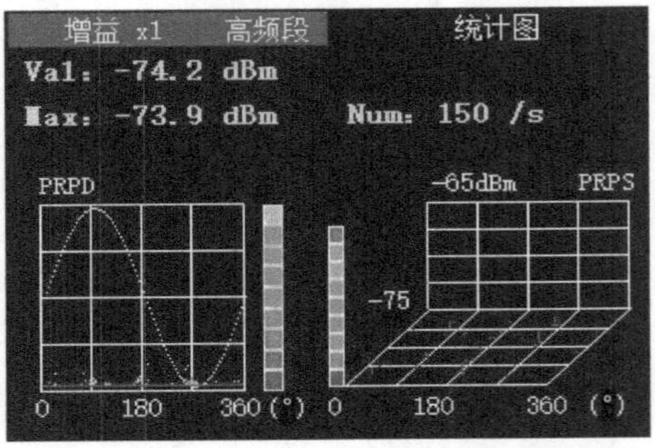
145-1C 相隔离开关盆式绝缘子	−74.6	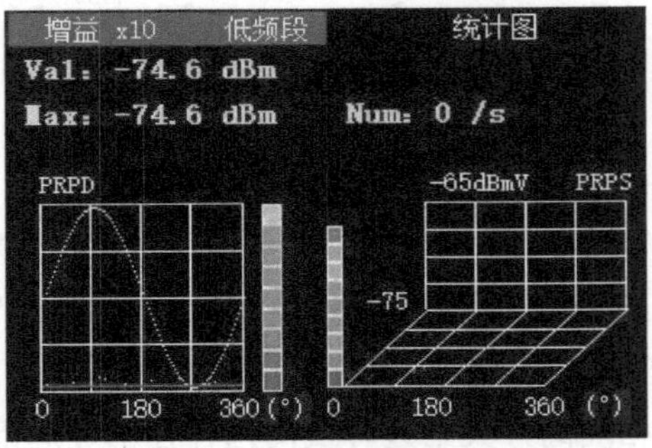
145-2C 相隔离开关盆式绝缘子	−74.3	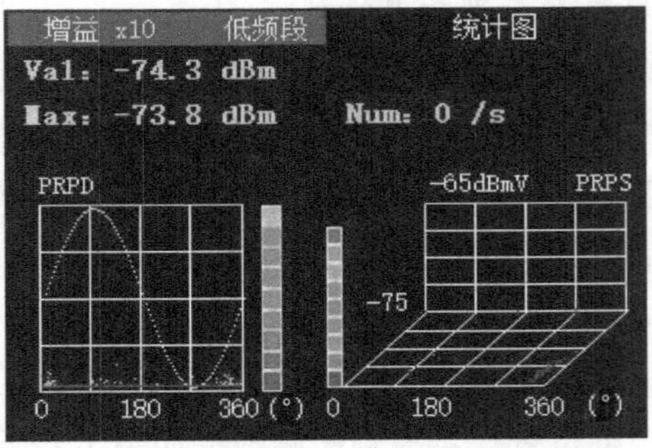

由表 1-22 可知，145-1C 相及 145-2C 相盆式绝缘子处的特高频信号分别为 −74.6dBm 和 −74.3dBm，与背景值 −74.2dBm 无明显差异，说明此处未发现能被特高频传感器检测到的局部放电信号。

2. 超声波局部放电检测

超声波局部放电检测原理是将局部放电产生的超声波信号通过 AE 传感器转换为电信号传输给测量主机，通过定量和定位测量，对电气设备内的局部放电水平进行表征。110kV 1 号母线组合电器 145 间隔处选取的超声波局放测试点如图 2 中带圆圈的阿拉伯数字所示。

为了确定 145 间隔是否存在局部放电以及进一步分析局部放电信号的性质，测试人员在 145 间隔进行局部放电信号的精确测量，沿母线筒轴向共选取 4 个测试点：测点 1～4；沿超声波信号最大的测点 3 母线筒圆周（径向）共选取 4 个测试点：测点 3，5～7。为了更清晰地捕捉局放信号，局放检测仪增益调至“×1000”且检测频率调至“10～80kHz”，具体检测结果如表 1-23 所示。

表 1-23　　145 间隔超声波局部放电精确测试结果

<table>
<tr><th>测试部位</th><th>有效值（mV）</th><th>放电谱图</th><th>测试部位</th><th>有效值（mV）</th><th>放电谱图</th></tr>
<tr><td>背景</td><td>2.0</td><td>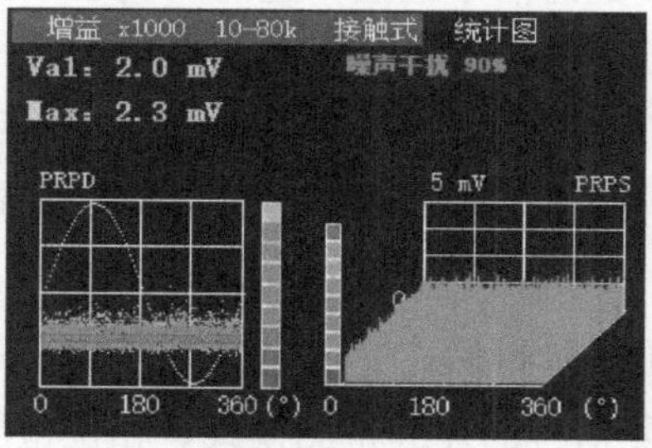
</td><td>测点 1</td><td>2.5</td><td>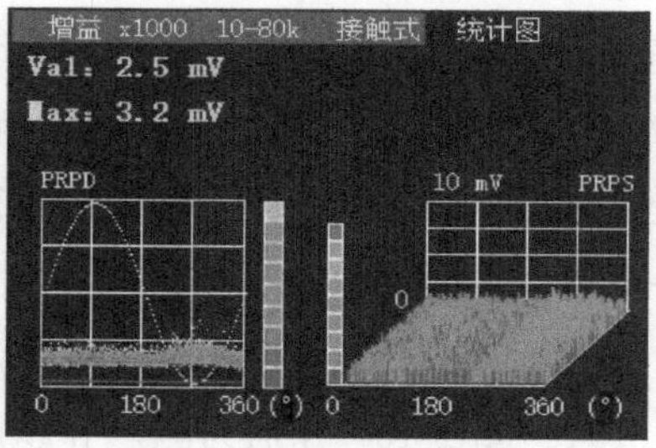
</td></tr>
<tr><td>测点 2</td><td>2.9</td><td>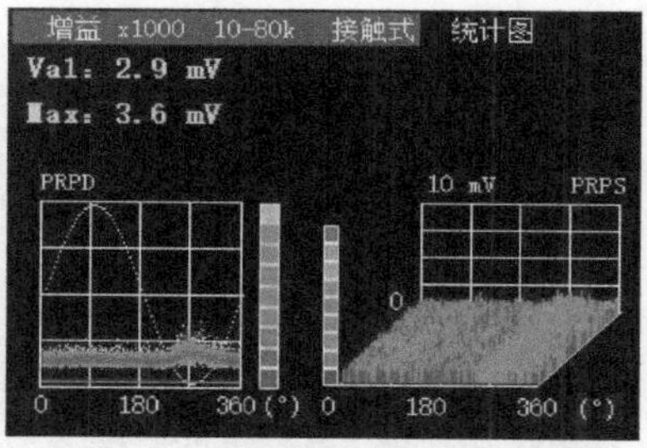
</td><td>测点 3</td><td>6.1</td><td>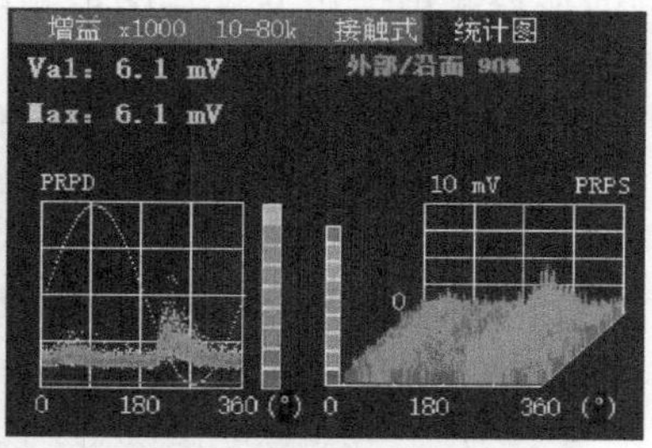
</td></tr>
<tr><td>测点 4</td><td>4.1</td><td>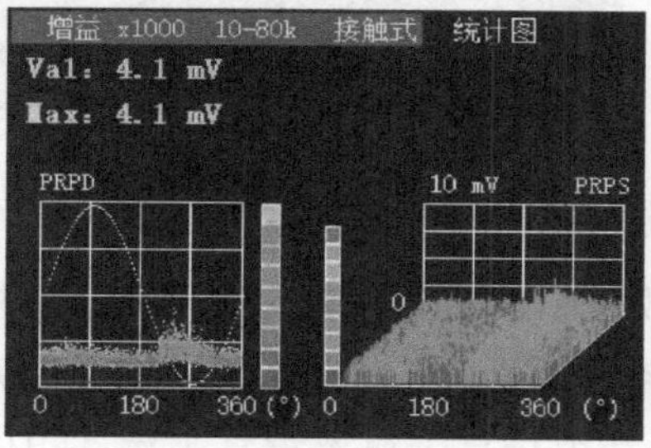
</td><td>测点 5</td><td>3.6</td><td>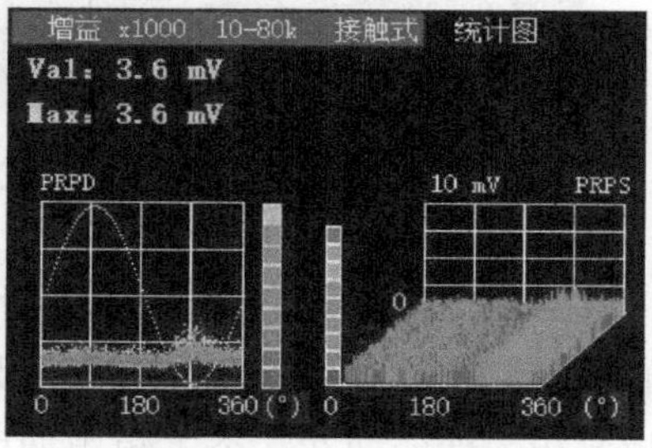
</td></tr>
</table>

续表

测试部位	有效值（mV）	放电谱图	测试部位	有效值（mV）	放电谱图
测点 6	5.0	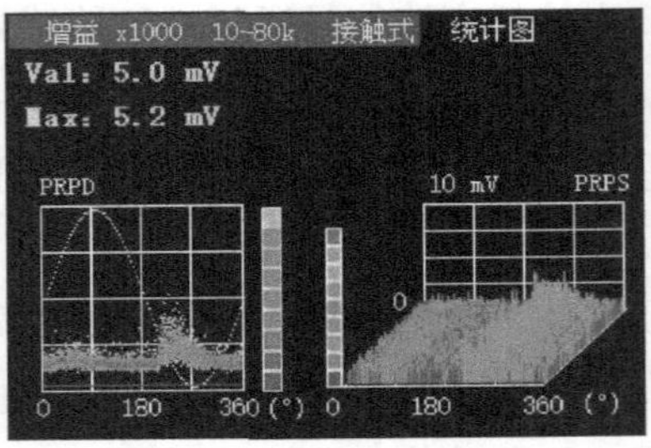	测点 7	3.6	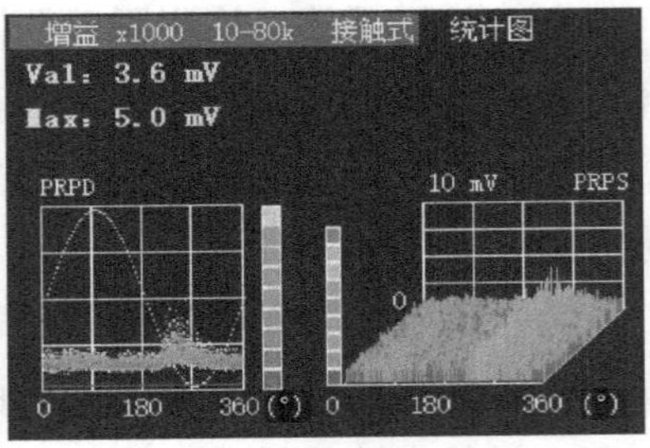

由表 1-23 中的超声波局部放电精确测量图谱可知，其中 7 个测点的超声波局部放电信号均超过了背景值 2.0mV，且放电信号具有周期性，基本可以判断该间隔存在局部放电信号。

进一步分析，沿 110kV Ⅰ号母线筒轴向测点 1～4 的超声波信号有效值分别为 2.5mV，2.9mV，6.1mV 和 4.1mV，测点 3 处的信号最强，且向两侧衰减。沿母线筒径向（圆周方向）测点 3，5～7 均可测得较明显超声局放信号的超声波信号，但幅值有差异 6.1mV，3.6mV，5.0mV 和 3.6mV，仍然试点 3 超声局放信号最强。用耳机监听各测点放电信号，人耳可清晰辨得放电强度变化，与各放电图谱显示有效值变化规律一致。

针对超声波信号最强的测点 3，运用不同的检测模式进行局部放电信号的分析，图 1-154～图 1-157 分别为测点 3 超声波局放检测信号的连续检测模式、相位检测模式、时域波形检测模式以及飞行图检测模式。

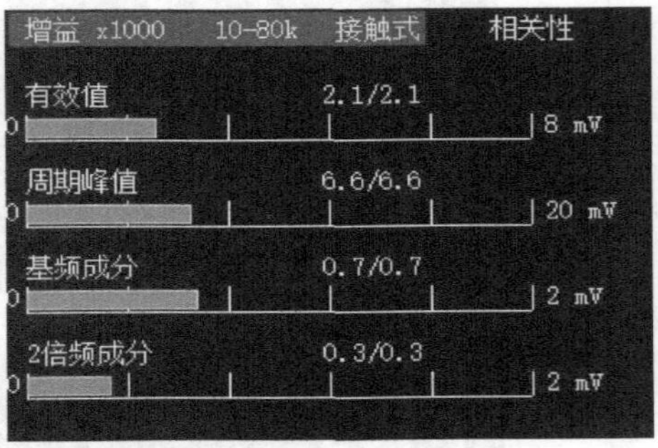

图 1-154　连续检测模式

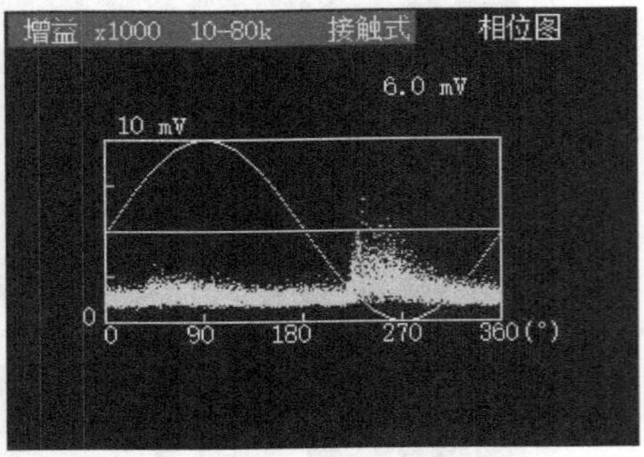

图 1-155　相位检测模式

由图 1-154 可知，连续模式下测得的有效值 2.1mV，周期峰值 6.6mV 均大于 2mV 的背景值，放电信号存在 50Hz 及 100Hz 频率相关性，且 50Hz 频率相关性大于 100Hz 频率相关性，即在一个工频周期内（0.02s）放电信号大概率重复 1 次。相位检测模式图谱如图 1-155 所示，该放电信号具有明显的相位聚集效应，在一个工频周期内表现为一簇，即“单峰”，同时工频正负半周具有一定的对称性。时域波形检测模式中（见图 1-156）显示该放电信号有明显的相位特征，即在正弦波负峰值处出现复制较大的一簇信号，与相位检测模式和连续检测模式分析结果一致。飞行图检测模式（见图 1-157）未检测出信号，排除了金属自由颗粒缺陷的可能性。通过分析超声波局放检测各图谱可以判断该局放信号为尖端或沿面放电，但不排除悬浮放电的可能性。

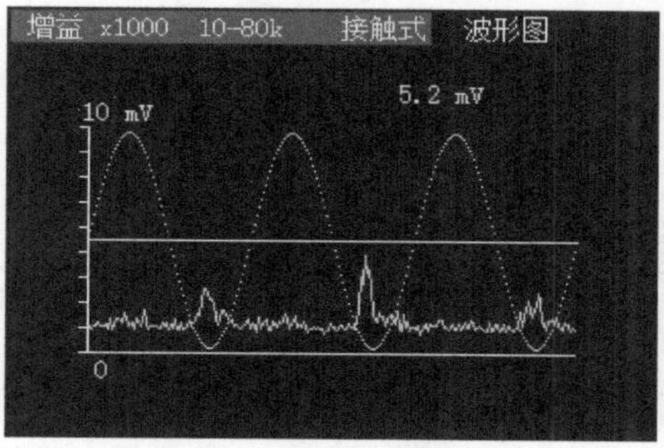

图 1-156　时域波形检测模式

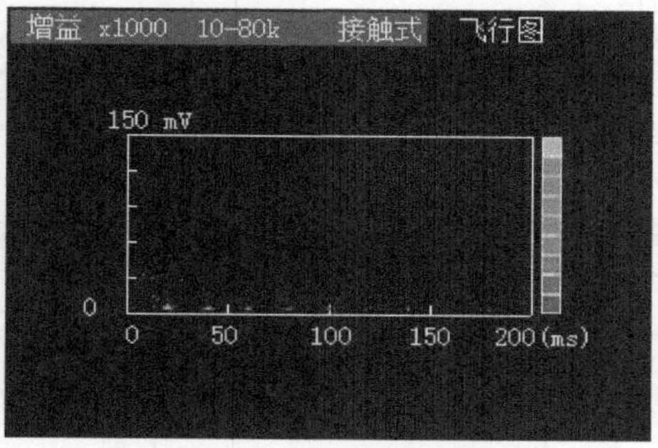

图 1-157　飞行图检测模式

（三）缺陷定位

利用超声幅值定位法理论，试验人员基本判断超声局放信号源在如图 2 所示测点 3 区域附近。同时沿母线筒径向（圆周方向）各测点超声波信号均不及测点 3 强，可以判断缺陷位于接近壳体的位置。

图 1-158～图 1-161 为测点 3 处的内部结构示意图。可以清楚地看出离测点 3 最近的是支撑 C 相导电杆的支柱绝缘子如框所示位置，初步判断该支柱绝缘子发生缺陷的可能性最大，但不排除 145 间隔 Ⅰ 母线上部出线口母线圆盘绝缘子、筒内导体、壳体以及连接处等部位发生缺陷的可能性。

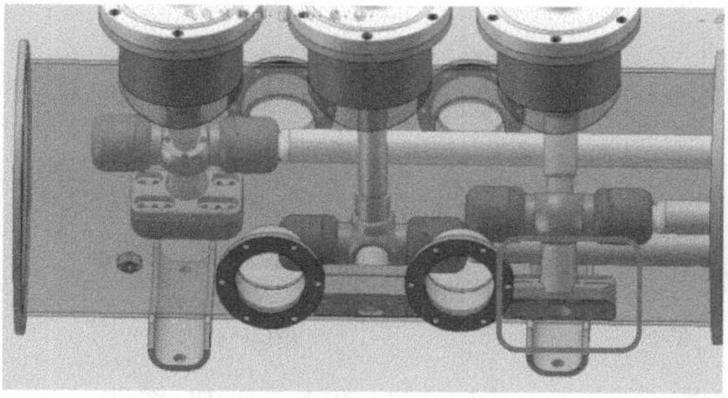
图 1-158　Ⅰ 号母线正视图

图 1-159　Ⅰ 号母线筒左侧视

（四）气体检测结果

为进一步分析该局部放电信号，检测人员对发现局放信号的相关气室进行了 SF_6 气体分解物测试，测试结果见表 1-24。

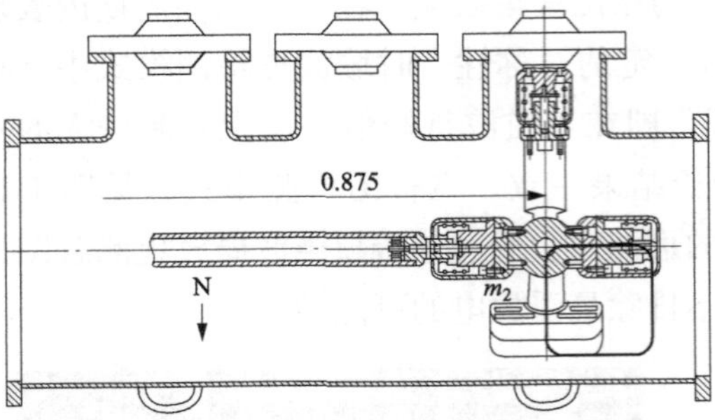

图 1-160 Ⅰ号母线内部结构图

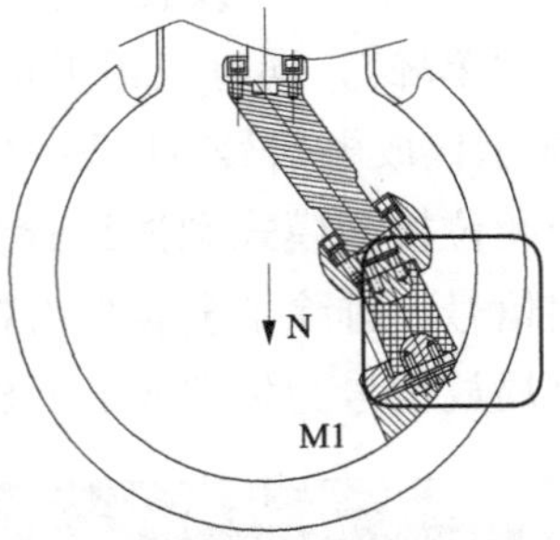

图 1-161 Ⅰ号母线筒内部结构左视图

表 1-24 **SF_6 气体分解物测试**

测试部位	H_2S(μL/L)	SO_2(μL/L)	HF(μL/L)	CO(μL/L)
110kV 145-1 C 相气室	0	0	0	2.7
110kV Ⅰ号母线 145 间隔处气室	0	0	0	3.4

由表 1-24 可知，未检测出局放产生的特征气体。可能由于被测气室出气口距离放电位置较远，同时母线气室近 10m 长，气室容量大，如有特征气体，也可能存在测试反应不够灵敏等情况。

（五）复测情况

08 月 15 日测试人员用 EC4000 型局部放电检测仪对该局放缺陷进行了复测，检测结果与 08 月 14 日结果一致，特高频检测未见明显异常信号，超声波检测在测点 3 处信号最强，具体检测图谱如图 1-162 和图 1-163 所示。

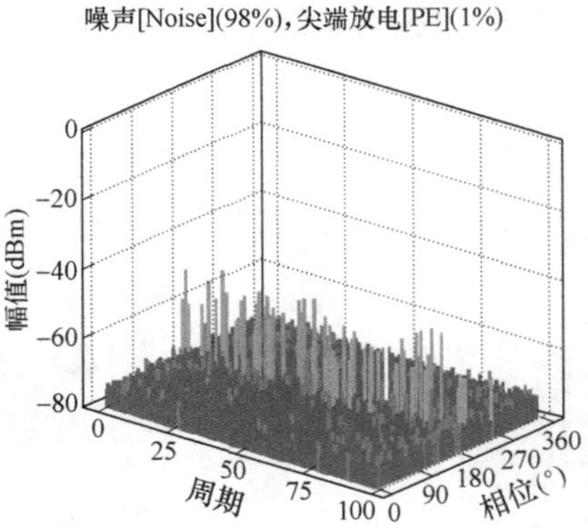

图 1-162 测点 3 PRPS 图谱

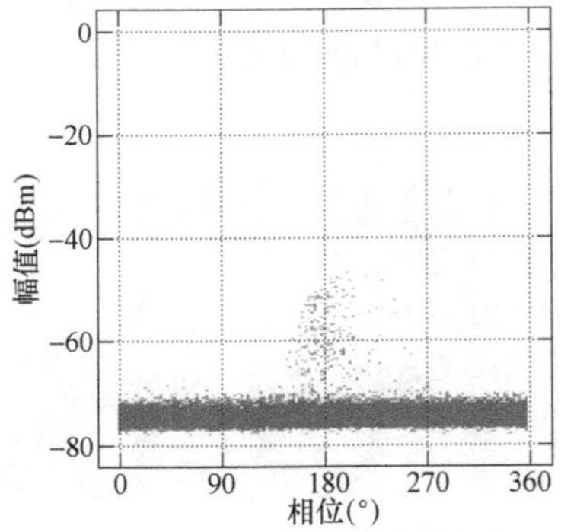

图 1-163 测点 3 PRPD 图谱

由图 1-162 和图 1-163 可以明显看出，放电信号幅值大于背景值且具有明显的 50Hz 相位相关性，在一个工频周期内表现为一簇。

综合超声波、特高频局部放电的检测结果判断，引起此类缺陷的原因按照可能性大小排列有以下五种，要确定具体原因需要进行进一步解体检查。

（1）主母线筒内固定导体的支柱绝缘子由于受外力造成的表面或内部缺陷。鉴于较明显的超声波局放信号，沿面放电可能性最大，虽然特高频检测可以检测到沿面放电信号，但对于放电量较小的沿面放电，其检测灵敏性要低于超声波检测手段；

(2) 145 间隔Ⅰ母线上部出线口处分支母线圆盘绝缘子有表面或内部缺陷；

(3) 母线筒内带电导体有尖角毛刺；

(4) 母线筒壳体内腔表面有尖角毛刺；

(5) 母线筒内连接导体有螺栓未紧固造成的压接不实，造成的悬浮放电。

（六）解体及返厂检测情况

1. 解体检查情况

10 月 12 日，开关专业人员和生产厂家技术人员对 110kV Ⅰ号母线 145 间隔处气室及 145-1 C 相气室进行解体检查，肉眼可见范围内，未发现支柱绝缘子表面有异物或裂纹，同样未发现连接部件接触不良或内部有异物，导体等替换件经检查无尖角、毛刺。

随后工作人员更换了存在局部放电信号位置的 9 支支撑绝缘子和部分导体，设备送电后超声局放信号消失。更换下来的绝缘子返厂后进行了 X 光探伤、交流耐压及局放试验。

2. 交流耐压及局放检测

如图 1-164 所示，9 支支撑绝缘子均通过 5min 230kV 交流耐压试验，但发现 145-1 隔离开关下部Ⅰ号母线本体内 C 相绝缘子 89kV 电压下局放量 10 546 pC，远超相关规程要求 3 pC 的局放量，局放起始电压 49kV，熄灭电压 16kV，局放量严重超标。

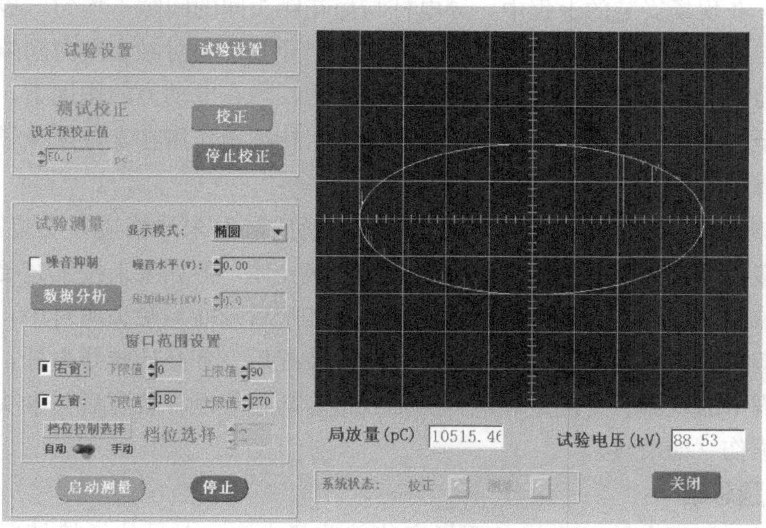

图 1-164　C 相绝缘子局放测试结果

3. X 光探伤检查

返厂的支撑绝缘子经过 X 探伤检查，发现局放量超标的 145-1 隔离开关下部Ⅰ号母线本体内 C 相绝缘子存在微小裂纹，如图 1-165 所示，其余 8 支均未发现有裂纹、气隙。

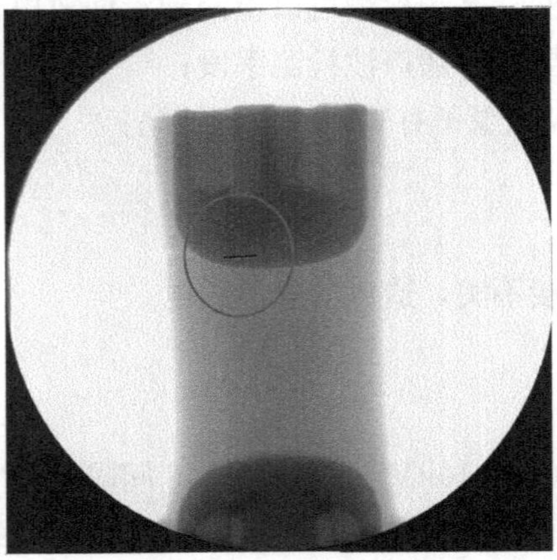

图 1-165 C 相支柱绝缘子 X 光影像（有微小裂纹）

（七）原因分析

综合超声波、特高频局部放电检测结果，现场解体以及返厂试验情况，可以判断这是一起由 110kV 145-1 隔离开关下部Ⅰ号母线本体内 C 相绝缘子本体微小裂纹引起的局部放电缺陷，裂纹在电场作用下发生沿面放电，由于裂纹较小导致放电量微弱，所以未被特高频传感器识别，但是对于沿面放电较敏感的超声波检测到该缺陷。各种检测模式下超声波局放谱图也与典型沿面放电谱图相吻合。同时因为放电量较小，气室体积较大 SF_6 气体分解物未检测到特征气体成分。

绝缘产生裂纹分为以下三种原因：一是，绝缘件浇铸时产生；二是现场装配时，由于野蛮施工安装，导致金属导体或金属外壳与绝缘件发生了磕碰、刮划，造成了绝缘件的损伤；三是，设备运行后，异常应力的持续作用。根据上述试验可以说明，绝缘件浇筑原因和现场安装时的磕碰，导致绝缘件异常所产生的局放，都能够在后续每年进行的例行带电局放巡检中被发现。所以该绝缘子存在的裂纹缺陷，应是在设备运行后逐渐产生的。

由于运行时，设备不可能发生位移、撞击等异常情况。持续的异常应力是导致裂纹产生的原因。在现场安装的过程中，导电杆与梅花触头间的间隙不均匀，也就是我们常说的导电杆与安装在绝缘子上的触头座未对中，则导电杆会对触头座向间隙小的一侧施加一个撬的力量。由于导电杆与梅花触头是插接的，当在电动力的作用下，导电杆会自行调节，直至力的平衡。当这个异常应力较大时，持续地作用在支柱绝缘子上，就会导致该支柱绝缘子产生裂纹直至变形。

对于导体对接未对中，较大的可能是由于现场安装时未严格遵守安装工艺造成的。由于母线对接需要先观察导体的“对中性”再对接壳体，但如果未按工艺要求先观察并调节导电杆位置，在对接时就可能会发生导电杆装配后未能与触头座对中，而产生一个相互的作用应力。所以现场工艺中要求：导电杆装配后，务必旋转导电杆，不允许导电杆转动时出现卡滞现象。并测量导电杆的插入量，防止导电杆装配后与触头座顶撞，对绝缘子造成损伤（如裂纹）。

四、 课题总结

建议加强对厂家人员 GIS 设备现场安装的监督力度，对导体插接情况进行仔细检查，在导电杆装配后，务必旋转导电杆，不允许导电杆转动时出现卡滞现象，防止如本例中因导电杆安装不到位，在后期运行过程中产生对绝缘子的损伤。

局放测量仍是有效检验设备质量的最可靠方法之一。对于 GIS 设备在工频耐压以及脉冲电流法局放检测的同时辅以局部放电的带电检测和在线监测是检验设备质量的有效手段。按照相关技术规程要求 GIS 内部绝缘件应进行逐支的 X 射线探伤、工频耐压以及局放试验，要求 X 射线探伤绝缘件内部无裂纹、空穴，局部放电量不大于 3pC。同时建议对 110kV 及以上 GIS 设备安装超声波及特高频在线监测系统，用以实时掌握设备的“健康状况”。

建议 GIS 设备采购使用高抗弯扭强度的支撑绝缘子。部分生产厂家用氧化铝粉代替硅粉作为支柱绝缘子的填料，不但提高了电弧腐蚀的耐受性，也增加了绝缘子的抗弯扭强度。经试验验证，新工艺的支柱绝缘子的破坏弯矩平均可达 3700N・m，远远高于 2000N・m 的国标要求，同时也高于硅粉材料的 3000N・m，抗弯强度提高了近 1/4，因此可以承受更高的破坏应力。

对异常放电信号要结合超声波及特高频两种方法综合判断分析，才能对设备内部放电情况有准确地把握和判断。GIS 超声波、特高频局部放电检测由于检测原理和检测频带范围不同，对发现不同缺陷隐患种类灵敏度不同，例如超声波局放检测无法检测绝缘内部缺陷如空穴、气隙，但对沿面放电、金属颗粒放电以及机械振动要比特高频检测法敏感，而特高频局放检测可以检测到绝缘内部缺陷，二者存在一定交叉互补关系。

建议配置用于精确测量的高性能局部放电检测仪。对于放电量微小的局部放电，一般检测精度的检测仪存在检测不到信号的情况，如本例中的由于绝缘子本体微小裂纹产生的局部放电就无法用现有的特高频传感器检测到。

建议配置高检测精度的 SF_6 气体分解物检测仪同时研究特征气体浓度与气室体积的关系。对于同一放电量的缺陷，缺陷位于较小气室内产生特征气浓度要远大于位于较大气室的情况，如本例中局部放电源处在长10m的母线气室中，对于一般检测精度的仪器无法检测出已存在较小浓度的特征气体，建议配置高检测精度的 SF_6 气体分解物检测仪。同时研究在 20℃一个标准大气压下特征气体浓度的测量方法或者换算方法，以及相应的阈值判断法。

案例 21　四比值法在变压器铁芯多点接地缺陷分析中的应用

一、 课题概述

介绍了一起 35kV 变压器因为铁芯多点接地故障导致的油中溶解气体组分超标，通过对故障变压器进行油化追踪确定存在故障，分别运用三比值法和四比值法对比判断缺陷类型，并在停电后对其进行了停电检查性试验以及解体检查，综合测试结果得出了故障原因并提出防范措施。

二、 课题背景

充油设备内部故障发生的过程是复杂的，不能仅通过单一检测手段进行诊断并妄下结论，需采用全方位立体检测方案进行分析即带电测试与停电检查结合、油化试验与高压试验相辅相成互补长短。对运行的变压器按照设备周期取油样并进行油中溶解气体分析，能够非常灵敏、有效地发现绝缘老化、受潮、铁芯多点接地等缺陷，目前我国采用的改良三比值法（简称“三比值法”）在判断过热型缺陷时存在不足之处。因此当变压器发生缺陷时要结合铁芯电流检测、红外测温及停电高压试验等手段综合分析才能快速诊断并处理缺陷，为变压器及电网安全稳定的运行提供经济可靠的全方位保障。

三、研究与分析

（一）设备基本情况

2019年06月25日试验人员对某35kV变电站内35kV 2号主变压器进行周期性油中溶解气体分析时发现该设备油化数据异常，其铭牌参数为型号：SZ9-10000/35；出厂日期：2008年05月01日；额定容量：10MVA。

（二）油中溶解气体分析

试验人员于06月25日发现2号主变油化数据异常后于06月28日进行了追踪，具体数据如表1-25所示。

表1-25　35kV 2号主变压器油色谱分析数据　单位：μL/L

试验日期	甲烷 CH_4	乙烯 C_2H_4	乙烷 C_2H_6	乙炔 C_2H_2	总烃 $\sum(C_1+C_2)$	氢气 H_2	一氧化碳 CO	二氧化碳 CO_2	试验性质
2016-10-19	23.61	11.18	3.24	0.08	38.11	16.25	1414.8	3048.12	例行
2018-02-28	27.58	15.27	3.11	0.09	46.05	18.15	1815.25	3885.67	例行
2019-06-25	123.76	222.05	66.78	34.96	447.55	109.04	943.29	5260.43	例行
2019-06-28	123.42	219.88	70.27	35.47	449.04	114.45	1019.49	5580.43	追踪

由表1-25可见，06月25日乙炔含量34.96μL/L超过标准中规定的注意值5μL/L，总烃含量447.55μL/L超出规程规定150μL/L注意值，同时特征气体乙烯、乙烷及甲烷增长迅速，基本可以判定该设备存在缺陷。总烃含量与上一个周期相比相对产气速率为54.49%，远超标准规定10%的注意值，说明该缺陷发展迅速。06月28日追踪数据与06月25日相比变化不大。

通过改良三比值编码计算（见表1-26）其编码为“122”，对应“低能放电兼过热”故障，怀疑该缺陷是不同电位之间的火花放电，引线与穿缆套管（或引线屏蔽管）之间的环流，同时怀疑是有载分接开关油箱渗漏导致主变压器本体油化数据超标。

表1-26　改良三比值编码计算

气体组分	比值	所在范围	对应编码
C_2H_2/C_2H_4	0.157	[1，3)	1
CH_4/H_2	1.135	[1，3)	2
C_2H_4/C_2H_6	3.129	[3，+∞)	2

（三）停电检查性试验结果分析

检修试验人员于07月01日将该主变压器停运，进行全方位检查性试验。试验时天气情况小雨转阴，湿度65%，温度20℃。当天依次进行了外观检查及红外测温、绕组各分接直流电阻试验、短路阻抗试验、高低压绕组绝缘电阻试验、高低压绕组介质损耗及电容量试验、串谐耐压试验、有载分接开关吊检及试验、铁芯绝缘电阻试验。

试验人员首先对该主变压器进行了绕组全分接直流电阻试验，高低压各绕组直阻数据均满足规程规定，说明绕组无短路或开路现象。该主变压器短路阻抗初值差及三相阻抗电压互差满足规程要求，表明该主变压器绕组未发生形变。随后进行的高、低压绕组绝缘电阻及介质损耗测试数据无异常，可初步判断该设备无绝缘受潮或老化等现象。在对该主变压器进行的串联谐振耐压试验过程中无闪络、异响等异常现象，表明该主变压器主绝缘良好。检修人员随后对该主变压器有载分接开关进行了吊检，对其内部的螺栓进行了紧固，对触头进行了打磨，未发现有载分接开关油箱存在渗漏现象，所以基本排除了有载分接开关油箱渗漏导致的主变压器本体油化数据超标的情况。

试验人员首先从主变压器底部接地点进行了铁芯绝缘电阻测试，所用试验电压1000V绝缘电阻为0MΩ。为了排除接地引下线缆的影响，再次安排了主变压器顶部铁芯接地引出套管处复测，试验电压1000V绝缘电阻仍为0MΩ。该结果不满足试验规程要求“铁芯绝缘电阻大于等于100MΩ”，表明该主变压器存在铁芯多点接地的情况，并且具有“金属性直接短接”的特征。

（四）解体检查结果

工作人员将现场检查情况综合汇报工区，随即将该主变压器退出运行。07月16日该退运主变压器被运回厂家进行解体检查。将主变压器绕组连同铁芯吊出后发现铁芯存在下沉现象。将吊出铁芯放置在水平托盘上进行铁芯对地绝缘电阻试验，试验电压1000V绝缘电阻0MΩ，将铁芯吊起5cm复测绝缘电阻为800MΩ，这表明当铁芯及绕组整体放置在水平托盘上时，部分铁芯硅钢片已接触到底部金属托盘。

同时发现底部硅钢片边缘有积碳如图1-166所示，为绝缘油高温过热的产物。

图1-166 铁芯硅钢片接地点

（五）原因分析

1. 缺陷发生过程

综合分析油中溶解气体分析、停电高压试验及解体检查的结果，可以判断这是一起由于铁芯多点接地引起的变压器内部过热缺陷。变压器在运行时，铁芯和夹件必须一点接地，如果再产生一点及以上接地，则接地点间就会形成闭合回路，造成环流，引起局部过热，导致油分解产生乙炔、乙烯等特征气体，严重时会造成铁芯硅钢片烧毁，局部过热扩大，形成恶性循环，造成变压器烧毁的重大事故。

在此缺陷案例中，通过三比值法对油中溶解气体分析得出的结论为“122-低能放电兼过热”故障，如不同电位之间的火花放电，引线与穿缆套管（或引线屏蔽管）之间的环流等，并未明确指向“铁芯多点接地”。而在三比值法故障类型判断表中“铁芯多点接地”故障对应的三比值编码共5个分别是：“020-低温过热（150～300℃）”“021-中温过热（300～700℃）”“002-高温过热（高于700℃）”“012-高温过热（高于700℃）”及“022-高温过热（高于700℃）”。由此可见对于此案三比值法对缺陷类型的判断并不准确。

2. 四比值法再分析

通过研究绝缘油在不同温度下的产气情况，发现随着温度不断增高变压器油解列产生的特征气体氢气（H_2）、甲烷（CH_4）、乙烷（C_2H_6）、乙烯（C_2H_4）、乙炔（C_2H_2）的产气速率依次达到最大值。基于上述热动力学理论观点 1974 年德国技术人员总结提出了涉及上述 5 种特征气体的四比值分析法并沿用至今，所谓四比值是指 CH_4/H_2、C_2H_6/CH_4、C_2H_4/C_2H_6 及 C_2H_2/C_2H_4。随后研究发现第二对特征气体比值 C_2H_6/CH_4 仅能有限反映变压器油故障时热分解时的温度范围，1977 年国际电工学会在大量理论和实践基础上将 C_2H_6/CH_4 删去后加以改进形成了今日多国应用的三比值法。

四比值法应用时与三比值类似，对应表 1-27 和表 1-28 将油中溶解气体各组分浓度比值进行计算：比值小于 1 即编码“0”；大于 1 即编码“1”；比值在 1 附近时说明此缺陷在变化过程中，该比值可为“0”也可为“1”，需要综合考虑。

表 1-27　　四比值法故障类型判断表

故障类型	CH_4/H_2	C_2H_6/CH_4	C_2H_4/C_2H_6	C_2H_2/C_2H_4
一般损坏	0.1～1	<1	<1	<0.5
局部放电	≤0.1	<1	<1	<0.5
轻过热（150～200℃）	1～3/≥3	<1	<1	<0.5
过热（150～200℃）	1～3/≥3	≥1	<1	<0.5
过热（150～200℃）	0.1～1	≥1	<1	<0.5
导线过热	0.1～1	<1	1～3	<0.5
绕组中不平衡电流或接线过热	1～3	<1	1～3	<0.5
铁件或油箱出现不平衡电流	1～3	<1	≥3	<0.5
小能量击穿	0.1～1	<1	<1	0.5～3
电弧短路	0.1～1	<1	1～3/≥3	0.5～3/≥3
长时间刷形放电	0.1～1	<1	≥3	≥3
局部闪络放电	≤0.1	<1	<1	0.5～3/≥3

表 1-28　　四比值法故障性质判断表

CH_4/H_2	C_2H_6/CH_4	C_2H_4/C_2H_6	C_2H_2/C_2H_4	判断结果
0	0	0	0	CH_4/H_2<0.1，表示局部放电，其他表示其他老化
1	0	0	0	轻微过热，温度小于 150℃
1	1	0	0	轻微过热（150～200℃）
0	1	0	0	轻微过热（150～200℃）
0	0	1	0	一般导线过热
1	0	1	0	循环电流及（或）连接过热
0	0	0	0	低能火花放电
0	1	0	1	电弧性烧损
0	0	1	1	永久性火花放电或电弧放电

由表1-29可知通过计算得出此案四比值编码为“1010-循环电流及（或）连接过热”，对应表1-27中的缺陷类型为“铁件或油箱出现不平衡电流”，较三比值法得出的结论，能更清晰明确地反映出此缺陷为铁芯多点接地缺陷。

表1-29　　四比值编码计算

气体组分	比值	所在范围	对应编码
CH_4/H_2	1.135	1～3/≥3	1
C_2H_6/CH_4	0.540	<1	0
C_2H_4/C_2H_6	3.129	1～3/≥3	1
C_2H_2/C_2H_4	0.157	<0.5	0

四比值法较三比值法多出的比值C_2H_6/CH_4能有效反映出过热类型缺陷的温度信息，因此在实际工作在对于油中溶解气体分析过程中采用改良三比值法的同时可利用四比值法辅助分析，用来弥补三比值法对于过热型缺陷分析判断的不足。

四、课题总结

计划将铁芯地脚用绝缘板垫起5mm高度，使下沉铁芯与变压器外壳保持一定安全距离，避免发生多点接地情况。同时紧固固定螺栓。

铁芯多点接地时，通常运行中铁芯电流值大于100mA，变压器内部热点温度较高，C_2H_6、C_2H_4增长较快，油色谱分析结果通常为低能火花放电并有局部过热特征，亦可能伴有少量H_2和C_2H_2产生。非金属短接特征的铁芯多点接地通常表现为铁芯绝缘电阻很低但不为零，金属直接短接特征的铁芯多点接地缺陷通常表现为铁芯绝缘电阻为零。

对于有铁芯接地引出的35kV及以上变压器按试验周期进行铁芯电流带电检测试验同时严格按照周期对在运变压器进行油中溶解气体分析，关注特征气体及产气速率。当油化数据超标时采用三比值法为主四比值法为辅的方法判断。如果以上检查试验结果分析判断符合铁芯多点接地特征，停电检查时只需进行铁芯绝缘电阻测试验证即可，可省去其他不必要的检查试验。对于无铁芯接地引出的变压器，条件允许时对其进行改造将铁芯接地单独引出，方便开展铁芯接地电流检测。

案例22　相位角阈值判断法在避雷器带电测试中的应用

一、课题概述

介绍一起110kV金属氧化物避雷器带电测试时相位角超标缺陷，结合停电检查性试验结果，分析了缺陷产生原因并加深了避雷器带电测试相位角阈值判断法的认识，对避雷器带电测试数据判断运行具有实际意义。

二、课题背景

对于避雷器泄漏电流带电测试数据结果分析，传统方法是在测试方法和测试环境相同的条件下，从全电流和阻性电流两个状态量的横向、纵向对比来分析判断。但是传统分析判断方法依赖于状态量的初值，换而言之就是无法对初值进行判断。研究人员利用数理统计及概率论等方法，整理分析了十余年来大量避雷器带电检测数据的分布规律，提出了以相位角判断 110kV 单节避雷器检测结果的阈值判断法—即 110kV 单节避雷器相位角注意值为 80°，警示值为 76°。该方法分别通过了试验室模拟环境和变电站真实运行条件下的验证。目前阈值判断法已列入 Q/GDW 11369—2019《避雷器泄漏电流带电检测技术现场应用导则》并全国推广执行。

三、 研究与分析

（一）设备基本情况

2020 年 07 月 18 日对某 110kV 变电站进行避雷器泄漏电流带电测试时发现 110kV 111 间隔 U、V 两相避雷器相位角超过导则规定注意值并接近警示值，全电流及阻性电流略有增长但在合格范围以内。故障设备基本参数如下：金属氧化物避雷器型号：YH10W-102/266W1；出厂日期：2015 年 08 月。测试当天晴，测试环境温度 29℃，湿度 51%。

（二）带电测试试验数据分析

由于 2019 年以后 111 间隔一直处于热备用状态，即 111 间隔断路器分位，111 间隔线路、避雷器、电流互感器带电且处于同一电压作用下，所以 2019 年以后的测试均采用容性设备电流互感器电容电流法，即测试仪的参考信号从同间隔电流互感器末屏处提取。

发现 111 间隔 V 相避雷器存在缺陷后，在 2020 年 09 月 27 日对该组避雷器进行了追踪复测，复测结果与初值见表 1-30，表中状态量 I_x为全电流，I_{r1p}为阻性电流基波分量，ϕ 为相位角。ΔI_x（%）、ΔI_{r1p}（%）、$\Delta\phi$（%）分别表示全电流、阻性电流基波分量、相位角 2020 年 09 月 17 日数据较 2019 年 08 月 01 日数据的增长量百分数。

由表 1-30 数据可知，U 相与 V 相避雷器相位角已经小于导则中规定 80°的注意值，并且 V 相数据已经接近 76°警示值，其相位角增量超过导则规定 3°的注意值。由表 1-31 数据可知全电流和阻性电流增量各相均在合格范围内。基于导则中规定的相位角绝对值判断标准可初步判断该组避雷器存在缺陷。

表 1-30　111 间隔避雷器泄漏电流带电测试数据

试验时间	相别	I_x(mA)	I_{r1p}(mA)	ϕ(°)
2019-08-01（例行）	U	0.325	0.084	79.42
	V	0.341	0.091	79.08
	W	0.320	0.048	83.9
2020-07-18（例行）	U	0.332	0.094	78.41
	V	0.352	0.112	76.92
	W	0.321	0.059	82.64
2020-9-27（追踪）	U	0.333	0.096	78.15
	V	0.353	0.117	76.36
	W	0.372	0.059	82.57

表1-31 间隔避雷器泄漏电流带电测试数据增量

相别	ΔI_x(%)	ΔI_{rlp}(%)	$\Delta\phi$(%)
U	2.46	14.29	−1.60
V	3.52	28.57	−3.44
W	16.25	22.92	−1.59

（三）停电检查试验数据分析

基于111间隔避雷器带电测试结果超标，在2020年12月04日将该组避雷器停电进行全面检查、试验，包括外观检查，本体及底座绝缘电阻测量，直流泄漏试验及解体检查。其中避雷器外观检查、本地及底座绝缘电阻测量未见异常。检查当天晴，环境温度7℃，湿度42%。

1. 直流泄漏试验

测试人员首先在架构上对避雷器进行直流泄漏试验发现数据超标。由于避雷器架构距离变电站墙较近且设备表面脏污，为避免测试线角度以及设备表面脏污引入的误差，测试人员将避雷器从架构拆下并擦拭干净后进行复测，试验结果如表1-32所示。

由表1-32和表1-33数据可知，V相避雷器直流1mA参考电压146.7kV不符合国标≥148kV的规定。另外，U相与V相避雷器$0.75U_{1mA}$泄漏电流分别超过标准50μA，且C相$0.75U_{1mA}$泄漏电流增量61.4%超过规程30%的注意值。根据本结果可以判定该组避雷器确实存在缺陷，可能是内部受潮或者阀片老化引起的。

表1-32 间隔避雷器直流泄漏试验数据

相别	U_{1mA}(kV)	U_{1mA}初值(kV)	$0.75U_{1mA}$泄漏电流(μA)	$0.75U_{1mA}$泄漏电流初值(μA)
U	152.40	151.10	51.00	15.00
V	146.70	150.80	148.10	14.00
W	150.20	151.30	22.60	14.00

表1-33 间隔避雷器直流泄漏试验数据初值差

相别	U_{1mA}初值差（%）	$0.75U_{1mA}$泄漏电流初值差（%）
U	0.86	240.00
V	−2.72	957.10
W	−0.73	61.40

2. 解体检查

对该组避雷器进行更换后，将退运设备运回高压试验大厅进行解体检查。解体过程中并未在金属顶盖处发现受潮和放电痕迹。将V相避雷器本体绝缘破坏后，发现下法兰内表面有轻微锈蚀，将阀片及金属垫片取出后发现有零星水渍，个别阀片边釉破损。U、W两相受潮情况不太明显。

四、课题总结

综合带电测试，停电检查试验以及解体检查结果综合分析，可以判定这是一起由于避雷器本体密封不良引起受的受潮缺陷。由于潮气侵入导致避雷器本体绝缘性能下降，泄漏电流大幅增长。同时，受潮导致阀片加速老化，改变避雷器伏安特性，从而使1 mA 直流参考电压小于规程规定。

相对于传统全电流和阻性电流判断法而言，相位角阈值判断法既能通过与上次试验结果对比进行判断又能通过绝对值直接判断，更直观方便，更有利于试验人员快速发现状态不良设备，值得向其他省网地市级公司推广应用。但是，对于缺陷类型的判断，还需更多数据和缺陷实例进行研究总结。

对于 110kV 及以下电压等级避雷器泄漏电流带电测试数据的判断标准和依据主要有以下 7 种，这 7 种方法要综合判断分析，当有其中 1 项或多项数据异常，则需要结合其他手段如红外测温、高频局部放电检测及停电试验等手段进行验证。

(1) 全电流数值应该与避雷器底座泄漏电流表读数一致；

(2) 全电流纵向对比：初值差≤20%（注意值）；

(3) 全电流横向对比：同厂家、同批次、同相位平均互差≤70%（注意值）；

(4) 阻性电流纵向对比初值差≤50%（注意值）、初值差≤100%（警示值）；

(5) 阻性电流横向对比：同厂家、同批次、同相位平均互差≤70%（注意值）；

(6) 相位角绝对值≥80°（注意值）、绝对值≥76°（警示值）；

(7) 相位角纵向对比：初值差≤3°（注意值）。

第二章

管理创新典型案例

案例 1　电流互感器状态诊断方法的研究

一、 课题概述

介绍了电流互感器的各种预防性试验项目，并将其运行状态划分为四种。基于模糊理论，确定了状态诊断所需的状态信息，建立了一种模糊诊断模型，并通过实例验证了所提方法的正确性、实效性。

二、 课题背景

电流互感器是电力系统中非常重要的一次设备，它担负着为二次设备提供保护、测量和计量所需信号的重任。电流互感器发生故障时，往往会造成大面积停电，甚至酿成系统事故。对电流互感器进行状态诊断可以有效缓解设备的当前状况，在互感器出现某些故障征兆的时候及时进行检修，可以避免突发事故的发生。

（一） 电流互感器的预试项目

《规程》规定，电流互感器的预防性试验项目主要包括：测量绕组及末屏的绝缘电阻、测量介质损耗因素及电容量、绝缘油试验、交流耐压试验、局部放电测量。

（二） 电流互感器的状态诊断

1. 状态信息的分析与确定

电流互感器的状态诊断就是利用各种离线的和在线的检测手段对反映互感器运行状态的物理、化学量进行检测，从而判明互感器是否处于正常状态。

通常情况下，我们无法直接得到电流互感器的状态模型，只能通过分析设备运行过程中表现出的一些现象或对一些能反映设备状态的参数的测量来间接得出当前的状态。

对电流互感器进行状态诊断需要依据许多信息，这些信息统称为状态信息。电流互感器的状态信息有预试数据、运行数据、设备状态监测数据、设备历史数据等。选择合适的状态信息可以更好地反映油浸式电流互感器的运行状态，为设备开展状态诊断提供判据。表 2-1 为对电流互感器进行状态诊断时采用的状态信息量。

表 2-1 电流互感器的状态信息量

电流互感器状态信息	1 绕组及末屏的绝缘电阻
	2 介损及电容量
	3 油中溶解气体色谱分析
	4 局部放电量
	5 一次绕组直流电阻
	6 绝缘油击穿电压

介损测试能有效地发现电流互感器的普遍老化、受潮、油质劣化、油泥脏污等整体缺陷；绝缘电阻测量能发现绝缘受潮、脏污、贯穿性裂纹或其他严重的绝缘缺陷；局部放电试验对发现互感器主绝缘中潜在的缺陷灵敏有效；绝缘油试验可直接反映油质本身的质量问题（如油质劣化等）。

各类状态信息量对反映电流互感器的各种缺陷的特点及灵敏度各不相同，因此不能孤立地、单独地做出试验结论，而必须将各类状态信息全面联系起来，进行系统地、全面地分析、比较，并结合各种试验方法的有效性及电流互感器的历史情况，才能对互感器的状态做出科学的结论。

2. 电流互感器状态分类

按有无缺陷或缺陷对安全运行的影响程度可将电流互感器状态诊断的结果划分为A、B、C、D四种，如表 2-2 所示。

表 2-2 电流互感器状态分类

编码	状态分类
A	正常状态
B	一般状态
C	注意状态
D	严重状态

正常状态表示电流互感器运行试验数据正常，各个状态量远离相关规程规定的注意值，工作性能稳定，故障发生的可能性极低，可接受长期运行；一般状态表示电流互感器已运行一定时间，但试验数据正常或其中个别状态量表明可靠性稍有下降，但数据稳定，可继续运行，故障可能性低；注意状态表示在试验周期内，试验数据有偏离正常状态，某些状态量反映电流互感器内部可能有异常现象，但仍有很多不确定因素的变压器，发生故障的可能性也在增大，互感器可继续运行，但应缩短试验周期并跟踪观察；严重状态表示电流互感器整体工作性能欠佳，通过试验和监测到的状态量多数超标，分析可能存在故障，要通过检修才能使其恢复到健康状态。

3. 电流互感器的状态诊断流程

一般来说电流互感器的状态和征兆之间不存在简单的一一对应的关系，一种状态可能对应多种征兆，而一种征兆也可能对应着多种状态，这就为状态的判别增加了难度。

因此通常电流互感器的状态诊断有一个反复实验的过程，如图 2-1 所示。

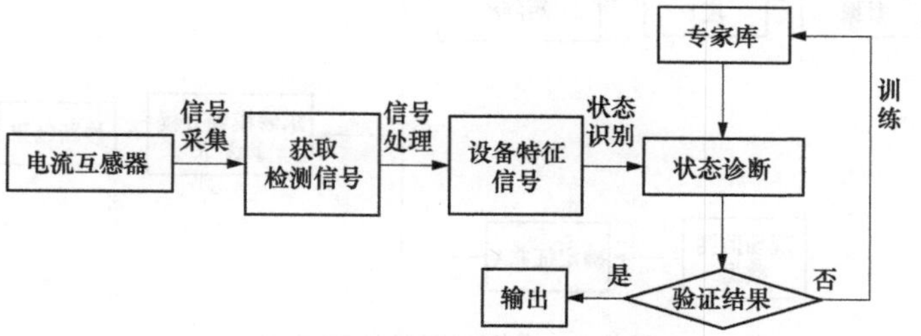

图 2-1 电流互感器状态诊断流程图

三、研究与分析

（一）模糊诊断原理

模糊诊断的方法是通过某些征兆的隶属度来求出各种故障原因的隶属度，然后通过阈值原则或者最大隶属度原则来确定对象的故障原因。

设观测到某设备的一征兆群样本 $X=(x_1, x_2, \cdots, x_m)$，同时得出此样本中各分量元素 x_i 对征兆的隶属度，则将各元素转换成隶属度，就构成了故障征兆模糊向量

$$X=(x_1,x_2,\cdots,x_m) \tag{2-1}$$

假设该征兆样本是由故障原因 y_i 产生的，y_i 对各种故障原因的隶属度为 $Y(y_i)$，则构成了故障原因模糊向量

$$Y=(y_1,y_2,\cdots,y_n) \tag{2-2}$$

Y 与 X 具有模糊关系为

$$Y=X \cdot R \tag{2-3}$$

式（2-3）是故障原因与征兆之间的模糊关系方程。式中・是模糊算子，R 是体现诊断专家经验知识的模糊诊断矩阵。

$$R=\begin{bmatrix} r_{11} & r_{12} & \cdots & r_{1n} \\ r_{21} & r_{22} & \cdots & r_{2n} \\ \cdots & \cdots & \cdots & \cdots \\ r_{m1} & r_{m2} & \cdots & r_{mn} \end{bmatrix} \tag{2-4}$$

其中，$0 \leqslant r_{ij} \leqslant 1$，$1 \leqslant i \leqslant m$，$1 \leqslant j \leqslant n$。

模糊诊断矩阵 R 是 $m \times n$ 矩阵，其中行表示故障征兆，列表示故障原因，矩阵元素 r_{ij} 表示第 i 种征兆对第 j 种原因的隶属度。当 $r_{ij}=0$ 时，表示故障征兆 i 对故障 j 的发生不起作用，r_{ij} 的值越大，表示征兆的存在对故障的发生起的作用越大，即故障发生的可能性越大。

模糊诊断的原理框图如图 2-2 所示。

（二）建立诊断模型

1. 因素集和判断集的建立

从影响电流互感器工作状态的众多因素中，选择具有代表性的参数作为评判电流互

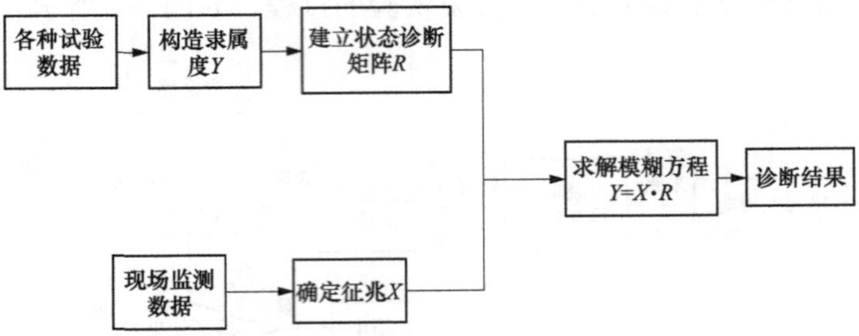

图 2-2 模糊诊断的原理框图

感器工作状态的因素，建立因素集（即故障原因集）

$$U=\{u_1,u_2,\cdots,u_n\} \tag{2-5}$$

主要评判因素有：

(1) 电气试验参数：绕组及末屏的绝缘电阻、介损及电容量、一次绕组直流电阻、局部放电量。

(2) 油中溶解气体状态参量（包括多种油中气体）。

(3) 绝缘油特性参数：油中微水含量、油介损、油击穿电压。

(4) 其他因素：工作环境、运行资料、检修记录。

在确定了电流互感器的评判因素后，需要划分电流互感器的状态，也就是建立模糊诊断中各评判因素的判断集。本文将电流互感器分为“正常”“一般”“注意”“严重”四种运行状态。判断集为：V＝｛正常，一般，注意，严重｝＝$\{v_1, v_2, v_3, v_4\}$。

2. 单因素模糊评判

单因素模糊评判是指单独从一个因素出发进行评估，以确定评估对象对判断元素的隶属程度。

设电流互感器按因素集中的第 i 个因素 u_i 进行评估，对判断集中第 j 个元素 v_j 的隶属程度为 r_{ij}，则按第 i 个元素 u_i 评估的结果，可用模糊集合 $R_i=\{r_{i1}, r_{i2}, \cdots, r_{in}\}$ 来表示。R_i 称为单因素评判集。

同理可求出相应于每个因素的单因素评判集，并将其构成以各单因素评判集为行向量的矩阵 R，R 称为单因素评判矩阵。

$$R=\begin{bmatrix} r_{11} & r_{12} & \cdots & r_{1n} \\ r_{21} & r_{22} & \cdots & r_{2n} \\ \cdots & \cdots & \cdots & \cdots \\ r_{m1} & r_{m2} & \cdots & r_{mn} \end{bmatrix} \tag{2-6}$$

3. 模糊综合评判

从单因素评判矩阵 R 可以看出，R 的第 i 行，反映了第 i 个元素对评判对象取各个判断集元素的影响程度；R 的第 j 列，反映了所有因素对评估对象取第 j 个判断集元素的影响程度。

文章利用评判矩阵 R 的各项乘上相应评估因素的权数 α_i（$i=1, 2, \cdots, m$），来描述所有因素的综合影响。

模糊综合评判可表示为：$B=A\&R$。权重集 A 可以视为一行 m 列的模糊矩阵，& 为广义模糊算子。文章采用的权重集 A 和评判矩阵 R 的合成算法是加权平均型的综合评判，即

$$b_j=\sum_{i=1}^{m}a_i r_{ij}(j=1,2,\cdots,n) \tag{2-7}$$

4. 评判指标的处理

经过模糊运算后，得到了评估指标 $b_j=(1,\ 2,\ \cdots,\ p)$，必须对评估指标进行处理，以得到最终的诊断结果。一般采用最大隶属度原则和阈值原则来处理评估指标。本文采用的是最大隶属度法来处理评估指标，即取与最大评估指标 $b_{\max}=\max\{b_j,\ j=(1,\ 2,\ \cdots,\ p)\}$ 相对应的评判集元素 v_k 作为诊断的结果。

（三）实例分析

某 110kV 变电站的电流互感器，分析其 2012 年的预防性试验数据，判断其运行状态为“严重”，存在缺陷或故障。为了寻找可能的故障原因，利用获取的状态信息数据对电流互感器进行状态诊断，具体步骤如下所述。

（1）计算电流互感器绕组的状态信息诊断矩阵 R，如表 2-3 所示。

表 2-3　绕组状态信息诊断矩阵

项目	绝缘受潮	直流电阻异常	放电故障	短路故障
直流电阻不平衡系数	0	0	0	0
吸收比	0.44	0	0	0
泄漏电流	1	0	0	0
绕组介损	0.275	0	0	0
总烃含量	0	0.484	0	0.484
乙炔含量	0	0	0.64	0.64
氢气含量	0.421	0	0.421	0.421
油中含水量	0.6	0	0	0

（2）确定电流互感器状态信息的权重。计算绕组状态信息的主观权重和客观权重。综合权重是主观和客观权重的平均值，计算结果如表 2-4 所示。

表 2-4　绕组状态信息的组合赋权

项目	直流电阻	吸收比	泄漏电流	绕组介损	总烃含量	乙炔含量	氢气含量	油中含水量
主观权重	0.151 5	0.095 7	0.151 5	0.045 9	0.102 7	0.230 8	0.162 5	0.059 4
客观权重	0.001 0	0.003 9	0.332 0	0.095 1	0.359 2	0.173 8	0.022 3	0.012 6
组合赋权	0.076 3	0.049 8	0.241 8	0.070 5	0.231 0	0.202 3	0.092 4	0.036 0

（3）计算各个故障原因的故障概率，所求结果如表 2-5 所示。

表 2-5 绕组故障原因及其概率

故障原因	概率
绝缘受潮	0.544
直流电阻异常	0.112
放电故障	0.168
短路故障	0.280

根据最大隶属度原则，绕组绝缘受潮是最有可能的故障原因。对电流互感器停电检修，发现绕组表面不干净，有油泥和污物，导致绝缘受潮，与本文诊断模型结论基本相吻合。验证了所提方法的正确性、准确性、实效性。

四、 课题总结

状态诊断是由计划检修向状态检修过渡的重要技术措施。由于电流互感器结构简单，其状态容易确定，适宜开展状态检修。

本文确定了进行状态诊断所需的状态信息，并基于模糊理论，总结出一种判断互感器状态的方法，建立了状态诊断的模型并通过实例验证了所提方法的正确性。但是，确定电流互感器的状诊断算法是一个复杂的系统工程，目前很多方面还处在研究探索阶段，需要进一步研究。

案例 2 基于金属氧化物避雷器阻性电流的带电测试新方法

一、 课题概述

针对传统带电测试方法在系统安全性和可靠性上存在的诸多问题，考量现场安全性、数据准确性和工作效率等方面，文章提出了一种新的金属氧化物避雷器阻性电流带电测试方法（容性设备参照法），并将容性设备参照法和二次电压参照法进行现场测试数据比较，验证了该方法的有效性。

二、 课题背景

金属氧化物避雷器（metal oxide arrester，MOA）的非线性电阻阀片主要成分是氧化锌，具有极为优越的非线性特性。在运行中测试 MOA 泄漏电流的阻性分量，可以分析判断设备是否存在受潮、老化等劣化趋势及缺陷。2018 年修订的《国家电网公司十八项电网重大反事故措施》要求，“金属氧化物避雷器，必须坚持在运行中按规程要求进行带电试验。35～500kV 电压等级金属氧化物避雷器可用带电测试替代定期停电试验”。由此可见，对运行中的 MOA 开展阻性电流带电测试工作是非常重要的。

运行电压下，MOA 泄漏电流的阻性分量极小。目前，最常用的 MOA 阻性电流带电测试方法是二次电压参考法。该方法通过电压单元获取电压互感器（transformer vd-tage，TV）或电容式电压互感器（capacitor voltage transformer，CVT）的二次侧电压，通过电流单元获取 MOA 接地回路的全电流，再测试全电流与参考电压之间的角度来确定阻性电流大小。

二次电压参考法的参考电压取自 PT 或 CVT 的二次电压，如图 2-3 所示。在不考虑仪器误差的情况下，误差产生的主要原因是 PT 或 CVT 的一次电压与二次电压之间固有的相角差，其最大误差不大于±2°，可以满足测试要求。

该方法需要在运行中的 PT 或 CVT 的二次回路上进行试验接线。如果接线错误可能会引起 PT 或 CVT 二次回路短路，造成母线失压，甚至引起主变压器跳闸或者备自投动作。所以，二次电压参考法给系统的安全和可靠性带来了不稳定因素，同时现场的工作效率也随之降低。

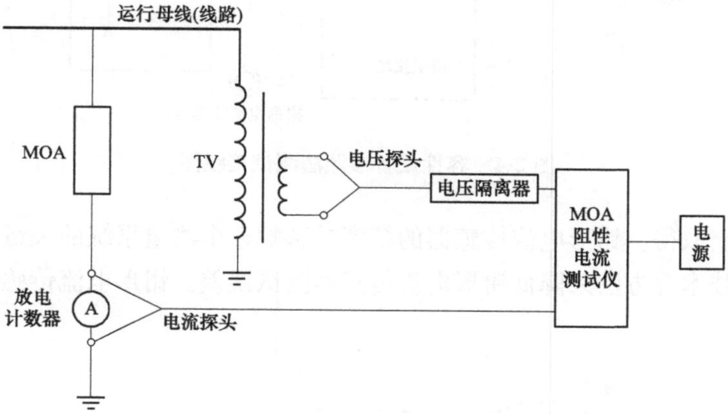

图 2-3 二次电压参考法测试接线图

国家电网公司提出“三型两网、世界一流”的新战略目标，对电力系统安全性和可靠性的要求越来越高。在新形势下，本文提出了一种以 CVT 低压电容尾端接地电流作为参考的 MOA 阻性电流测试新方法。

三、 研究与分析

（一）容性设备参照法

目前，110kV 及以上电压等级的母线避雷器、线路避雷器安装处，一般都安装 CVT，这就为容性设备参考法的使用提供了条件。

正常运行中，CVT 电容单元介质损耗极小，一般小于 0.002，中间变压器对其整体流过的电容电流也影响很小。CVT 电容尾端对地流过的电流与相电压相比，相位差基本为 90°，误差小于±0.5°。因此，可以将电 CVT 作为标准电容器，通过对比电容尾端对地电流 I_c与 MOA 接地引线电流 I_x 的相位差 δ，应用傅立叶变换转换到频域进行分解，可分别得到避雷器的阻性电流 I_r和容性电流 I_c的各次谐波分量，经相应的数据处理后，再返回时域合成总泄漏电流 I_x 和容性电流 I_c，再根据阻性分量 I_r的变化情况来判断 MOA 的运行状况。

测试时，同时接入参考电流和测试电流信号，参考电流信号取自与待测金属氧化物避雷器同母线的 CVT 的电容电流，测试电流信号取自避雷器的泄漏电流，接线方式如图 2-4 所示。

CVT 电容电流的获取需要将低压电容尾端引出接地，再通过高精度钳形电流传感

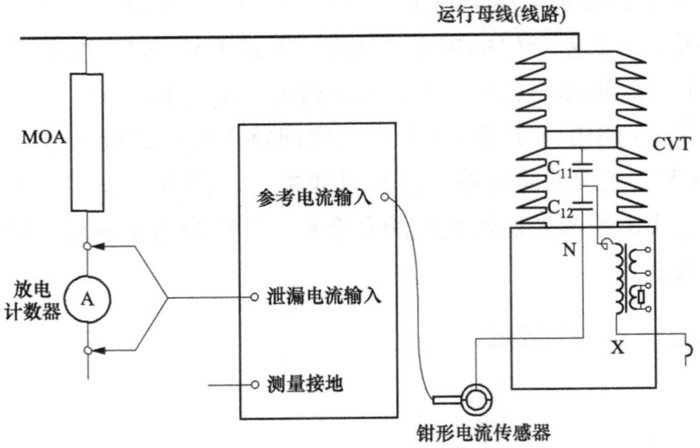

图 2-4 容性设备参照法测试接线图

器在接地引线上取得。钳形电流传感器的精度是影响整个测量系统的关键，需采用零磁通技术、屏蔽技术等方法来降低钳形电流传感器测试误差。钳形电流传感器的工作原理如图 2-5 所示。

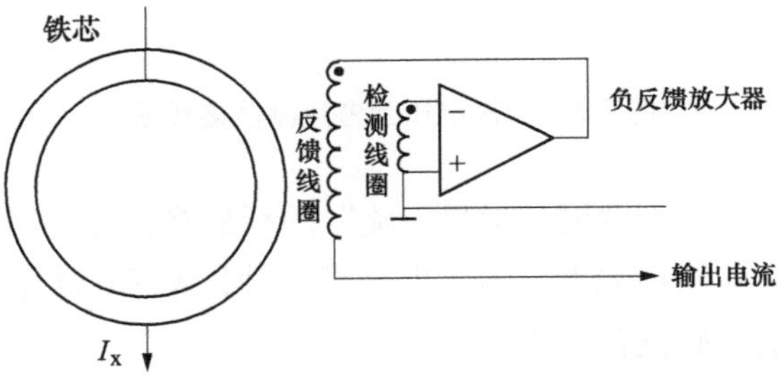

图 2-5 钳形电流传感器原理图

（二）现场测试对比

为了验证新方法的安全性和准确性，本文对二次电压参考法与容性设备参考法的测试数据进行了对比。

1. 安全性及工作效率方面

二次电压参考法，需要在运行中的 PT 或 CVT 的二次端子箱中接线，接线后为防止由于接线掉落等原因造成二次线圈短路需要留人看护，这项工作至少需要两人，且至少一人熟悉二次端子箱接线。接取避雷器泄漏电流信号，至少需要两人。因此，传统试验方法至少需要 4 人完成，且存在二次回路短路的风险。

容性设备参考法，使用钳形电流传感器接在 CVT 低压电容尾端接地引线上，不会对运行设备造成影响，工作也可只需 2 人就能完成。而且，由于 CVT 与避雷器安装位置非常近，所用试验线短，接线时间短，从而提高了工作效率。

2. 数据准确方面

现场选取了某 110kV 变电站一组 110kV 母线避雷器，分别采用 2 种方法进行带电测试，试验数据如表 2-6 所示。其中，二次电压参照法的二次电压取自该 110kV 母线 CVT 的二次电压，容性设备参照法的参考电流取自该 110kV 母线 CVT 的电容尾端接地引下线。

表 2-6　　某 110kV 母线避雷器阻性电流测试数据　　单位：mA

数据 / 相别	二次电压参照法		容性设备参照法	
	全电流峰值	阻性电流峰值	全电流峰值	阻性电流峰值
A 相	0.657	0.115	0.647	0.113
B 相	0.641	0.090	0.639	0.092
C 相	0.651	0.105	0.648	0.102

容性设备参照法与二次电压参照法比较，相同相全电流峰值最大误差为－1.52%，相同相阻性电流峰值最大误差为－2.86%；二次电压参照法下三相之间全电流峰值偏差为 2.46%，三相之间阻性电流峰值偏差为 24.19%；容性设备参照法下三相之间全电流峰值偏差为 1.40%，三相之间阻性电流峰值偏差为 20.52%。

从以上分析可知，容性设备参照法测试数据准确，并且在测量异相间的电流时，其数据要比二次电压参照法的偏差小，更为准确。

四、 课题总结

容性设备参照法，需要将 CVT 的电容尾端接地引出以方便测试。但是目前 CVT 电容尾端直接在二次接线盒内部直接接地。所以，需要对设备进行改造，或在设计、安装时直接将电容尾端引出接地。从长远来看，改造虽增加了一定成本，但还是有很大好处的。改造后可更加方便地对 CVT 电容尾端接地情况进行检测，如通过测量电流、红外测温等手段。改造后可方便地实现电容型设备电容及介损的带电检测和在线测试。改造后也为容性设备参照法 MOA 带电测试的开展提供了条件。总之，容性设备参照法通过使用钳形电流传感器从 CVT 的电容尾端接地引线上获得参考信号，在测试数据准确度上完全满足现场要求，在工作效率及安全方面都有明显的改善。因此，容性设备参照法在 MOA 阻性电流带电测试上具有较大的推广价值。

案例 3　一例典型的封闭式 GIS 出线 110kV 主变压器预防性试验方案

一、 课题概述

介绍一台 110kV 封闭式 GIS 出线变压器例行试验的方法与实施。通过查阅相关资料、参考高电压等级同类设备试验方案以及结合现存实际情况，提出 3 种试验方案，并从可行性、经济性及安全性等角度确认了最终方案，并依照此方案顺利成功完成了主变压器试验，取得较高经济效益，为此类工作积累了宝贵经验。

二、 课题背景

公司所辖涞水 110kV 某变电站于 2019 年 06 月投运，其 110kV 1 号主变压器为油浸式三绕组变压器，型号为 SSZ11-40 000/110，接线组别为 YNynd11。该主变压器高压侧采用封闭式GIS出线，即高压侧ABC三相出线未使用常规充油套管，而是与GIS套筒直接相连如图2-6所示，高压侧中性点O相为常规充油套管如图2-7所示。变压器中、低压侧未封闭在GIS气室中。

图2-6 高压侧ABC三相直接与GIS套筒相连

图2-7 高压侧O相充油套管

此变压器为公司辖区内第一台也是唯一一台封闭式GIS出线的变压器。根据Q/GDW 168《输变电设备状态检修试验规程》规定：110(66)kV及以上新设备投运满1～2年，以及停运6个月以上重新投运前的设备，应进行例行试验。因此公司将该变电站列入2020年停电例行检修试验计划中。

变压器生产厂家进行设备出厂试验时并未连接GIS套筒，而是利用工装套管进行试验。在变电站现场进行的交接试验也是在未加装GIS套筒前进行的。由于该主变压器高压侧引出线与GIS套筒之间没有断开点，如按照常规试验方法将已经投运的设备进行检测，需先释放SF_6气体然后拆卸GIS套筒进行，这种做法显然不切实际：一是耗时长，经测算送电时间至少延长48h，将造成极大经济损失；二是由于要充、放SF_6气体以及拆卸GIS设备，额外增加检修班组的工作量；三是存在诸多设备安全隐患，在拆装过程如处理不当易造成日后GIS设备漏气等；四是增加试验班组工作量，由于气体回充后需进行湿度、纯度等各项指标的检测，并且根据国家电网公司《十八项电网重大反事故措施（修订版）及编制说明》12.1.3.1在GIS设备A类或B类检修后应进行局部放电检测，而且本单位不具备开展110kV电压等级GIS设备脉冲电流法局放检测的能力，还需要上级单位配合进行。

总而言之，该主变压器需要例行或诊断性电气试验时，高压侧引出线与GIS之间没有断开点，目前条件下按常规手段进行试验不可行并且变压器厂家对于这种新型设计方案也未提供相应的试验方案或技术性文件说明。

三、 研究与分析

（一）试验方案的提出与确认

国网（运检/3）829—2017《国家电网公司变电检测管理规定》中附录A.1.1规定110kV变压器例行试验项目有：绕组频率响应分析（简称“频响”）、绕组直流电阻测试（简称“直阻”）、有载分接开关动作波形测试（简称“有载波形”）、变压器整体绝缘电阻（简称“绝缘”）及介质损耗因数测量（简称“介损”）、套管绝缘电阻及介质损耗因数测量、铁芯夹件绝缘电阻测量。由于主变压器中、低压侧未封闭在 GIS 气室中，其试验方法与传统方法一致，主要症结在于高压侧。

针对此状况，通过进行多次现场勘查，查阅大量相关论文、资料，参考 500kV 电压等级同类变压器试验方法并结合现场实际接线情况（见图 2-8），利用头脑风暴法找出 3 种可行性试验方案（见表 2-7）。

综合考虑各方案的全面性、安全性、可行性、经济性，确定方案 2 为最终解决方案。随后将该方案与厂家技术人员进行论证，得到认可，并将此方案呈报公司运维检修部，从而最终确定为 2020 年 11 月秋检预试方案。

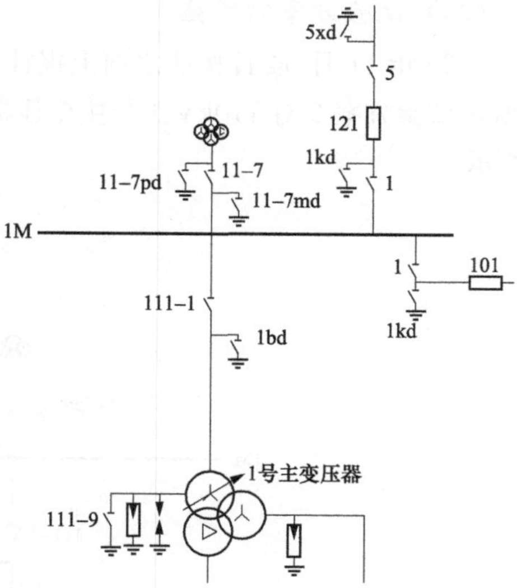

图 2-8 110kV 三坡站 1 号母线接线图

表 2-7 110kV 某站主变压器试验方案

方案	需检修班组配合拆接部位	需拉合隔离开关及开关	直阻	频响、有载波形	介损、绝缘	安措范围	风险
1	（1）高压 O 相套管接头； （2）中压及低压侧出线接头	（1）拉开 111-1 隔离开关； （2）拉开 111-1bd 接地开关	×	×	√（O 相加压）	主变压器本体	—
2	（1）高压 O 相套管接头； （2）中压及低压侧出线接头； （3）111-1bd 外露导电部位与外壳接地排的连接； （4）固定螺栓回装	（1）拉开 111-1 隔离开关； （2）合上 111-1bd 接地开关	√（有误差）	√（有误差）	√（O 相或 ABC 短接加压）	主变压器本体至 111-1bd	111-1bd 接地排斥接，并掰至保持试验安全距离，可能造成设备事故
3	（1）高压 O 相套管接头； （2）中压及低压侧出线接头； （3）121 出线与外置避雷器及线路的连接	（1）拉开 101 断路器，111-1bd、11-7md、121-1kd、101-1 隔离开关； （2）合上 121 断路器，121-1、121-5、101-1kd，111-1 隔离开关	√（有误差）	√（有误差）	√（O 相或 ABC 短接加压）	主变压器本体及 1 号母线	需要操作隔离开关及断路器，变更现场安全措施，试验时布置安措范围大，整个母线带电，容易出现危险

（二）试验方案的实施

2020 年 11 月 04 日按照之前上报计划对涞水 110kV 某站进行秋检预防性试验。按照既定试验方案 2 对 110kV 1 号主变压器进行试验，合上了 111-1bd 接地开关，如图 2-9 所示。

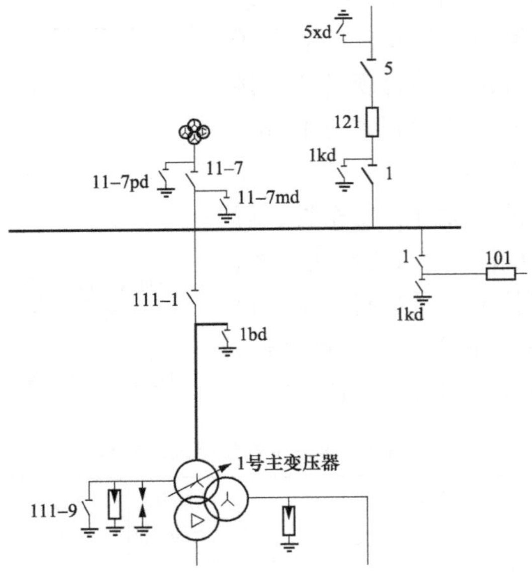

图 2-9　试验方案 2 示意图

检修班组配合拆除 111-1bd 外露导电部位与外壳接地的连接（见图 2-10），并将地线固定螺栓回装。拆开高压侧 O 相、中、低压侧接头。利用回装的三条螺栓当做高压侧 ABC 的引出端子（见图 2-11）进行试验。

图 2-10　111-1bd 接地连接

图 2-11　111-1bd 接地连接拆除后

按照试验顺序前 3 个试验项目为变压器高压侧绕组频率响应测试、高压侧各分接直阻测量以及有载开关波形试验。此三项试验接线方式相同，如图 2-12 和图 2-13 所示。

图 2-12 接地开关引出端子接线

图 2-13 O 相套管接线

此 3 项试验由于测试回路中串联了 24m GIS 桶内导体，所以会对试验结果产生一定的影响，尤其是直阻试验，各分接测试值为豪欧数量级。前 3 项试验结果会引入固定误差，但该数据作为今后试验的参考值或初值，不影响纵向对比的试验结果判断。

进行高压侧整体绝缘及介损试验时，利用试验短接封线在接地开关接地处将 ABC 三相短接，并将试验线连接于短接处，具体做法如图 2-14 所示。

此接线方式相当于将高压侧 ABC 三相短接加压 O 相悬空，与传统接线方式 ABCO 4 个端子短接加压相比，变压器整体电容量由于 O 相未短接以及 GIS 内导体对外壳电容量的引入，会产生一定误差；绝缘电阻和介损由于引入 GIS 桶内导体对接地外壳的泄漏电流，同样会产生一定误差。但该结果作为今后试验的参考值或初值，不影响纵向对比的试验结果判断。

进行高压侧套管介损试验时，ABC 三相加压线接线方法与主变压器整体介损测量时相同，如图 2-14 所示。信号线接在对应相别 GIS 套筒下末屏处，如图 2-15 所示。

图 2-14 绝缘和介损试验接线

图 2-15 高压 ABC 三相末屏接线方式

图 2-16 高压 O 相介损试验接线

对 O 相进行介损试验时，同常规方法，将红色加压线夹于 O 相顶端，黑色信号线夹于末屏上，如图 2-16 所示。

高压侧 ABC 三相套管介损试验时，电容量测量值由于引入 GIS 内导体对接地外壳的电容量会引入误差。同样的，介损测量值由于引入 GIS 桶内导体对接地外壳的泄漏电流会产生一定误差，但是试验结果作为今后试验的参考值或初值，不影响纵向对比的试验结果判断。高压侧 O 相套管介损试验不会产生误差。

四、 课题总结

2020 年 11 月 04 日 14 时 21 分该主变压器预试顺利完成，前后共耗时 04 时 05 分。该台主变压器是公司乃省电力公司首台高压侧采用封闭式 GIS 出线的 110kV 电压等级变压器。通过前期现场勘查，查阅资料论文，应用头脑风暴法找到解决若干方案，并通过讨论以及理论论证找到最合适的方案，为此类主变压器试验进行了新的尝试，积累了宝贵经验，为今后的同类型工作打下坚实基础。

对比采用常规方法需要充放 SF_6气体、拆卸 GIS 设备，本试验方案至少缩短 50h 停电检修时间，创造直接经济效益 150 余万元，节省约 287 工时。

案例 4 分布式电源对配电网重合闸的影响分析

一、 课题概述

分布式电源并入配电网之后，网络由原有的单辐射型转变为双端或多端型网络，系统潮流方向随之改变，可能引起继电保护误动、拒动。依据配电网继电保护原理，文章建立了含 DG 的配电网模型，利用 Matlab/Simulink 软件对重合闸动作情况进行仿真，验证了理论分析的正确性。

二、 课题背景

随着分布式电源（distributed generation，DG）并入电网，配电网由原有的单辐射型转变为双端或多端型网络，系统潮流方向随之改变，可能引起继电保护出现各种问题，其中以重合闸尤为严重。在含有 DG 的配电网中，重合闸的正确动作要充分考虑两侧电源的同步问题和两侧保护装置的时间配合问题，才能准确、快速地切除故障。

本文建立了含 DG 的配电网模型，并对自动重合闸进行了仿真研究。研究发现，DG 所处位置不同，对故障线路重合闸影响不同，而且重合闸非同期问题也各不相同。

三、 研究与分析

（一）DG 不同位置故障重合闸动作情况

1. DG 所在馈线线路故障

DG 所在馈线发生短路故障时，配电网系统如图 2-17 所示。

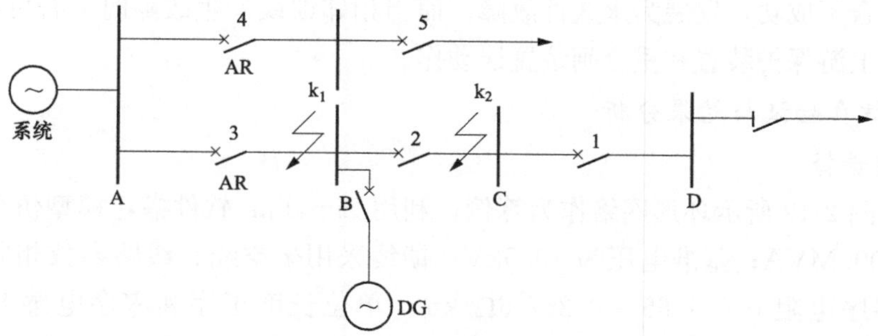

图 2-17 DG 所在馈线发生故障

图 2-17 中，两条馈线分别在保护 3、保护 4 上安装前加速自动重合闸装置 AR。配电网中无 DG 时，k_1发生瞬时性故障时，保护 3 将瞬时动作并重合，清除故障。

若 DG 处在母线 B 上，当 k_1发生瞬时性短路故障，保护 3 动作跳闸，系统不再提供故障电流，但 DG 会继续向故障点提供故障电流，短路电弧不能熄灭，以致保护 3 前加速装置重合不成功，故障有可能发展为永久性故障。同样，当 DG 下游的 k_2发生瞬时性故障时，DG 的存在也会导致重合失败。

所以，当 DG 所处馈线发生瞬时性接地故障，保护装置动作后，由于 DG 继续供出故障电流，导致重合闸失败。

2. DG 相邻馈线线路故障

DG 所处馈线的相邻馈线发生短路故障时，配电网系统如图 2-18 所示。

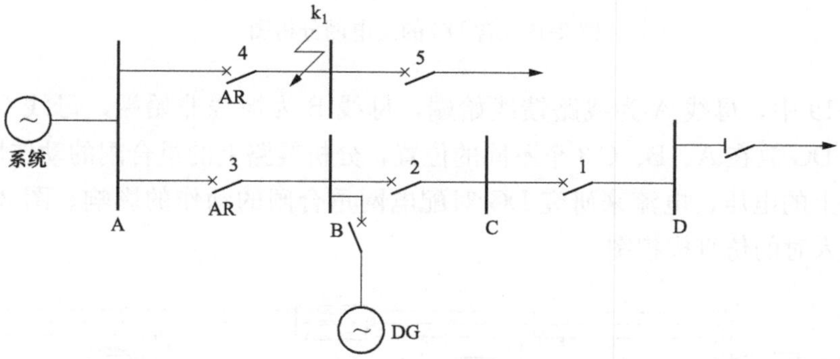

图 2-18 相邻馈线线路发生故障对重合闸影响的分析图

若 k_1发生瞬时性短路故障，保护 4 将瞬时动作切除故障并重合成功。当 k_1供出的故障电流过大时，有可能会引起本馈线上游保护 3 误动作，由于保护 3 也装设了前加速重合闸装置，也会引起保护 3 重合闸装置的误动作。

若 k_1处发生永久性短路故障，保护 4 动作后重合不成功，馈线的保护装置按照动作时限依次动作。当 k_1点在保护 4 的电流速断保护范围外时，由限时电流速断保护来切除故障，但由于 DG 的存在，在延时动作期间 DG 仍向故障点供出短路电流，可能将引起保护 3 误动作。

综合上述两种情况，DG 所在馈线发生瞬时性故障时，DG 的存在会导致前加速重合闸装置重合不成功，发展为永久性故障。而当相邻馈线发生故障时，有可能引起 DG 所在馈线的上游保护装置和重合闸装置误动作。

（二）仿真验证与结果分析

1. 参数选择

仿真以图 2-19 所示环形网络作为算例，利用 Simulink 软件搭建模型仿真。系统基准容量为 1000MVA；基准电压为 10.5kV；馈线采用架空线且线路参数相同，单位长度正序和零序电阻 0.011 65～0.267 6Ω/km，单位长度正序和零序电感 $8.679e^{-4}$～$3.008e^{-3}$ H/km，单位长度正序和零序电容 $13.41e^{-9}$～$8.57e^{-9}$ F/km。系统电源负载为 50Mvar；其他各处负载均为 200Mvar；DG 额定容量为 30MVA。

在环形配电网线路上，安排 DG 在网络中处于不同位置，当线路出现故障时，通过分析线路上的重合闸的动作情况，故障电流，线路上的电压、电流来确定 DG 对重合闸的影响。

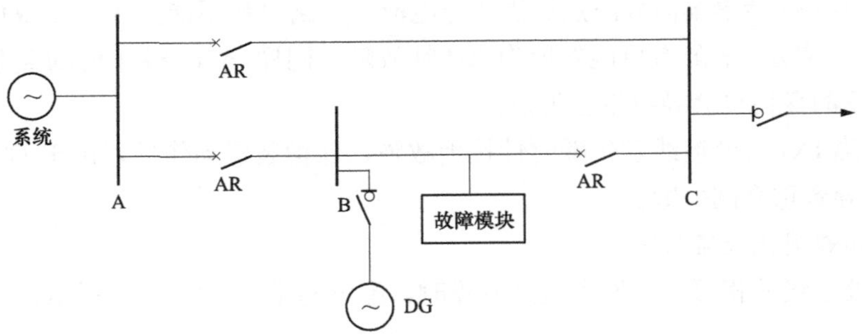

图 2-19　含 DG 的配电网分析图

在图 2-19 中，母线 A 为线路馈线始端，母线 B 为馈线非始端，母线 C 为末端馈线，通过将 DG 放在 A、B、C 3 个不同的位置，分析线路上的重合闸的动作情况，故障电流，线路上的电压、电流来研究 DG 对配电网重合闸的动作的影响。图 2-20 为配电网无 DG 接入时的仿真模拟图。

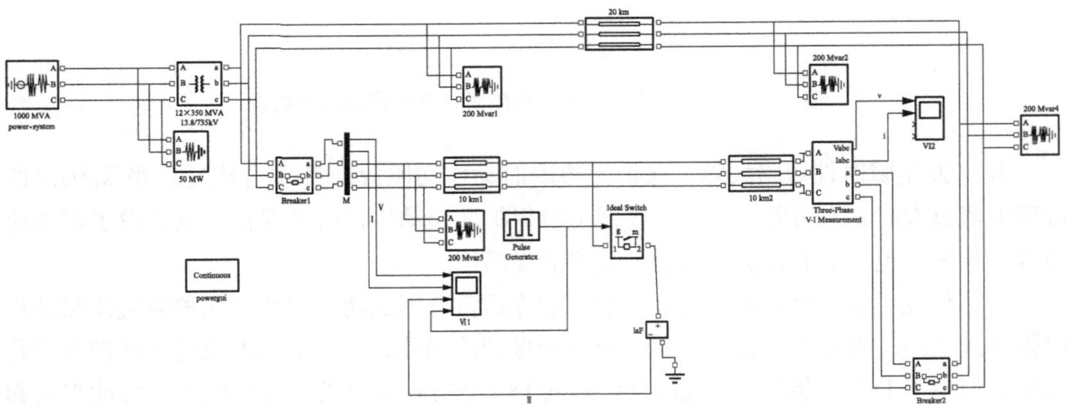

图 2-20　配电网无 DG 仿真模型

通过仿真，得到该配电网模型在无 DG 时的故障波形图，仿真结果如图 2-21 所示。从上而下测量的是线路三相电压，线路三相电流，短路点电流，断路器开断时间。A 段：0～0.1s 配电网正常运行时间；B 段：0.1～0.15s 线路故障时间；C 段：0.15～0.2s 线路故障切除时间；D 段：0.2～0.25s 故障切除，断路器断开；E 段：0.25s 之后，系统恢复正常运行。

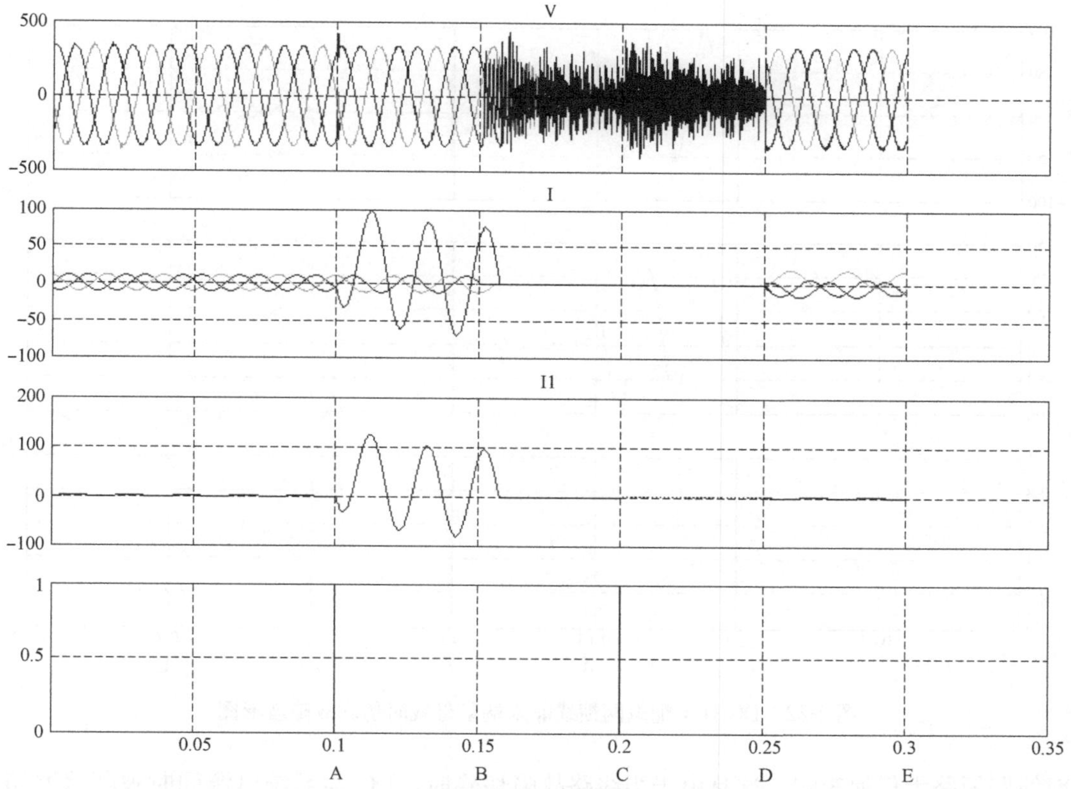

图 2-21 配电网馈无 DG 故障波形图

2. DG 处于馈线非末端某母线

图 2-22 为 DG 处于配电网馈线非末端某母线时仿真故障波形图，比较图 2-22 和图 2-21 中线路短路电流图线的 B 段和 C 段，发现 B 段为故障段，在 B 段中，系统 A 相对地有较大的短路电流，C 段为线路断路器断开，切除故障段，但明显可以观察到，当系统中存在 DG 的时候，在故障消失，断路器断开的阶段，C 段是存在短路电流的，由对比可以知道，此时的短路电流是由系统中的 DG 提供的，而且，对比 B 段可以发现，图 2-22 比图 2-21 的短路电流幅值要大，可以考虑到，在出现故障 A 相单相接地短路时，在故障未切除的过程中，DG 向系统故障点全程提供短路电流，容易引起电弧重燃，影响重合闸成功。

3. DG 处于馈线始端

图 2-23 为无 DG 在始端回馈线系统仿真图形。

由图 2-23 和图 2-21 对比可以清楚地看出，当 DG 处于系统线路始端回馈线时，DG

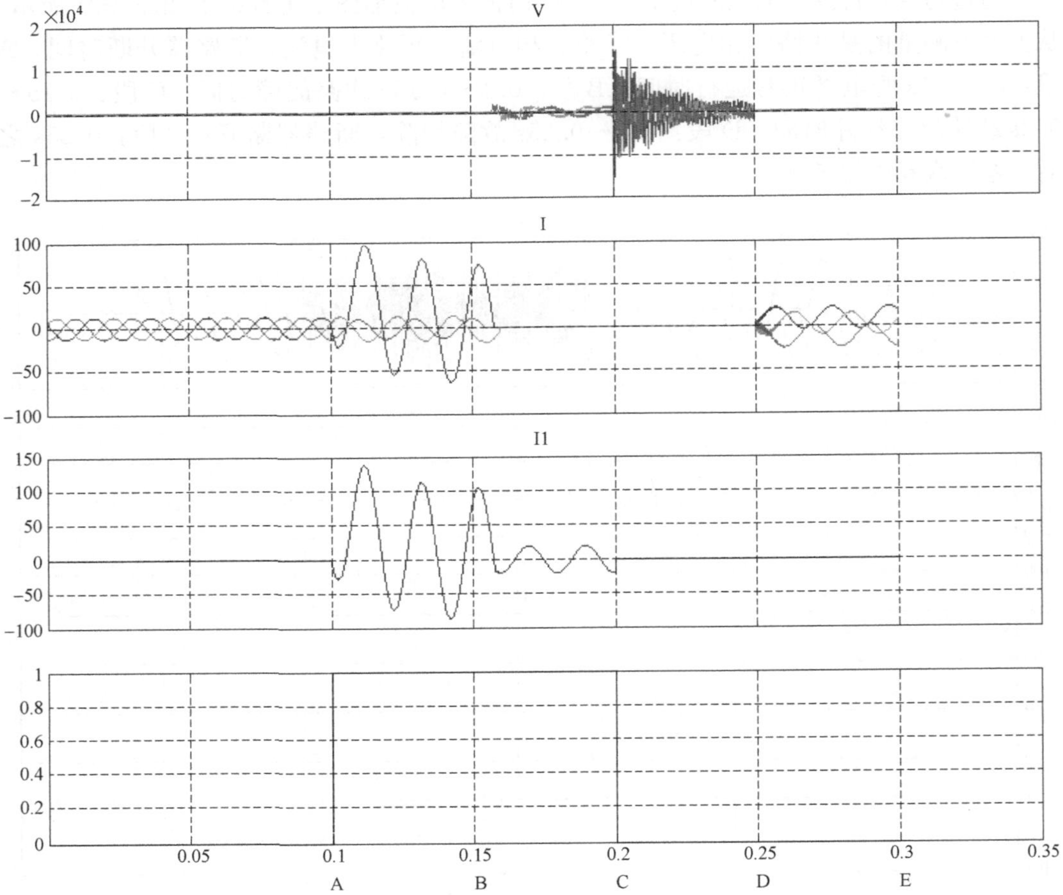

图 2-22　DG 处于配电网馈线非末端某母线时仿真故障波形图

对线路短路无任何影响。这是由于当线路故障切除时，DG 与系统电源同时被断路器切除，当 DG 被切除后，无法向线路故障点提供短路电流，因此，此种情况对系统重合闸无影响。

4. 含 DG 配电网非同期合闸

理论上，存在 2 个及以上电源的网络都存在非同期合闸问题。下面对含 DG 的配电网的非同期合闸问题进行仿真研究。

无 DG 重合闸后系统三相电流图如图 2-24 所示，含 DG 系统重合闸后系统三相电流图如图 2-25 所示。对比图 2-24 和图 2-25 可以清楚地发现，当系统不存在 DG 时，系统电流波形变化平滑、稳定，当存在 DG 时，系统重合闸后，电流波动剧烈，存在大量谐波。

分析可知，继电保护动作之后到重合闸动作之前的这段时间内，DG 有可能减速或加速运转，这时的系统侧电源与孤岛很难保持同步，两者之间会存在一个相角差。当相角差达到一定数值时，非同期重合闸就会引发相当大的冲击电压或者冲击电流，给配电网引起致命的冲击。

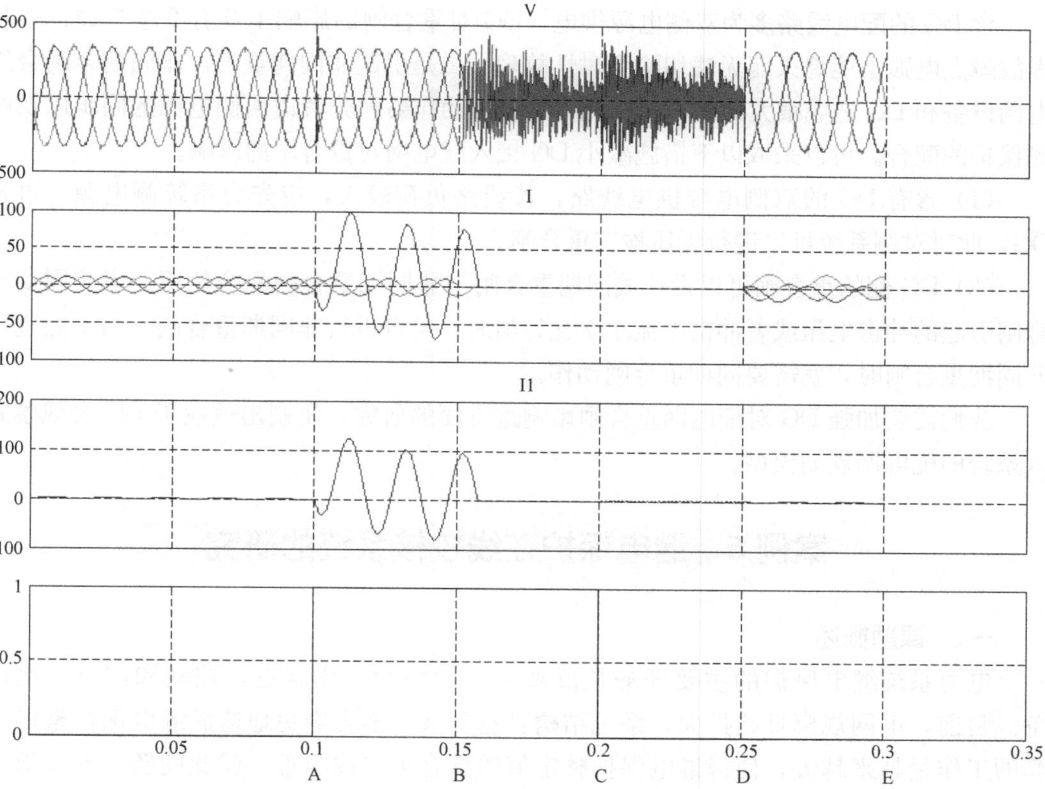

图 2-23　DG 在始端回馈线系统仿真图形

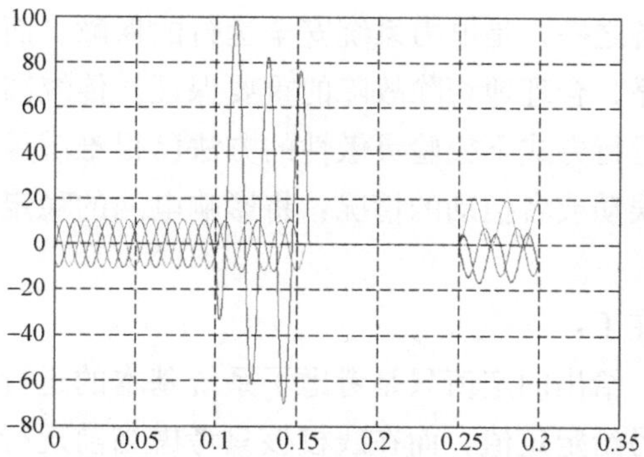

图 2-24　无 DG 重合闸后系统三相电流

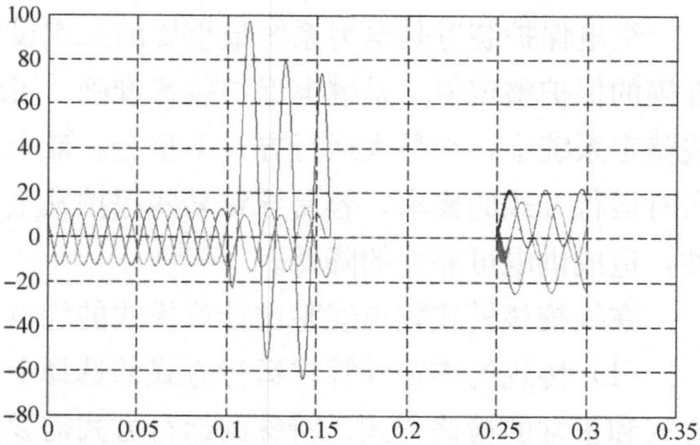

图 2-25　含 DG 系统重合闸后系统三相电流

总之，DG 处在线路始端回馈线上对线路故障基本无影响，而处在其他位置，DG 会继续提供短路电流，甚至扩大事故范围。重合闸动作需要考虑断路器绝缘恢复时间、故障点电弧熄灭时间以及两侧电源的动作时间。由于线路两端的保护会以不同的时限动作，必须保证两侧保护都动作以后重合闸才能动作，否则可能对故障线路带来再次短路冲击。

四、 课题总结

含 DG 的配电线路多为双侧电源供电，DG 对重合闸的影响主要有 2 个方面：一是因故障点电弧不能熄灭而无法切除瞬时性故障，二是引起非同期重闸，非同期合闸会给电网设备和 DG 造成很大的冲击。因此，重合闸动作要充分考虑两侧电源的同步以及两侧保护的配合。可以采取以下措施减小 DG 接入配电网对重合闸的影响。

(1) 含有 DG 的双侧电源供电线路，若线路负荷较大，应先合系统侧电源，再合 DG，此时对侧系统可以进行无压检定重合闸。

(2) DG 侧的重合闸可以设计成同期重合闸与非同期重合闸配合使用。当非同期重合闸引起的冲击电压或者冲击电流小于允许值时，可以进行非同期重合闸。当不能进行非同期重合闸时，就需要同期重合闸动作。

我们需要加强 DG 对配电网重合闸影响这方面的研究，研制出适应于 DG 大规模并入系统的配电网规划模型。

案例 5 继电保护在线校核系统的研究

一、 课题概述

电力系统继电保护的主要任务是反映一次设备的工作状态，控制和调节一次设备。目前，电网规模日趋扩大，系统结构日益复杂，不可避免地造成继电保护整定计算的工作量越来越大，使得继电保护整定值的配合越来越困难。就此问题，本文提出了解决方案并对继电保护在线校核软件的结构和功能进行了探讨，对其中关键问题进行了研究。

二、 课题背景

继电保护装置是电力系统最重要的二次设备之一，是电力系统安全运行的保障。而准确的保护整定值又是继电保护装置准确、可靠、合理地切除故障的重要保证。传统离线整定系统中，在最大运行方式下整定、最小运行方式下校验灵敏性的方法已很难满足所有运行方式的要求，容易导致某些保护发生误动或者拒动的情况，将影响电网的稳定性，造成供电可靠性的降低。

在线校核模式较离线整定计算模式的优点在于：

(1) 传统的整定计算在运行方式的选择上，给出的定值只是考虑了系统基本的运行方式和正常的检修方式，特殊的运行方式需要另给定定值，而在线校核只考虑当前运行方式下定值的合理性，能够适应当前电网存在的多运行方式的变化。

(2) 离线整定的保护定值对大多数运行方式都不是最佳定值，必然使得保护范围小、失配率高、延时长；在线校核模式是针对当前运行方式的保护定值的校核，对于当前运行方式下定值不能满足选择性和灵敏度的保护给予报警，排除保护误动和保护拒动的事故隐患。

下面介绍了继电保护在线校核系统的功能与结构，并就其实现的关键技术的解决给出了解决方法。

三、研究与分析

（一）系统介绍

所谓在线校核系统，可以从 EMS 系统获取电网运行的实时状态，当检查到电网结构发生变化后，对当前运行方式进行故障计算，对保护定值进行校核，在保护定值不满足灵敏性或选择性时可以向值班调度员发出警告信息，同时生成详细计算书供整定计算人员查阅。本系统拥有完全支持电网拓扑结构的图形环境（系统提供图形编辑环境，在制图的过程中同时自动生成描述电网构架的网络拓扑数据），在系统运行时仅需获得 EMS/SCADA 的遥测和遥信数据，即可完成系统实时状态的获取功能，为系统在实时状态下获取在校校核关心的数据及基于网络模型部分个性化的处理方法奠定了基础。

系统采用模块化设计，该系统以电网资源模型和图形工具为基础，对电力系统进行故障分析、继电保护整定以及在线校验。主要由系统维护模块、故障计算模块，整定计算模块、仿真校验模块和在线分析故障集模块构成，其整体结构如图 2-26 所示。

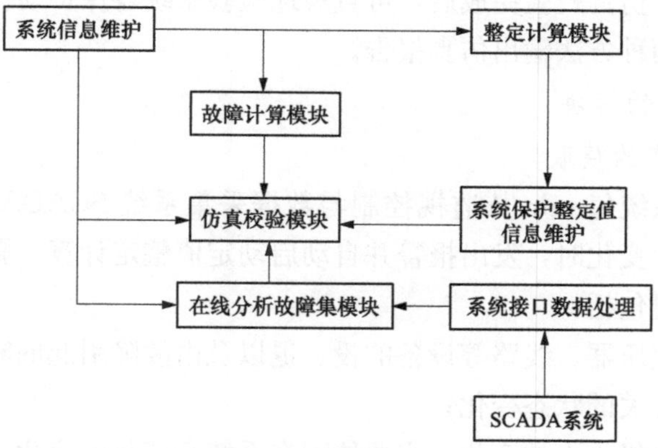

图 2-26　系统结构

1. 系统维护模块

系统维护模块通过与计算机界面的互动，录入电网资源、电网结构等，根据用户的设置合理安排电网各节点及母线的位置，通过合理的路径连接各节点、母线等，达到自动生成电网厂站图及电网系统拓扑图的目的，并能够自动生成主接线图、序网图、保护配置图，也可按照用户要求对其进行修改及打印输出等。

2. 故障计算模块

它可以单独作为电网故障分析来使用，也可以通过与保护定值项的比较，作为在线仿真校验的基础模块。该模块具有强大的故障计算功能，用户通过故障计算界面设置不同的运行方式、故障点情况、故障类型等，进行故障计算，并能输出故障计算结果，方便用户查看和分析使用。

3. 整定计算模块

该模块根据不同保护的整定原则、严格遵循《3～110kV 电网继电保护装置运行整定规程》和《220～500kV电网继电保护装置运行整定规程》的规定设计整定界面，并且允许用户结合电网的实际运行经验参与整定过程，使该系统兼顾通用性和专业性。整定计算模块包括保护配置和整定计算两部分功能，实现了电网设备保护定值的整定计算和管理。

4. 在线分析故障集模块

在线分析故障集模块可以依据电网当前运行方式和电网配置的保护类型，针对电网不同电压等级对应的常见故障过渡电阻或用户设置的典型过渡电阻的范围值等信息，自动针对保护校验生成相应的故障集，通过启动仿真功能模块完成故障集下的电网保护整定情况分析，将存在运行隐患的保护整定项以报告的形式给出，为用户进一步分析和调整保护整定值提供依据，使得保护整定值在当前运行方式下处在合理的配合状态。

5. 仿真校验模块

仿真校验模块是在线继电保护整定系统的核心组成部分，它通过比较故障计算模块提供的保护安装处故障量信息和整定计算模块提供的保护整定单信息来判断保护的动作情况是否合理。系统可根据需要在各种运行方式下设置不同的电网故障点、故障类型以及保护拒动情况等，仿真校验完成后，可直观地检验系统各保护动作配合的正确性，并能采用文字和图形两种方法输出仿真报告。

（二）关键问题的解决

1. 关于实时状态的获取

保护定值整定系统每min从监视控制与数据采集系统SCADA读取电网的实时数据，当发现电网发生变化时，发出报警并自动启动定值整定计算。影响保护定值的电网运行方式的变化主要包括：

（1）发电机、变压器、线路等设备的投、退以及由故障引起的断路器跳闸，主要体现在断路器、隔离开关的状态变化；

（2）负荷和发电机出力的变化，主要体现在系统潮流量的变化。线路电流变化可通过定值比较实现，而对于断路器变位，由实际分析我们可以获知，实时数据中仅有少量断路器或隔离开关状态发生变化，或调度员人为改变某些断路器状态，此时的网络结构相对于前一次状态并非完全改变，而是局部改变可以采取适当方法，结合电力系统自身的特点（电压等级下断路器状态变化造成的物理网络结构的变化，只能影响到本电压等级下母线模型的变化，而不能产生跨电压等级的影响），对网络进行局部拓扑处理，缩小拓扑扫描的范围，避免重新形成全网拓扑关系，从而达到快速准确反映网络接线状态的目的。

系统采用静态形成拓扑结构和动态修改拓扑结构的方法追踪断路器发生变化后的实时拓扑结构。

静态拓扑分析主要完成对电网初始状态进行全网的拓扑分析，形成电网的初始拓扑结构。静态拓扑分析包括等值节点的形成和电气岛的形成两部分。采用广度搜索的思想，以等值节点的形成为例，其流程图如图2-27所示。

动态拓扑分析主要是搜索状态变化的断路器或者隔离开关，并考虑其电压等级的因

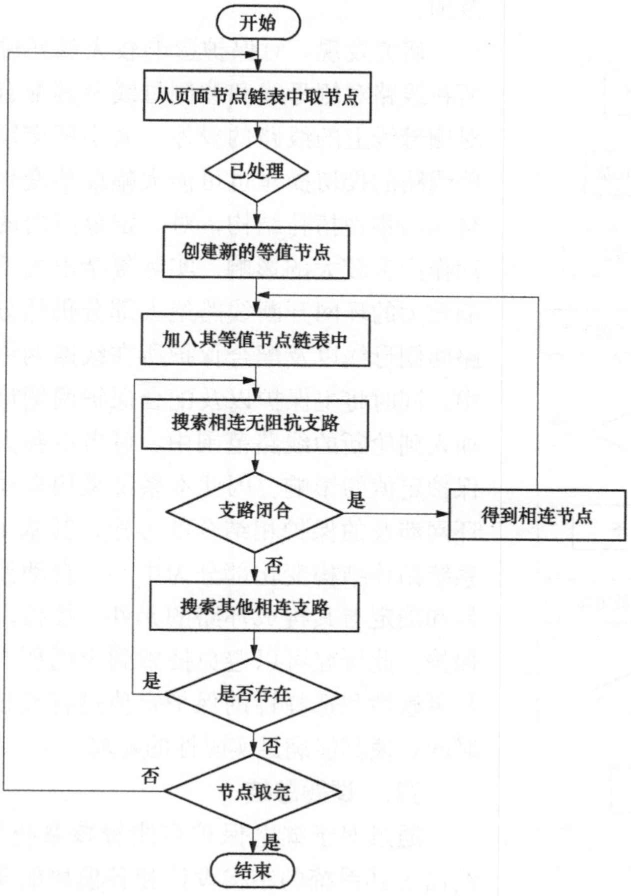

图 2-27 静态拓扑分析流程

素对初始拓扑结构进行快速的局部修改。动态拓扑分析主要分为无阻抗设备的合上和无阻抗设备的断开两种情况。其无阻抗设备操作合上的情况处理比较简单，只需通过判断无阻抗设备两端的节点所属的等值节点是否是同一个等值节点、两端的节点所属的电岛是否为同一个电岛即可。即等值节点和电气岛的变化。对于无阻抗设备断开的情况则复杂一些，动态拓扑追踪需要分析 2 个层次，即等值节点分析和等值电岛分析。以断路器的分闸操作为例说明动态拓扑追踪算法流程图如图 2-28 所示。

2. 启动在线校核的方法及影响域的确定

在线整定计算的启动方式不仅可以采用指定时间启动或者是指定时间间隔启动，还可以采用系统运行方式变化和保护投退的变化触发的启动模式，即事件启动模式。事件启动模式能实时响应系统运行方式变化和保护投退的变化所引起的保护定值的变化。

系统实际运行中，电力系统的拓扑结构变更总是局部的、小范围的，其对系统内保护定值产生的影响也是有限的、局限在一定范围内的，而这一范围外的保护定值仍然保持了良好的配合关系。因此，最好能确定拓扑结构变化影响的保护范围，即扰动域的

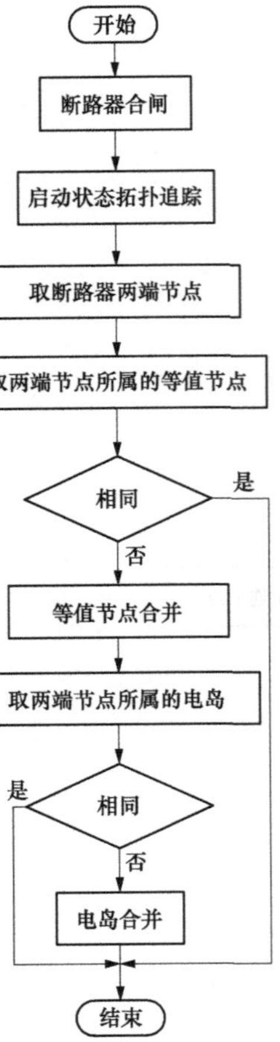

图 2-28 动态拓扑分析流程

范围。

研究发现，对保护影响较大的元件主要分布在保护所在线路对侧母线和背侧母线及其配合保护所在线路的对侧母线上的线路的投停。大小环交错的环网结构中某些线路的投切操作也可能大幅度地变更电力系统局部网络间的物理拓扑结构，对一定范围内的保护定值及正确动作产生较大的影响。实际复杂电力系统中，对保护影响较大的环网开断线路绝大部分仍然分布于保护所在线路两侧母线以及配合保护所在线路两侧母线连接的线路中。同时将主保护以及配合保护两侧母线上连接的线路加入到轮断的线路范围中，可考虑到大部分环网开断对保护定值的影响。因此本系统采用自动扩大搜索和确定环网涉及的保护相结合的方法，其基本思想是：以电力系统拓扑结构变化部分为中心，自动搜索其外层三层元件和确定与其构成环路的元件，校核以上阐述所涉及的保护。此研究可以避免搜索到全网所有范围，避免对满足灵敏性和选择性的保护定值进行校核，大大减少计算时间，使其能满足实时性的要求。

四、 课题总结

通过对于继电保护在线校核系统的软件功能分析，给出了其系统的结构设计和各模块的实现功能设计。并就其中的关键技术进行了研究，该方案结合了许多工程实际的特点，能够为在线校核软件的实用化提供很大的参考价值。

案例 6　无线传感单元 PCB 的电磁骚扰的研究

一、 课题概述

依据电磁骚扰相关理论，对带屏蔽外壳的无线温度传感单元的 PCB 及其引脚处的电磁骚扰进行了仿真研究，得到了带屏蔽外壳模型的 PCB 及其引脚处的磁场强度和表面电流的分布情况。据此，提出了抑制电磁骚扰的措施，为无线传感单元在变电站电磁环境下的电磁兼容性研究提供了理论参考依据。

二、 课题背景

随着我国电力事业的快速发展，国家电网公司提出了以“感、传、知”为特征的“物联网技术”研究规划，这对于加强中国智能电网建设具有重大意义。无线传感单元作为组成物联网的关键环节，取代传统的电缆通信方式应用到电力设备状态监测中，可以方便地获取电力设备状态信息，同时减少了变电站的复杂度和连接隐患，便于维护。

印制电路板（printed circuit board，PCB）是无线传感单元的主要装配方式。PCB 电磁兼容性能的高低是衡量无线传感单元质量的一个重要指标。PCB 的板材一般为绝缘材料，在绝缘材料上按照设计好的电路放置电子元器件，以实现线路板的通信、电气连接等功能。在设计电路板时，经常涉及电磁兼容问题，一块好的 PCB 板必须具有良好的电磁兼容性才能正常发挥功能。

电磁干扰（electromagnetic interference，EMI）是一种电磁能量，它对电磁设备的通信功能起到阻碍、中断和限制作用，甚至引起传输通道或系统性能的下降。

无线传感单元采用微型电池提供运行所需要的能量，当无线传感单元在变电站复杂工况下工作时，骚扰源主要以辐射耦合对其正常工作造成影响。当电磁骚扰源照射到无线传感单元时，将会在 PCB 和芯片引脚上产生感应电压和感应电流。较大的感应电压和感应电流会导致传感单元无线通信中断。本文研究无线传感单元在变电站中的抗电磁干扰问题，以分析骚扰源对无线传感单元 PCB 和芯片引脚的影响。

三、 研究与分析

（一）PCB 的电磁骚扰仿真软件

采用基于有限积分理论的 CST 软件进行电磁场仿真。CST 微波工作室软件是专业的高频组件三维电磁波仿真工具，是专用于微波无源器件及 PCB 板设计与分析的软件包。CST 基于通用的三维算法即有限积分法，它能够处理几乎所有的电磁场仿真问题。利用 CST 软件进行仿真的步骤为：

（1）构建物联网无线传感单元 PCB 板加屏蔽外壳和不加屏蔽外壳模型；

（2）模拟仿真在 2.4GHz 频率下，将不同照射方向和极化方向的平面波照射到 PCB 板级上，分析 PCB 上及芯片引脚处电磁场场强、感应电压和表面电流流动情况。

（3）根据仿真实验结果，利用 Matlab 软件对引脚处电磁骚扰情况进行分析。

本文通过改变平面波的照射方向和电场极化方向，对无线传感单元 PCB 和芯片引脚处电磁骚扰情况进行分析。

（二）平面波沿－Y 轴照射，电场极化方向沿＋X 轴

利用 CST 建立的带屏蔽外壳的无线温度传感器模型如图 2-29 所示。仿真的边界条件定义为辐射边界，相当于整个模型被嵌入在一个理想的开阔空间场里。频率范围设置为 0～3.12GHz；激励源设置为平面波，平面波的电场强度为 100V/m；激励信号设置为局部放电信号。

该仿真一共设置了 7 个电压探头用来探测 PCB 板各个区域产生的感应电压幅值。探头的添加情况如图 2-30 所示，其中 Voltage1 为天线顶端处探头；Voltage2 为长回路导线处探头；Voltage3 为大芯片元件引脚处探头；Voltage4、Voltage5 为中型芯片引脚处探头；Voltage6、Voltage7 为较小型芯片引脚处探头。

平面波沿－Y 轴方向照射到无屏蔽无线温度传感单元上，平面波的电场强度为 100V/m，电场极化方向沿＋X 轴，如图 2-31 箭头所示。频率为 2.4GHz 面板的场强分布情况如图 2-32 所示。通过仿真得到的探头处感应电压幅值如图 2-33 所示。

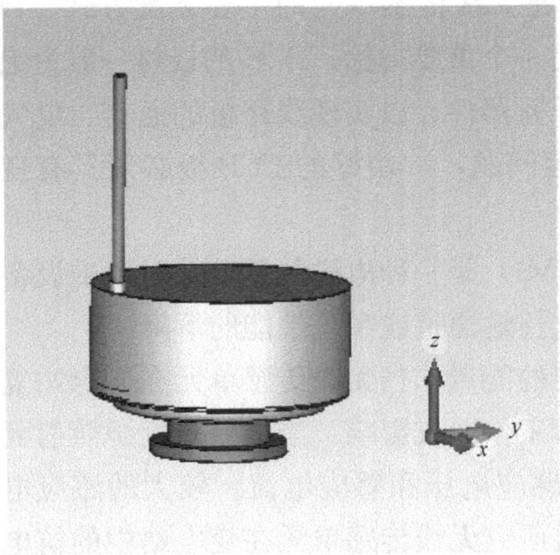

图 2-29 带屏蔽外壳模型

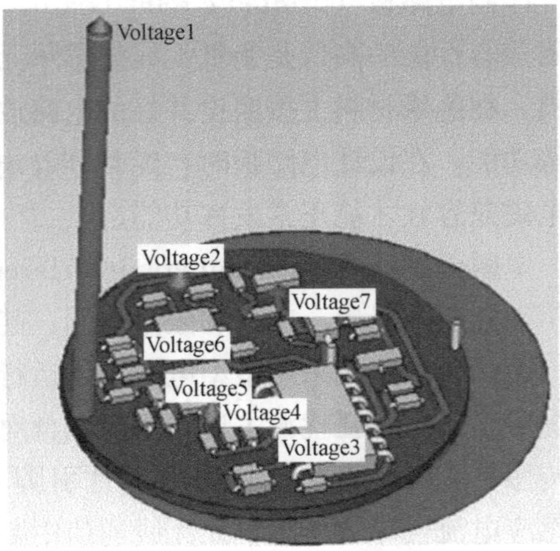

图 2-30 探头添加情况

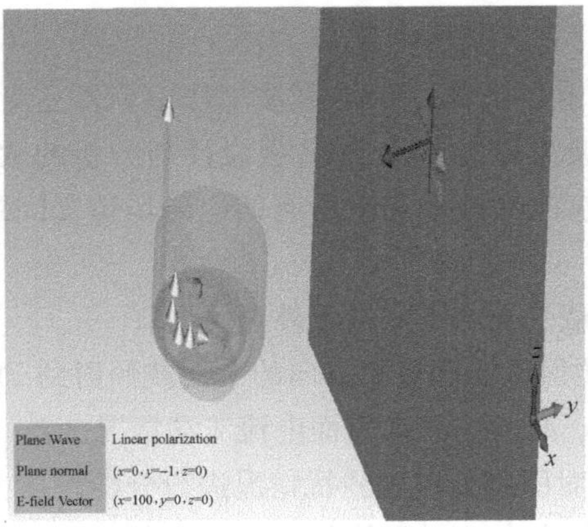

图 2-31 平面波照射方向和电场极化方向图

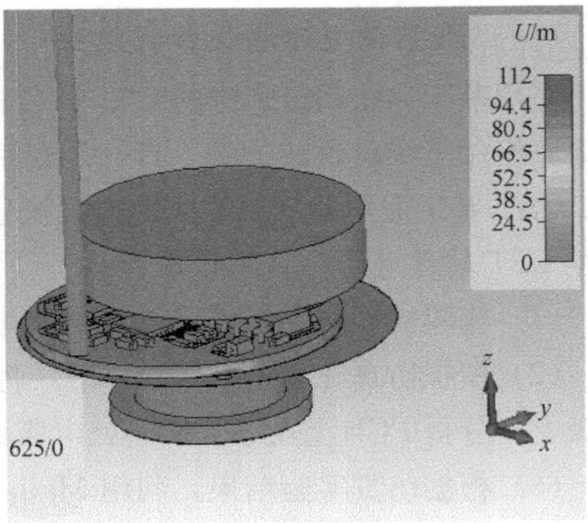

图 2-32 2.4GHz 面板的场强分布

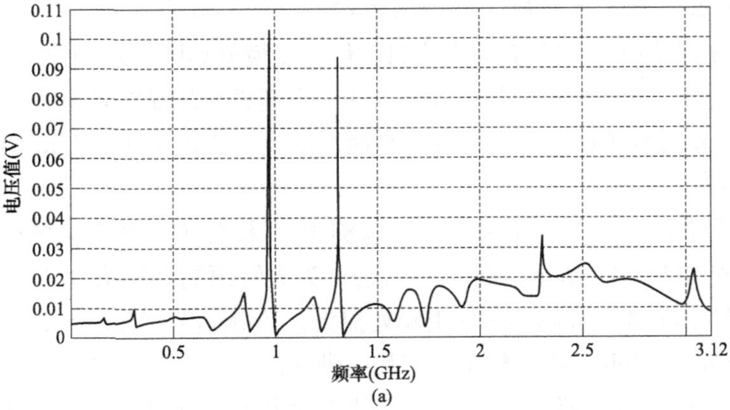

图 2-33 探头处的感应电压幅值（一）

(a) 探头 1 感应电压幅值

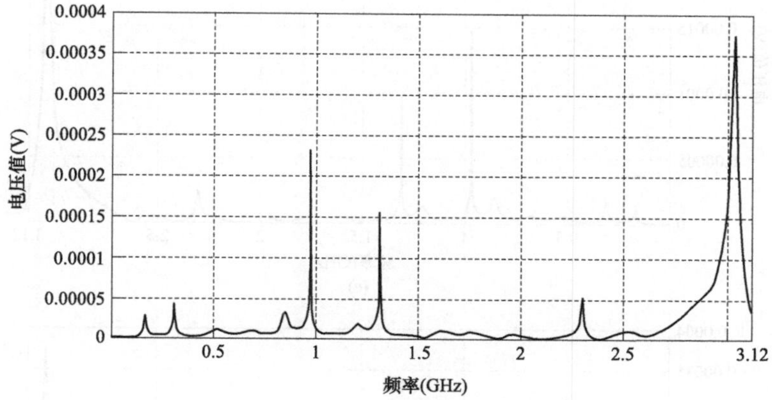

(b)

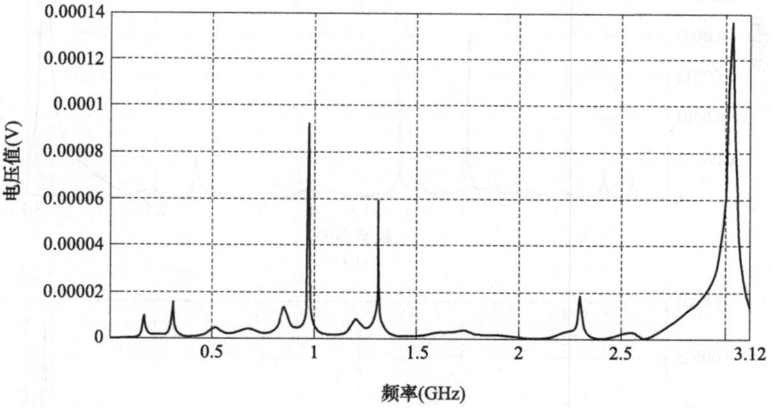

(c)

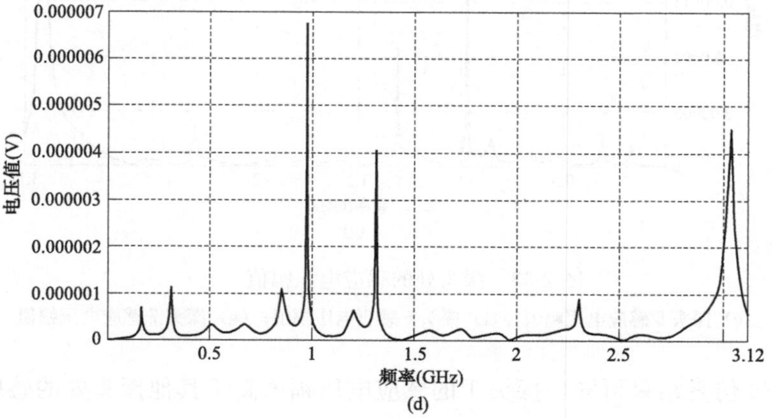

(d)

图 2-33 探头处的感应电压幅值（二）

（b）探头 2 感应电压幅值；（c）探头 3 感应电压幅值；（d）探头 4 感应电压幅值

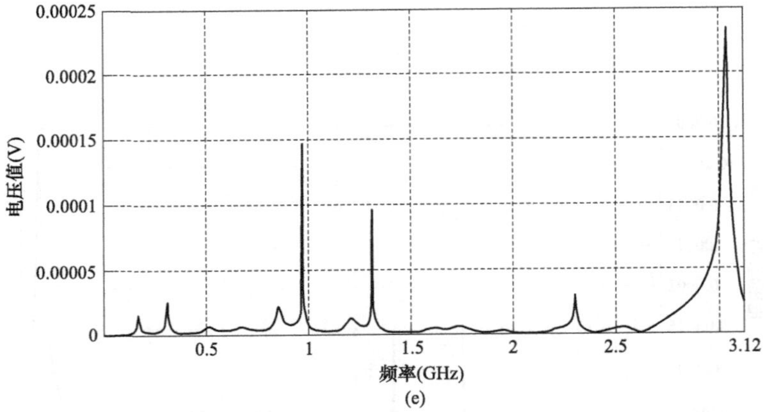

(e)

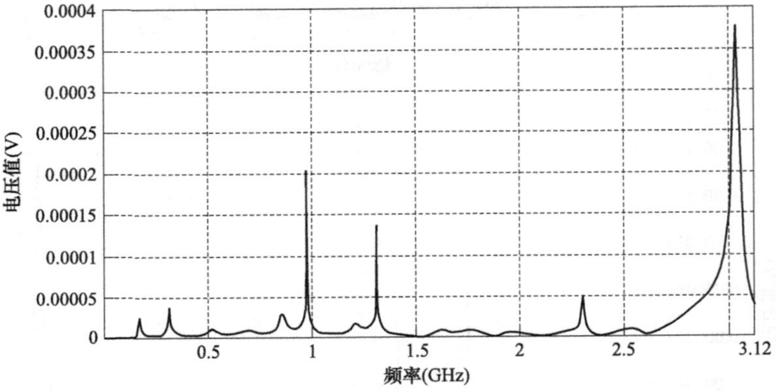

(f)

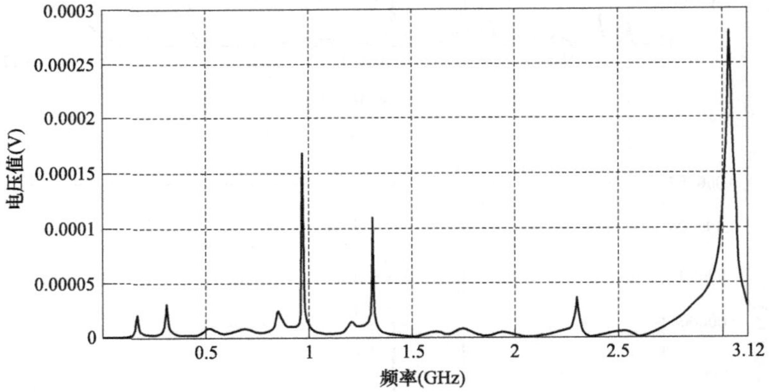

(g)

图 2-33 探头处的感应电压幅值（三）

（e）探头 5 感应电压幅值；（f）探头 6 感应电压幅值；（g）探头 7 感应电压幅值

由图 2-33 仿真结果可知，探头 1 的感应电压幅值高于其他探头处的感应电压幅值，且最大感应电压幅值所在频点与其他探头不同，最大感应电压出现在频点 0.97GHz 处，大小为 0.102V。其他探头的最大感应电压出现的频点是 3.03GHz，探头 2 到探头 7 的最大感应电压分别为 0.377mV、0.136mV、0.005mV、0.234mV、0.375mV、0.278mV。对于各个探头，在0.97GHz、1.31GHz、2.30GHz、3.03GHz频点处感应电压幅值也相对较大。此时，2.4GHz频点感应磁场强度和表面电流流动情况如图2-34所示。

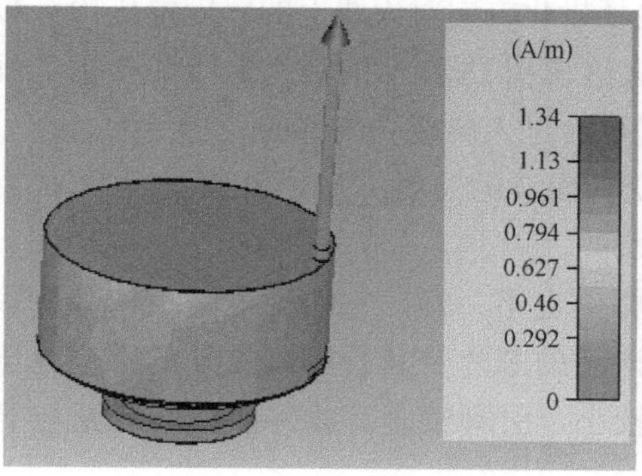

(a)

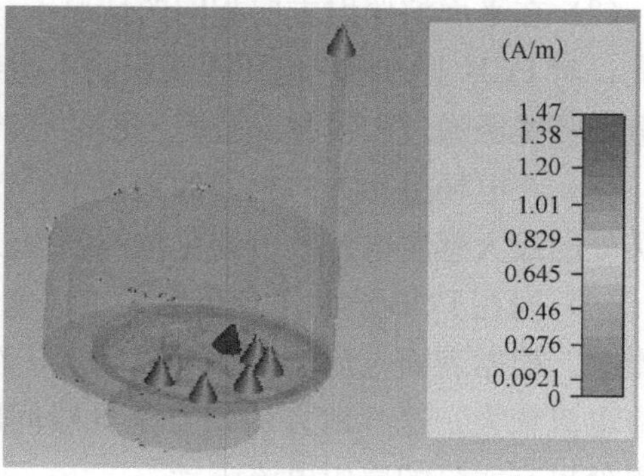

(b)

图2-34 2.4GHz磁场强度和表面电流流动图
(a) 磁场强度图；(b) 表面电流流动图

从图2-35可以看出，在PCB和芯片引脚上，感应电压和感应电流非常小，由于外壳的屏蔽作用，表面电流在屏蔽外壳表面上流动。

电磁波能量被天线接收后，会在天线上出现感应电压和骚扰电流，从而导致无线温度传感单元传输数据丢包、延时等。此时，由于电场极化方向与天线极化方向垂直，天线接收的能量较小。

（三）改变平面波照射方向和电场极化方向

针对带屏蔽外壳的无线温度传感单元模型，再次改变其平面波的照射方向和电场极化方向，在以下3种情况进行仿真。

(1) 平面波沿－Y轴照射，电场极化方向沿＋Z轴。

(2) 平面波沿＋Y轴照射，电场极化方向沿＋Z轴。

(3) 平面波沿＋Y轴照射，电场极化方向沿＋X轴。

通过对仿真结果进行比较，得出7个探头处的最大感应电压幅值如表2-8所示。

表2-8 探头感应电压幅值对照表

照射方向	电场极化方向	探头位置						
		探头1	探头2	探头3	探头4	探头5	探头6	探头7
－Y	＋X	0.102V	0.377mV	0.316mV	0.005mV	0.234mV	0.375mV	0.278mV
－Y	＋Z	42.67V	0.329mV	0.116mV	0.007mV	0.201mV	0.322mV	0.236mV
＋Y	＋X	0.085V	0.549mV	0.197mV	0.007mV	0.341mV	0.544mV	0.404mV
＋Y	＋Z	44.22V	0.618mV	0.217mV	0.012mV	0.377mV	0.607mV	0.441mV

由表2-8的数据分析可得：

(1) 在平面波照射方向相同的情况下，当天线的极化方向和电场极化方向一致时，天线接收能量较大，产生的感应电压相对较大；当天线的极化方向和电场极化方向互相垂直时，天线接收能量相对减弱，产生的感应电压相对较小。因此，骚扰源的电场极化方向对天线的电磁干扰程度有重要的影响。

（2）在平面波照射方向相同的情况下，电场极化方向对天线上的感应电压探头影响很大，对 PCB 上的感应电压探头影响不明显。这说明 PCB 上的骚扰电压和骚扰电流是外电场骚扰源通过天线或屏蔽壳上面的孔缝等耦合进入屏蔽壳内部的。

（3）在电场极化方向相同的情况下，改变平面波的照射方向，可以发现 PCB 上各探头处的最大感应电压数值变化范围相对较大。

（4）同在 PCB 上面的各个探头感应电压幅值也不一样，它们受电路结构等诸多因素影响。根据表面电流流动图可以发现，在 PCB 的芯片及其管脚密集处的感应电压和感应电流较大。这些地方的特点是导线间距较小，引脚较多。此外，在屏蔽壳与 PCB 交界处也有明显的感应电流流动。

（四）理论分析

相关文献指出，在 PCB 电路中存在电磁干扰的根本原因是 PCB 电路中存在时变的电流。时变电流通常存在于小电流环即磁流元的磁场源中。通过分析小电流环（磁流元）的天线辐射特性，指出 PCB 中电流回路产生的电场和磁场与以下 6 个因素有关：

（1）小电流环流过的电流 I。

（2）源的辐射方向与测量点位置间的关系 θ。

（3）回路的尺寸 S。

（4）小电流环到辐射场的距离 r。

（5）小电流环的波长 λ，或电磁波的频率 f，频率越高，辐射越强。

（6）波阻抗 Z，Z 与空间媒质有关，媒质不同，介电常数和磁导率则不同。

在以上几个因素中，流过小电流环的电流 I、源的辐射方向与测量点位置间的角度 θ、回路的尺寸 S 和小电流环到辐射场的距离 r 这 4 个变量都是可以控制的。如减小流过小电流环的电流，或控制源的辐射方向与测量点位置间的角度，减小回路的尺寸，增大小电流环到辐射场的距离 r，都可以减小辐射电场或磁场的强度。

（五）电磁骚扰的抑制措施

为有效地解决 PCB 的电磁骚扰问题，应从与辐射电场或磁场有关的、可控制的 4 个因素（I，θ，S 和 r）出发进行设计。具体可从减少设备辐射、增强设备抗干扰能力和切断辐射的耦合着手。其中，减少设备辐射和增强设备抗干扰能力的主要途径是改进 PCB 的布线，而切断辐射耦合的主要途径是电磁屏蔽。

PCB 板的抗骚扰措施：

（1）PCB 板要采用单点接地法。尽量减小接地环路的面积，降低电路中的感应噪声。

（2）布线层要单独隔开。尽量避免互相平行的走线布线，在 PCB 布线空间允许的情况下，两条走线的间距要尽量宽。

（3）对电源线的宽度进行加粗，减少环路电阻。同时使电源线、地线的走向和数据传递的方向一致，这样有助于增强抗噪声能力。

（4）加强信号与地面之间的间隔和距离控制。

四、 课题总结

本文利用 CST 微波工作室软件对无线温度传感单元进行了仿真，得出了带屏蔽外壳模型的 PCB 及其引脚处的磁场强度和表面电流的分布情况，并指出 PCB 中电流回路产生的电场和磁场与上述 6 个因素有关。因此，为有效地解决 PCB 的电磁骚扰问题，提出了抑制电磁骚扰的相应措施。以为今后无线传感单元在变电站电磁环境下的电磁兼容性研究提供理论性参考依据。

案例 7 风光互补发电系统经济调度的研究

一、 课题概述

介绍了风光互补发电系统的构成，并对其经济调度模型进行了研究。本文采用遗传算法对风光互补发电系统经济调度模型进行了优化并且仿真，仿真结果验证了所提算法的正确性、有效性。

二、 课题背景

随着环境问题与能源危机日益突出，光伏发电和风力发电已经成为广泛应用的新能源发电技术。但是，大规模的单一风电并网和光伏并网会对系统带来不确定因素，影响系统的稳定运行。考虑到风能和太阳能在时间和空间上均具有互补特性，而且风电和光电系统在蓄电池组和逆变环节可以通用，所以建立风光互补发电系统在技术应用上成为可能。这样，寻找风光互补发电系统经济调度策略的研究就显得十分迫切和重要。

三、 研究与分析

（一）风光互补发电系统

风光互补发电系统是将风能和太阳能有机结合，利用各自能源的优势，实现自然资源配置、技术方案整合等方面的互补，较单一的能源相比有很好的能量输出。

并网式风光互补发电系统一般有两种形式：可调度式（带有蓄电池）与不可调度式（不带蓄电池），图 2-35 为典型的可调度式风光互补发电结构示意图。

如图 2-35 所示，整个系统由能量产生环节、能量存储环节、能量消耗环节三部分组成。其中，能量的产生环节又分为风力发电和光伏发电部分，分别将风力、日照资源转化为高品位的电力能源；能量的存储环节由蓄电池来承担；当地电网的交流负载以及网内其他电力设备构成了能量消耗环节。

（二）风光互补发电系统经济调度模型

在具有公共电网的地区，光伏发电系统和风力发电系统与电网连接并网运行，可以省去储能装置，大幅度降低造价，而且具有更高的发电效率和更好的环保性能。所以本文建立的风光互补并网发电系统结构进行了简化，没有考虑蓄电池。

在传统的电力系统调度中，火电机组的发电成本没有体现出火电机组排除的大量废气对环境的污染成本。而当风力发电、光伏发电接入系统时，由于其成本较高，需考虑

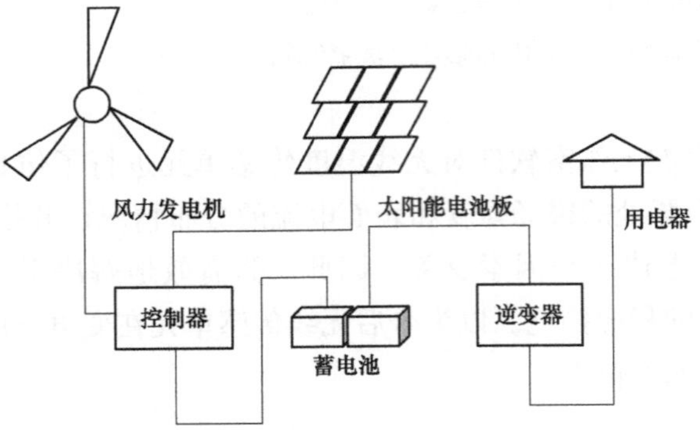

图 2-35 风光互补发电系统图

到发电机组的环境效益，从而引入环境污染惩罚成本 C_{EPi}。

$$C_{EPi}=\eta_{EPi}\times S_{Ni} \tag{2-8}$$

式中 C_{EPi}——环境惩罚成本；

η_{EPi}——环境惩罚成本系数；

S_{Ni}——火电机组 i 的排污量。

S_{Ni} 与发电功率 P_{Gi} 成二次函数关系，即

$$S_{Ni}=\alpha_i+\beta_i P_{Gi}+\gamma_i P_{Gi}^2 \tag{2-9}$$

式中 α_i，β_i，γ_i——火电机组 i 的排污特性系数。

火电机组的发电成本 C_{Gi} 为发电成本 C_{BGi} 和环境惩罚成本 C_{EPi} 之和，即

$$C_{Gi}=C_{BGi}+C_{EPi}=a_i+b_i P_{Gi}+c_i P_{Gi}^2+C_{EPi} \tag{2-10}$$

式中 a_i，b_i，c_i——火电机组 i 的成本系数。

风电接入电网会影响电网的安全稳定运行，引起备用容量的变化；引入备用容量惩罚成本，即

$$C_{RWj}=\rho_{RWj}[\min(0,P_{Wj}-P_{Wja})] \tag{2-11}$$

式中 ρ_{RWj}——风电备用容量惩罚系数；

P_{Wja}——风电机组 j 计划发电量；

P_{Wj}——风电机组 j 实际发电量。

风力发电成本为

$$C_{Wj}=C_{BWj}+C_{RWj}=\eta_{Wj}P_{Wj}+C_{RWj} \tag{2-12}$$

式中 η_{Wj}——成本系数；

P_{Wj}——风电机组 j 的发电出力。

光伏的发电成本函数与风力发电类似，同样引入备用容量惩罚成本，即

$$C_{RPm}=\rho_{RPm}[\min(0,P_{Pm}-P_{Pma})] \tag{2-13}$$

式中 ρ_{RPm}——备用容量惩罚系数；

P_{Pma}——光伏机组 m 计划发电量；

P_{Pm}——光伏机组 m 实际发电量。

光伏发电成本为

$$C_{Pm}=C_{BPm}+C_{RPm}=\eta_{Pm}P_{Pm}+C_{RPm} \tag{2-14}$$

式中 η_{Pm}——成本系数；

P_{Pm}——光伏机组 m 的发电出力。

系统的总发电成本为

$$\sum_{t=1}^{T}\sum_{i=1}^{N}U_{it}C_{Gi}+\sum_{t=1}^{T}\sum_{j=1}^{M}K_{jt}C_{wj}+\sum_{t=1}^{T}\sum_{m=1}^{L}J_{Pt}C_{Pm} \tag{2-15}$$

所以目标函数为

$$\min(\sum_{t=1}^{T}\sum_{i=1}^{N}U_{it}C_{Gi}+\sum_{t=1}^{T}\sum_{j=1}^{M}K_{jt}C_{wj}+\sum_{t=1}^{T}\sum_{m=1}^{L}J_{mt}C_{Pm}) \tag{2-16}$$

式中 U_{it}、K_{jt} 和 J_{mt}——启停变量；

N、M、L——火电、风电、光伏机组的个数。

功率平衡约束条件为

$$\sum_{i=1}^{N}P_{Gi}+\sum_{j=1}^{M}P_{wj}+\sum_{m=1}^{L}P_{Pm}=P_{Dt} \tag{2-17}$$

机组出力上下限约束条件为

$$\left.\begin{array}{l}P_{Git}^{\min}\leqslant P_{Git}\leqslant P_{Git}^{\max}\\P_{Wjt}^{\min}\leqslant P_{Wjt}\leqslant P_{Wjt}^{\max}\\P_{Pmt}^{\min}\leqslant P_{Pmt}\leqslant P_{Pmt}^{\max}\end{array}\right\} \tag{2-18}$$

式（2-16）~式（2-18）为含有风电、光伏和火电机组的电力系统考虑环境效益和备用容量变化的经济调度模型。

（三）风光互补发电系统经济调度策略

目前，应用于经济调度的优化算法主要有遗传算法、直接搜索算法、模拟退火算法、进化规划算法和粒子群算法等及其改进算法。

其中，遗传算法（Genetic Algorithm）是基于进化论的原理发展起来的一种广为应用，高效地随机搜索与优化的方法，它也是解决经济调度问题的最为有效的算法之一。

因此，本文采用遗传算法对发电系统经济调度模型进行优化计算。优化算法如下：

（1）确定参数值：给出种群规模 N、杂交概率 P_c、繁殖概率 P_r 及演化代数 T。

（2）初始化种群：为使初始种群更具全局性，采用均匀设计法产生初始种群 $P(0)$，$t=0$。

（3）while（若代数 t 不等于 T 或连续几个适应度函数值相差不小于 $\varepsilon=10^{-3}$）

{计算个体适应度函数值，并根据适应值及选择策略确定 $P(t)$ 内的每个个体的选择概率 P_i；

for($k=0$；$k<N$；$k=k+2$)

{随机地产生变量 r；

按照选择概率，从当前种群 $P(t)$ 中选择 2 个父体；if($r\leqslant P_r$)

执行繁殖操作，将 2 个个体不变地插入到种群 $P(t+1)$ 中；

else if($r\leqslant P_r+P_c$)

执行杂交操作，并将其后代加到种群 $P(t+1)$ 中；

else 对 2 个父体分别进行变异. 并将变异结果加到种群 $P(t+1)$ 中；}

$t=t+1$;}

（四）算例及仿真结果

选取 IEEE30 测试系统，仿真模型的系统结构如图 2-36 所示。

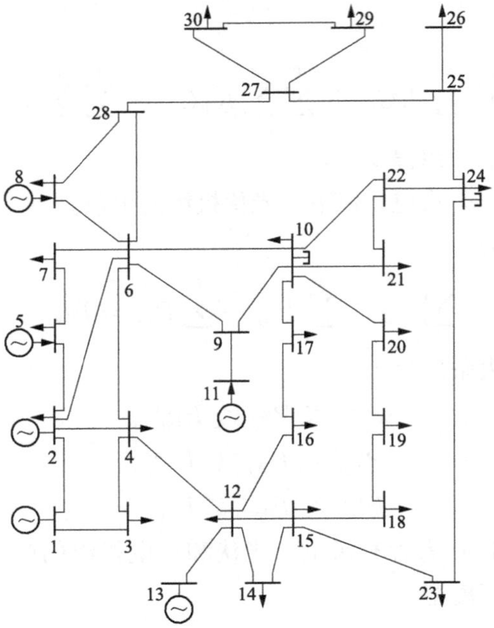

图 2-36 IEEE30 电力系统结构图

假设风电场在 13 节点接入系统，光伏在 11 节点接入系统，1、2、5、8 节点发电机组均为火力发电机组。风电运行成本系数 η_w 取 300 美元/MW；光伏运行成本系数 η_P 取 400 美元/MW；火电环境成本系数 η_{EPi} 取 5 美元/tCO_2；风电备用容量补偿成本系数 ρ_{RW} 取 200 美元/MW；光伏备用容量补偿成本系数 ρ_{RP} 取 200 美元/MW。火力发电机组和风电场的相关参数分别见表 2-9 和表 2-10。

表 2-9 火力发电机组及风电场和光伏电场运行成本特性参数和出力极限值

节点	a_i	b_i	c_i	P_{Git}^{min}	P_{Git}^{max}
1	10	200	100	0.05	0.5
2	10	150	120	0.05	0.6
5	20	180	40	0.05	1.0
8	10	100	60	0.05	1.2
11	—	—	—	0	1.0
13	—	—	—	0	0.6

表 2-10 火力发电机组排污特性参数

节点	α_i	β_i	γ_i
1	4.1	−5.6	6.5
2	2.5	−6.0	6.0
5	4.3	−5.8	5.0
8	5.4	−3.5	4.5

构建目标函数：

火电机组的发电成本为

$$\sum_{i=1}^{4} C_{Gi} = 10 + 200P_{G1} + 100P_{G1}^2 + 10 + 150P_{G2} + 120P_{G2}^2 + 20 + 180P_{G3} + 40P_{G3}^2 + 10 + 100P_{G4} + 60P_{G4}^2 + 5\times(4.1 - 5.6P_{G1} + 6.5P_{G1}^2 + 2.5 - 6.0P_{G2} + 6.0P_{G2}^2 + 4.3 - 5.8P_{G3} + 5.0P_{G3}^2 + 5.4 - 3.5P_{G4} + 4.5P_{G4}^2) \tag{2-19}$$

风电机组的发电成本为

$$C_W = C_{BW} + C_{RW} = 300P_W + 200[\min(0, P_W - 0.6)] \tag{2-20}$$

光伏的发电成本为

$$C_P = C_{BP} + C_{RP} = 400P_P + 200[\min(0, P_P - 0.5)] \tag{2-21}$$

总成本为以上三者之和，即为目标函数

$$\min C_{SUM} = \sum_{i=1}^{4} C_{Gi} + C_W + C_P \tag{2-22}$$

夏季某日一天当中的风电和光伏功率及两者之和随时间变化的曲线如图 2-37 所示。

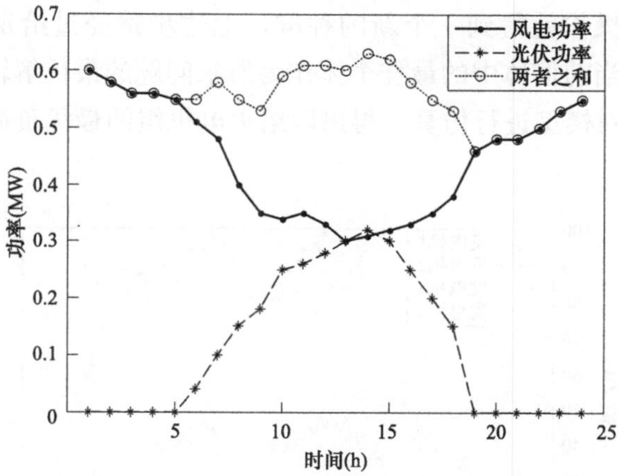

图 2-37 夏季某日的风电和光伏预测功率及两者之和的曲线

从图 2-37 可以看出，风电的特点一般是夜间高于白天，光伏的特点是夜间没有，午后最高。所以两者恰好具有互补特性。所以把风电和光伏接在一个电力系统里使得这 2 个波动性很大的电源结合起来以后波动并不是很大。

该天的负荷功率预测曲线如图 2-38 所示。

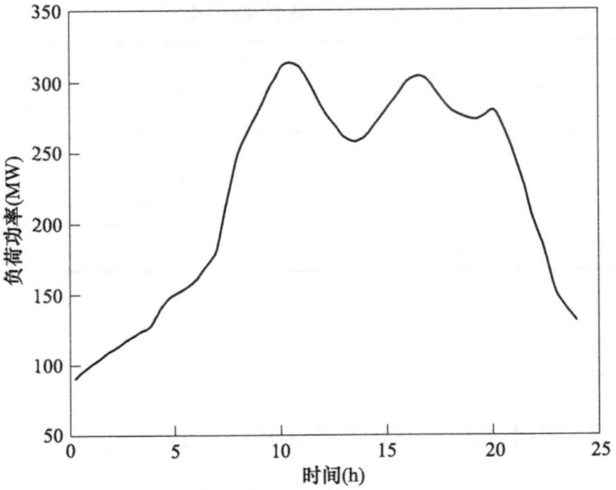

图 2-38 某日负荷功率预测曲线

对于遗传算法而言，适应度函数的选取至关重要。本文仿真所选取的目标函数为系统的发电总成本，即为适应度函数。初始种群采用完全随机的方法产生，种群的大小取200。在此初始种群的基础上进行遗传算法的选择、交换、变异操作。

选择操作的目的是把优化的个体直接遗传到下一代，或通过配对交换产生新的个体，再遗传到下一代。本文采用随机遍历抽样法，即当设定 M 为需要选择的个体数目时，等距离选择个体，选择指针的距离为 $1/M$。

按交换概率 0.75 把 2 个母个体的部分结构加以交换重组而生成新个体。重组之后的子代以 0.05 的概率产生变异。本文采用群体代数超过预先设定值作为优化准则。经过选择、交换和变异操作就得到一个新的种群，上述步骤经过给定的循环次数 200 次后，算法终止，并将当前群体中的最佳个体作为所求问题的最优解输出。

在 MATLAB 下对模型进行仿真，得出四组火电机组的最优负荷分配情况，如图 2-39 所示。

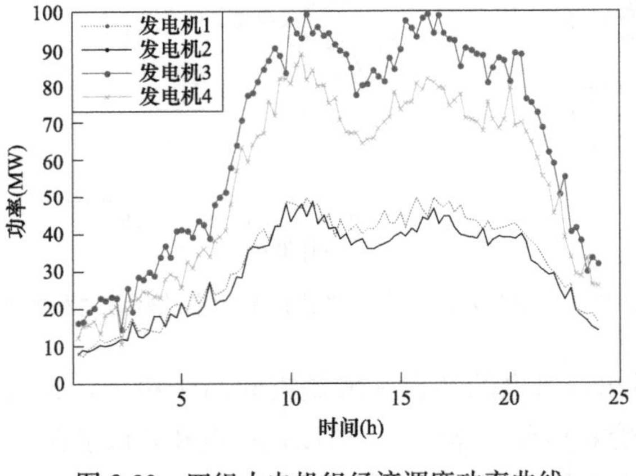

图 2-39 四组火电机组经济调度功率曲线

系统机组的最优配置情况是：火电机组 5 台、风力发电机 32 台、太阳能光伏电池 109 个。此时系统的总净现值最大，为 3 788 748 元。其中，接入的太阳能电池在 STC 下的输出功率是 300W。系统的不同配置与系统总净现值的关系如表 2-11 所示。

表 2-11　　风光互补供电系统不同配置结果

配置方案	火力发电机台数	风力发电机台数	太阳能电池个数	总净现值（元）
1	8	38	0	3 456 210
2	8	38	0	3 548 185
3	10	38	0	3 505 413
4	5	32	105	3 752 670
5	4	32	119	3 717 421
6	5	30	142	3 643 960

由表 2-11，配置 4 与遗传算法的最优解最为接近。通过比较第 1～6 种配置方案可知，对太阳能光伏阵列和风力发电机进行优化配置，提高太阳能和风能所占比例，减少火力机组所占份额，系统的总净现值明显增加，这说明风光互补达到了降低成本的目的。

进一步与常规机组出力比较，风光互补并入电网进行互补调度后，虽然风电场和光伏电站的出力波动增加了，但是其整体出力却表现相对平稳。这样就大大减弱了单一风电场或者光伏变电站输出功率的大幅度波动问题给电力系统调度造成的不利影响。同时，风光互补并网后总成本明显降低。

四、　课题总结

本文介绍了风光互补发电系统的基本组成，建立了计及环境效益和惩罚成本的经济调度模型，采用遗传算法计算出了模型系统火电机组的最优负荷分配情况。仿真结果表明，经济调度后的系统总净现值增加，总成本明显降低。文章为风光互补发电系统经济调度提供了理论性参考依据。

案例 8　光伏发电系统中滤波器的设计

一、　课题概述

太阳能作为一种可再生能源有着广阔的应用前景，光伏发电技术也越来越受到人们的关注。针对光伏并网发电系统中产生的电压纹波和电压尖峰问题，在分析几种常用滤波器性能优缺点的基础上设计了一种新型滤波器——带阻尼的 LCL 滤波器，并采用单相半桥逆变电路对其进行 pspice 仿真，仿真结果验证了所设计滤波器的可行性和合理性，较其他滤波器具有更好的性能，能够满足光伏发电系统的滤波要求。

二、　课题背景

随着人类文明的高度发展与化石能源的大量开采，能源危机与环境问题引起了人类的关注和思考。太阳能发电是可再生能源利用的重要技术方式之一，被认为是当今世界上最有发展前景的新能源技术。

光伏发电系统利用太阳电池半导体材料的光伏效应，将太阳光辐射能直接转换为电能，其结构如图 2-40 所示。系统并网运行之前，通过 DC/DC 和 DC/AC 变换时，会产生谐波和电压尖峰，为了抑制这些不利的因素，需要采用滤波技术。

三、 研究与分析

（一）滤波器原理

图 2-41 所示网络 A 由电抗元件（电感器和电容器）组成二端口，二端口输入端 1-1′与电源相接，其电动势为 E_g，内阻为 R_1，二端口网络的输出端 2-2′与负载 R_2相接。

当电源的频率为零（直流）或较低时，感抗 $j\omega L$ 很小，负载 R_2两端的电压降 E_2比较大；当电流的频率很高时，一方面感抗 $j\omega L$ 变得很大，另一方面容抗 $-j/\omega C$ 却很小，电感 L 上有一个很大的压降，电容 C 又几乎把 R_2短路。换句话说，R_2不能从电源取得多少功率。网络会让低频信号顺利通过，到达 R_2，但阻拦了高频信号，使 R_2不受它们的作用，那些被网络 A 顺利通过的频率构成一个“通带”，而那些受网络 A 阻拦的频率构成一个“止带”，通带和止带相接频率称为截止频率。

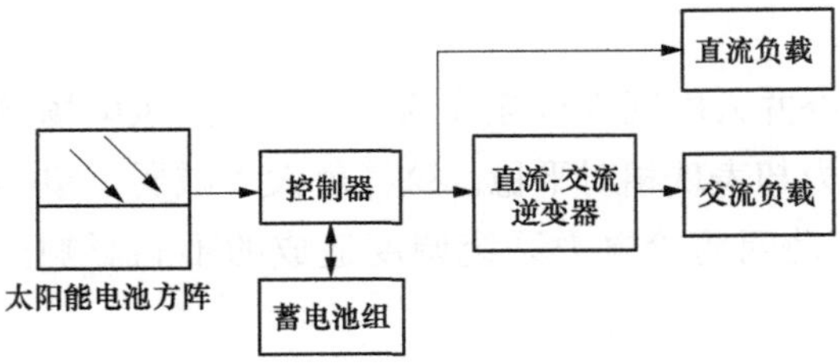

图 2-40 太阳能发电系统简图

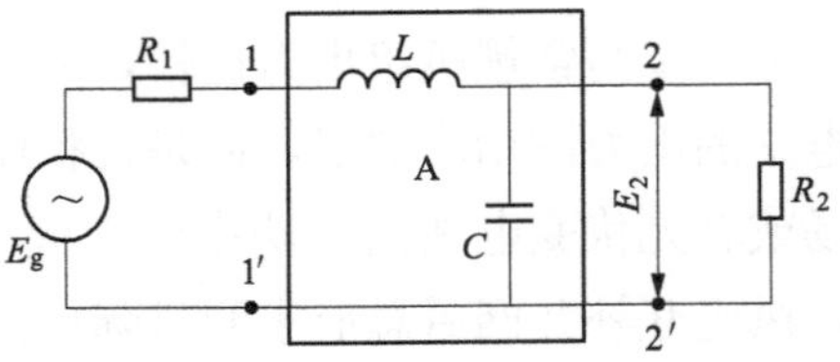

图 2-41 基本滤波器原理结构图

目前，光伏发电系统采用基本的 LC 滤波器进行滤波，然而 LC 滤波器结构和参数选取简单，无法抑制输出电流的高频纹波，容易因电网阻抗的不确定性而影响滤波效果。为解决这一问题，相关文献提出采用 LCL 滤波器。

1. 基本滤波器

基本滤波器的拓扑结构如图 2-42 所示。设此滤波器输出的电压为 u_o，输入的电压为 u_i，则可得传递函数的表达式为

$$\frac{u_o}{u_i}=\frac{1}{2+S^2C+SL+SC} \tag{2-23}$$

设光伏逆变电源样机输出为 220V/1000VA，取 $L_1=6.64\text{mH}$，$C=9.87\mu\text{F}$，其传递函数为

$$\frac{u_o}{u_i}=\frac{1.013\,2\times 10^5}{100(s+3.363\,7-2.991\,4i)(s+3.363\,7+2.991\,4i)} \tag{2-24}$$

bode 图如图 2-42 所示。由 bode 图分析可知，系统在小于 10^3的频率段基本无衰减，高于 10^3的频率段发生严重衰减，即基本滤波器对低频段几乎没有滤波性能，对高频段的滤波性能显著。

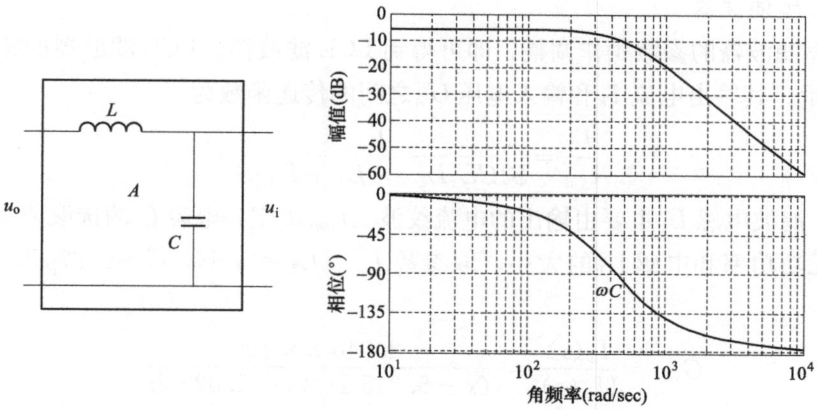

图 2-42 基本滤波器的拓扑结构和 bode 图

2. T 型滤波器

T 型滤波器的拓扑结构如图 2-43 所示。设此滤波器输出的电压为 u_o，输入的电压为 u_i，则可得传递函数的表达式为

$$\frac{u_o}{u_i}=\frac{1}{2+S^2(L_1C_2+C_2L_3)+S(L_1+C_2+L_3)-S^3(L_1C_2L_3)} \tag{2-25}$$

设光伏逆变电源样机输出为 220V/1000VA，取如下所示的 LC 参数：$C=100\mu F$，$L_1=0.42mH$，$L_2=0.48mH$。

其传递函数变为

$$\frac{u_o}{u_i}=\frac{-5\times10^6}{(s-2.5786)(s+2.1102)(s+0.184)} \tag{2-26}$$

bode 图如图 2-43 所示，由 bode 图分析可知，系统在小于 10^2 的频率段无衰减，大于 10^2 的频率段衰减逐渐增大，系统的可滤波范围比基本滤波器有很大的提高。

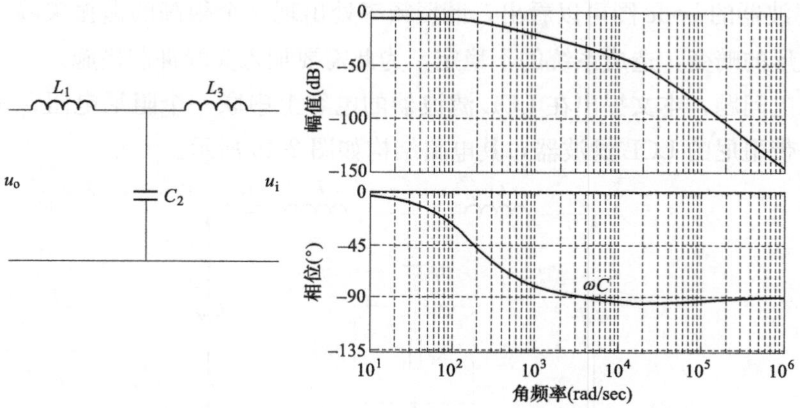

图 2-43 T 型滤波器的拓扑结构和 bode 图

3. LCL 型滤波器

将 T 型滤波器的参数稍作调整，即可得到 LCL 滤波器。LCL 滤波器的拓扑结构如图 2-45 所示。其输出电流 I_2和输入电压 U_{in}之间的传递函数为

$$\frac{I_2}{U_{in}}=\frac{1}{S^3CL_1L_2+(L_1+L_2)S} \tag{2-27}$$

式中：滤波电感 L_1主要由输出的电流纹波 ΔI_{max}决定，电容 C 的选取要折中考虑其所产生的无功功率和电感 L_1的大小，取参数 $L_1=L_2=7\text{mH}$，$C=9.87\mu\text{F}$，传递函数变为

$$G_{(S)}=\frac{I_2(s)}{U_m(s)}=\frac{2.040\,8\times10^6}{s(s-5.345\,2i)(s+5.325\,2i)} \tag{2-28}$$

可得 bode 图，如图 2-44 所示。

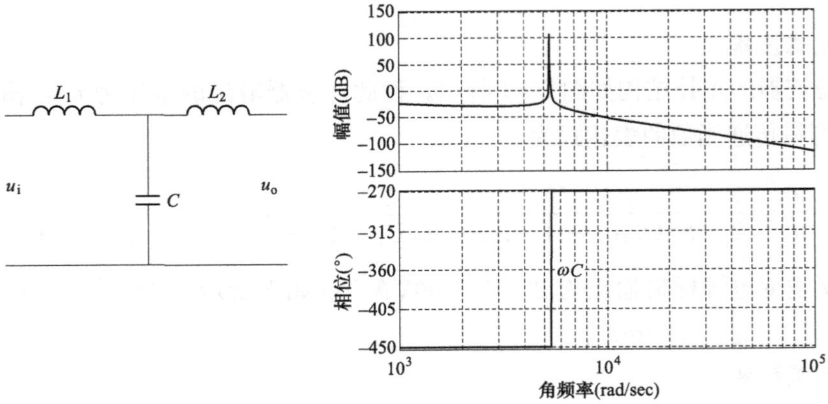

图 2-44 LCL 滤波器的拓扑结构和 bode 图

对比基本滤波器和 T 型滤波器的 bode 图可知，选用 LCL 滤波器进行滤波，其滤波范围很广，但是不可避免地出现了电压尖峰。

(二) 带阻尼的 LCL 滤波器的设计及仿真

LCL 滤波器的 bode 图可以看出，谐振频率处出现一个很高的谐振尖峰，该尖峰会引起输出波形的畸变，造成系统的不稳定，为此需要加入尖峰抑制措施。

针对以上问题，本文提出在 LCL 滤波器的电容上串联一个阻尼电阻，构成一种新型滤波器—带阻尼的 LCL 滤波器，其电路结构如图 2-45 所示。

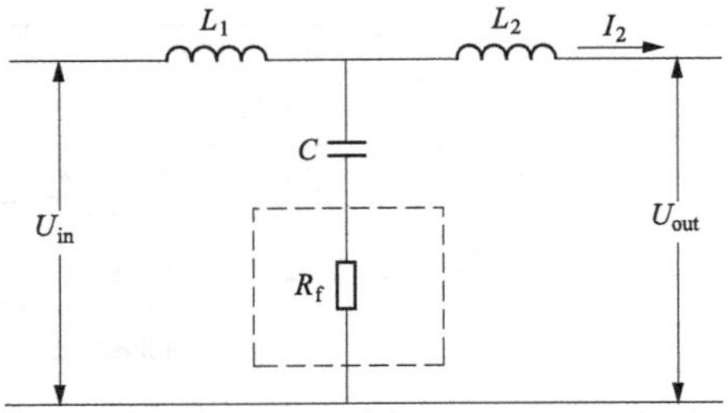

图 2-45 带阻尼的 LCL 滤波器

1. 带阻尼的 LCL 滤波器分析

采用增加无源阻尼的方式后，传递函数变为

$$G_{(S)}=\frac{I_2(s)}{U_{\text{in}}(s)}=\frac{1+R_f Cs}{L_1L_2Cs^3+(L_1+L_2)R_fCs^2+(L_1+L_2)s} \tag{2-29}$$

在谐振频率处的电容阻抗为

$$Z_C=1/(2\pi f_z C)=18.2\Omega \tag{2-30}$$

阻尼阻抗取值为

$$R_f=Z_c/3\approx 6\Omega \tag{2-31}$$

所得传递函数为

$$G_{(s)}=\frac{I_2(s)}{U_{\text{in}}(s)}=\frac{1+6\times 10^{-5}s}{4.9\times 10^{-10}s^3+8.4\times 10^{-7}s^2+1.4\times 10^2 s} \tag{2-32}$$

变为零极点形式为

$$G_{(s)}=\frac{I_2(s)}{U_{\text{in}}(s)}=\frac{122.45(s+1.6667\times 10^4)}{s(s+0.8571-5.2761i)(s+0.8571+5.2761i)} \tag{2-33}$$

由图 2-46 幅频特性可知，带阻尼的 LCL 滤波器继承了 LCL 滤波器滤波范围广的优点，同时谐振尖峰得到了很好的抑制，具有良好的滤波特性。

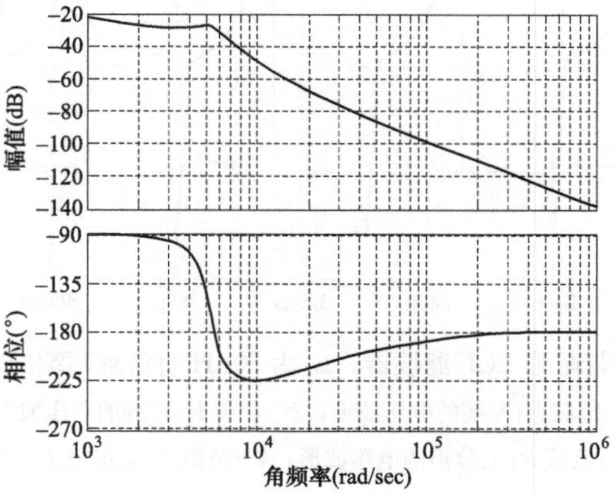

图 2-46 带阻尼的 LCL 滤波器 bode 图

2. 带阻尼的 LCL 滤波器滤波效果 pspice 仿真

分析带阻尼的 LCL 滤波器的滤波性能，应取 700V 的直流电压进行逆变才能使负载电压达到并网发电的要求。这里为了研究方便，取 20V 直流电压进行分析，原理与直流电压为 700V 时的情况相同。

20V 的直流电压经过单相半桥逆变电路，逆变电路采用幅值为 30V，上升时间及下降时间均为 5μs，延迟为 30μs，峰值时间为 20μs，周期为 60μs 的交流电压，与幅值为 20V，上升时间及下降时间均为 5μs，延迟为 0，峰值时间为 20μs，周期为 60μs 的交流电压，交替触发 MOS 管 M_1 和 M_2 得到。续流电容 C_1 和 C_2 均取 10mF。

采用 pspice 仿真软件搭建带阻尼的 LCL 滤波器的仿真模型如图 2-47 所示，滤波效果如图 2-48 所示。

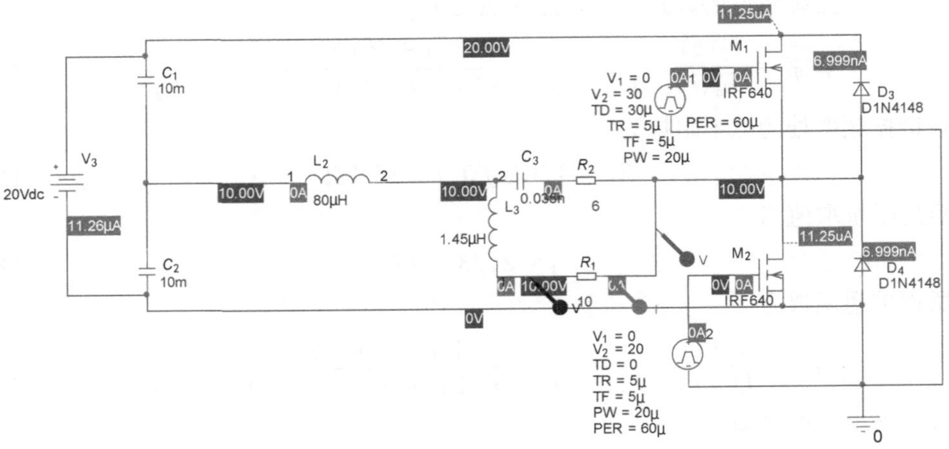

图 2-47 带阻尼 LCL 滤波器采用半桥逆变的 pspice 仿真

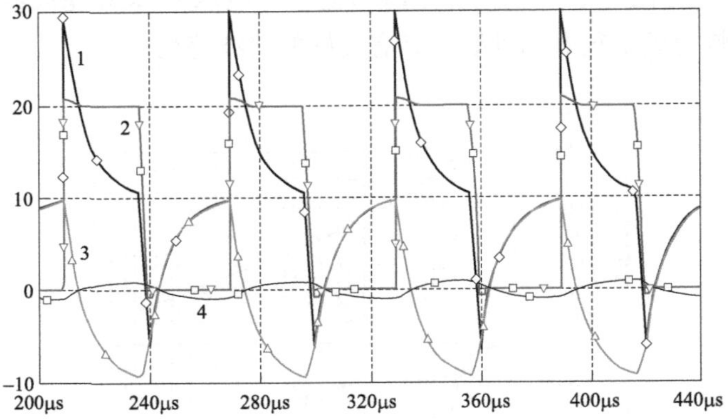

图 2-48 带阻尼 LCL 滤波器，L_2为 80μH 时负载两端的电压波形

1—负载 R_1左端的电压波形；2—负载 R_1右端的电压波形；

3—负载 R_1上分担的电压波形；4—负载 R_1上的电流波形

对于基本滤波器和 T 型滤波器仿真模型，此处略去，只分别给出仿真波形，如图 2-49 和图 2-50 所示。

对比图 2-48～图 2-50 可知，当电感 L_2恒为 80μH 时，采用不同滤波器滤波，所设计的带阻尼的 LCL 滤波器仿真波形最为平滑，较其他滤波器具有更好的滤波性能。仿真试验结果验证了所设计滤波器的可行性和合理性，能够满足光伏发电系统的滤波要求。

四、 课题总结

针对光伏并网发电系统中产生的电压纹波和电压尖峰问题，本文分析了基本滤波器，T 型滤波器和 LCL 滤波器的滤波性能，在此基础上设计了一种新型滤波器——带阻尼的 LCL 滤波器。本文通过 MATLAB 对其进行稳定性及频域分析，并且采用单相

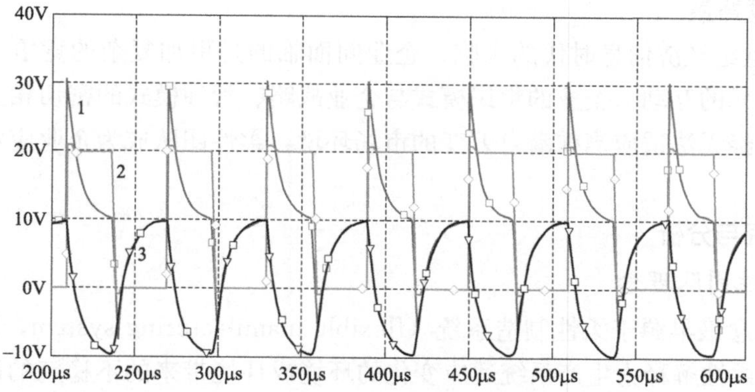

图 2-49 基本滤波器，L_2为 80μH 时负载两端电压波形及负载上分担的电压波形

1—负载 R_{1-}左端的电压波形；2—负载 R_1右端的电压波形；3—负载 R_1上分担的电压波形

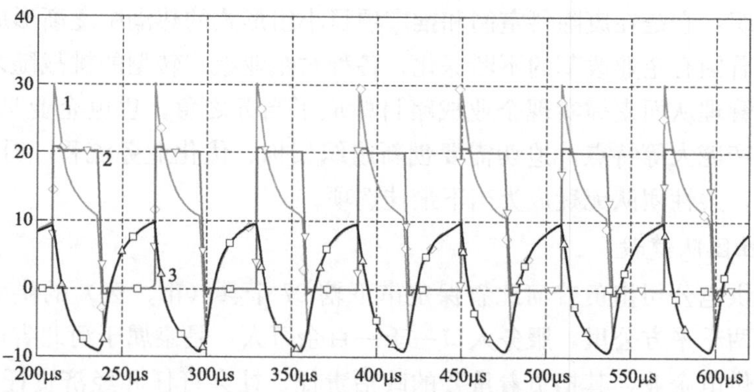

图 2-50 T 型滤波器，L_2为 80μH 时负载两端的电压波形

1—负载 R_1左端的电压波形；2—负载 R_1右端的电压波形；3—负载 R_1上分担的电压波形

半桥逆变电路进行 pspice 仿真，仿真结果验证了所设计滤波器的可行性和合理性，它能够有效抑制电压尖峰，能够满足光伏发电系统的滤波要求。

在实际中，加入阻尼阻抗对滤波器的性能有多方面影响，是一多目标的优化问题，其他问题尚待进一步研究。

案例 9 供电企业柔性攻关团队建设实践探索 国网保定供电公司：优化人力资源配置，探索柔性团队工作机制

一、课题概述

随着国有企业改革进入深水区，如何有效地进行组织变革与转型，成为企业面临的新挑战，而组建柔性团队则成为企业应对挑战的重要选项。本文以国网保定供电公司“保供运检智慧平台”柔性攻关团队建设实践为例，对柔性团队的组建、工作开展方式及奖励机制进行了详细介绍，提出了若干思考及建议。

二、课题背景

随着21世纪经济信息时代的来临，企业间面临的是更加复杂的竞争，更多变的市场以及更加多元的互动。企业的组织模式与企业战略、管理模式的密切相关，显然传统的组织模式已经无法适应当前瞬息万变的市场环境，柔性团队成为企业应对各类挑战的理性选择。

三、研究与分析

（一）柔性团队理念

柔性的概念最早源于柔性制造系统（flexible manufacturing system，FMS），Mandelbaum曾将柔性解释为生产系统适应变化的环境或环境带来的不稳定的能力。柔性组织（团队）是指具有快速适应动态竞争条件的能力，且能够不断适应环境和自我调整的组织或团队，同时具有适应性、敏锐性、创新性和学习性的主要特征。柔性组织无论是在管理体制上，还是在机构的设置上都具有较大的灵活性，对企业的经营环境有较强的应变能力的组织，它是在废除科室制和推广项目小组形式的热潮中逐渐形成的。

当前，随着国有企业改革的不断深化，各种对企业组织转型的挑战随之而来，持续优化组织机构管理从而支撑实现企业战略目标成了当务之急。供电企业具有管理复杂、技术密集、资产庞大等特点，迫切需要创新组织架构、优化业务流程、升级组织体系、再造组织生态，柔性团队无疑成为当下最佳选项。

（二）柔性团队建设

国网保定供电公司担负着河北省保定市下辖27个县（市、区）的供电任务，供电面积超过两万两千平方公里，服务人口一千一百余万人，是隶属于河北省电力有限公司的国家特大型供电企业，其担负着重要的政治责任、社会责任和经济责任。2021年初，为了落实现代设备管理体系建设工作部署，国网保定供电公司紧紧围绕“十四五”工作思路，全面落实职代会精神，瞄准数字变革高地，以数字化建设激发提质增效。公司计划打造以手机或平板电脑为载体的“保供运检智慧平台”——通过整合数据资源，积极推进能源转型与信息技术深度融合；通过释放数据价值，深入探索全业务数字创新和管理变革。横向联通各种业务流程，纵向贯通各类数据应用，加快推进基层班组数字化转型升级。

为攻克“保供运检智慧平台”这一重点科研难题，国网保定供电公司打破专业壁垒和组织界，组建跨中心、跨专业的柔性攻关团队——根据该项目的实际情况，组建了以电气试验专业为主，其他专业为辅的柔性专家攻关团队。团队负责人（团队长）是通过公司领导“点将式”产生（除此之外还可通过“揭榜式”产生）。15名团队成员是团队负责人通过“指派式”和职工“竞聘式”相结合产生。其中8名“指派式”产生的团队成员主要来自“一中心三分部”（变电检修中心、安新运检分部、清苑运检分部、易县运检分部）的电气试验专业专责和电气试验班组核心。7名“竞聘式”产生的队员是由同时满足相关技能及业绩条件，并且通过面试“优中选优”的方式从23名报名候选人中选拔而出。具体技能和业绩条件为：从事相关领域专业工作满5年，技能等级“技师”及以上或者职称“工程师”及以上，工作业绩突出，具有投身科技创新工作的热情和兴趣，有时间和精力完成团队布置的工作，有一定的攻坚克难、开拓创新精神。柔性攻关团队组成及产生方式具体如图 2-51 所示。

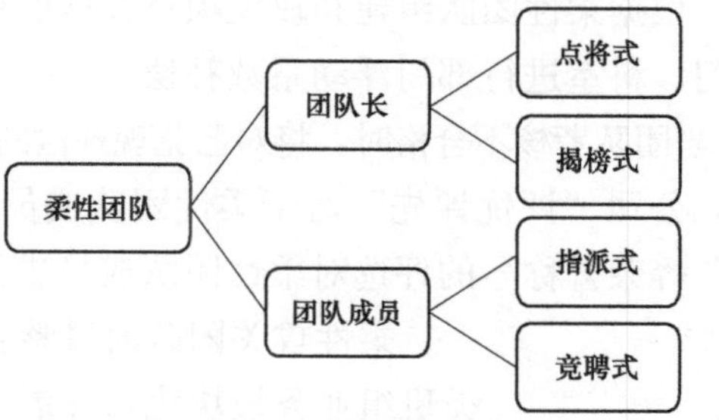

图 2-51 柔性团队的组成及产生方式

柔性攻关团队受公司总经理及设备部主任亲自领导，以各部室管理人员为支撑。柔性团队的组建不占用机构编制、不打乱组织构架、不调整人事关系，并采用“专职+兼职”的工作方式，具体情况如图 2-52 所示。

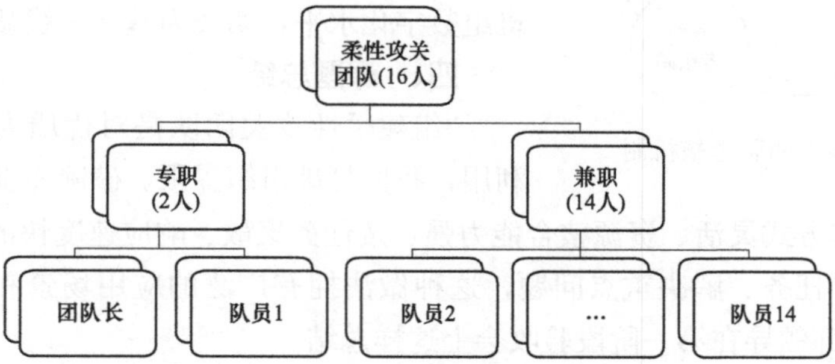

图 2-52 “专职+兼职”的工作模式

在 16 人的柔性团队中，由 2 名专职人员和 14 名兼职队员组成，其中团队长和一名助手为“专职”——顾名思义，在项目开展期间此二人不再兼顾原岗位本职工作，将全部精力放在课题攻关以及项目协调上来；剩下的 14 名团队成员均为“兼职”，即同时兼顾本职岗位工作和柔性团队工作。

柔性团队成员的办公方式为“集中式”和“分散式”相结合，依照实际情况和需要进行。柔性团队以“周报+月度例会”的形式向公司领导进行汇报。每周三进行周例会，根据实际情况可选择线上或线下会议形式，通报项目进度以及团队成员各自需要解决的问题，由团队长总结并形成“周报”递交设备部；每月固定时间（25 日）全体成员以线下会议形式向设备部主任汇报项目进度，提出需要跨部门协调解决的问题。在项目进展过程中如有技术难题和其他问题可以电话或者视频短会形式及时沟通。

为提高广大职工参与积极性和柔性攻关团队成员活跃度，国网保定供电公司建立了一套完善的考核激励机制，如图 2-53 所示。

（1）分散考核机制，团队成员根据团队任务所占比重由团队负责人和部门负责人共同开展绩效考核，予以绩效加分或者减分；

(2) 集中考核机制，通过项目进度以及最终实施效果给予全体团队成员一次性奖励；

(3) 配合考核机制，根据柔性团队组建和攻关项目开展的现实情况对积极给予“人财物”支援和帮助的部门、科室进行部门浮动系数补偿；

(4) 反向考核机制，当团队考核不合格时，将对已兑现补偿的团队成员进行全额扣除；

(5) 长效奖励机制，公司“评优评先”对于柔性团队成员优先考虑，“优秀专家人才”“岗位能手”“工匠”等荣誉称号的评选对柔性团队成员进行加分奖励。

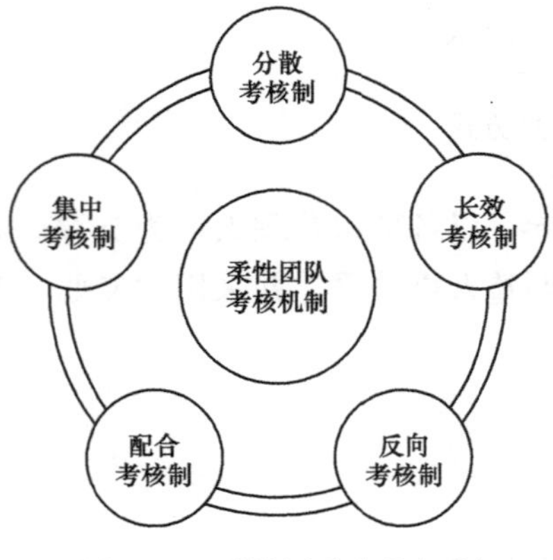

图 2-53 柔性团队考核机制

柔性攻关团队通过整合现有数字化资源，将各类班组业务模块化，开展了“2＋5＋N”数字化班组试点建设梳理完善相关功能模块，并在 2022 年年中完成了数字化班组建设即“保供运检智慧平台”搭建的第一阶段验收。

此后柔性团队将继续发挥作用，进一步促进系统整合、优化作业流程，加快平台建设进度，提升班组数字化水平，切实为基层一线减负。

四、 课题总结

“组建柔性攻关团队是对优质人力资源的充分利用，我们打破组织界限、破除专业壁垒，充分利用柔性团队工作方式灵活、资源整合能力强、按任务聚散、响应速度快的特点，集中精锐力量推进重要任务、解决重点问题，这种做法拥有广泛的应用场景和巨大的创新价值。”公司设备部领导在第一阶段验收会上这样总结。

在今后的工作中公司应该以柔性团队建设作为突破口，根据公司发展策略，进行定制化人才需求，以能力模型来固化，并通过系统性的跨部门交流和轮岗培养等措施加深和强化人才复制，培育业务精、思路活、素质强的中青年复合型管理人才，助力公司青年托举及后备人才孵化。

在为期 14 个月的数字化班组建设中，公司对团队成员技术和业务能力的培训方面相对欠缺，建议制定针对性强、时效性高的系统培训计划，此举既可以加深团队融合程度，提升团队响应速度，又能够增强成员软实力，提高其工作质量和效率。

此外，柔性团队主要以设备部门成员为主，虽然其间有其他部门的保障与参与，但并未真正做到“跨部门”组建团队，建议扩大组建范围或者形成各部门柔性团队之间的合作机制，例如设备部柔性团队和调控中心柔性团队共同合作完成项目攻关，形成柔性团队的矩阵式发展。除此以外还可以引入科研院校、设备生产厂家、外聘专家等社会力量，形成真正的跨界交流，打破思维僵局，形成合作共赢的局面。

最后，建议公司在本次实践基础上，出台正式柔性团队组建实施方案，在现有管理机制的基础上，明确柔性团队管理机制，形成完善绩效体系，实现闭环管理，从而提高广大员工参与、柔性团队成员工作的积极性，形成良性循环，真正将柔性团队“聚是一把火，散是满天星”的属性发挥出来，提升公司整体实力。

案例 10 以提质增效为目标的“数字化班组” 建设实践创新

一、 课题概述

针对“数字化”管理变革在基层班组层面推进存在的实际问题，国网保定供电公司通过整合现有数字化资源，开展“2+5+N”数字化班组试点建设，初步实现了基层班组的业务在线化、作业移动化、信息透明化和支撑智能化。

二、课题背景

国家电网公司提出了“具有中国特色国际领先的能源互联网企业”的战略目标，精准概括出了公司的政治本色、行业特色和发展角色，主题鲜明、导向清晰，契合企情、网情、国情，是习近平新时代中国特色社会主义思想在公司的落地实践。此目标就“能源互联网”提出了应用现代信息技术，推动系统运行管理呈现数字化、自动化、智能化的要求。为适应新形势、新任务、新要求，公司不断推动“数字化”经营管理变革，为落实国网新战略提供支撑。

近年来公司虽然通过深化“智能运检体系”建设，推进了现代信息通信技术与控制技术的应用，支撑了运检专业的分析决策，但生产信息系统易用性不足、移动作业应用覆盖不够、智能化分析支撑能力不强等问题依然突出。

三、 研究与分析

（一）数字化班组建设思路

为了落实现代设备管理体系建设工作部署，公司紧紧围绕“十四五”“11224”工作思路，全面落实 2021 年职代会精神，瞄准数字变革高地，以数字化建设激发提质增效。公司整合数据资源，积极推进能源转型与信息技术深度融合；释放数据价值，深入探索全业务数字创新和管理变革。横向联通各种业务流程，纵向贯通各类数据应用，加快推进基层班组数字化转型升级。

班组是公司的有机组成部分，也是公司一切工作的立足点。公司充分认识到数字化班组建设是构建新型电力系统，加快现代设备管理体系建设，落实“放管服”要求，支撑设备管理数字化转型的重要环节，也是今年省公司年度重点工作之一。因此，公司围绕班组常态业务、核心业务，调研班组数字化需求，分析班组工作的难点、痛点，积极引导班组人员深度参与数字化班组建设。重视输变配等专业间的差异化业务需求，统筹好“共性”与“个性”之间的关系，以班组实用化应用为着眼点，充分调动基层员工参与数字化班组推广应用的积极性、主动性，形成上下互动、协同推进的良好氛围，开发业务适用、班组实用的数字化应用，提升班组整体能力，切实做到为基层人员减负，助力运检质效提升，打造具有专业特色的数字化班组。

（二）数字化班组建设方案

国网保定供电公司成立以总经理为组长的领导小组，以各部室管理人员为支撑，以基层单位班组骨干为核心组成柔性团队。公司建立“班组-工区-部室”三级联络体系，明确专人负责，全面推进数字化班组建设推广应用相关事宜，确保基础数据有效性，持续推进各专业数据台账录入工作。充分发挥了柔性团队“领头雁”作用，理论结合实际，开展多种形式培训，指导各专业班组有序开展各功能模块应用。公司以实际需要为导向，按照“边应用，边完善，边提升”的原则，在应用过程中及时发现问题，定期组织召开推广应用阶段总结会，结合各专业特点，提出改进提升建议，优化完善应用流程，确保数字化班组建设取得实效。

公司通过整合现有数字化资源，将各类班组业务模块化，开展“2＋5＋N”数字化班组试点建设，整体构架如图 2-54 所示。通过进一步优化两个数字化业务系统，即内网“生产指挥管控平台”和外网“保供运检智慧平台”，梳理完善相关功能模块，深入开展日常管理、基础资料、现场作业、数据分析、库房管理五个主要方面数字化建设，融合 *N* 种数字化应用，如“缺陷小程序”“高电压试验助手”“电力系统绝缘监督专业全搜索引擎软件”等。

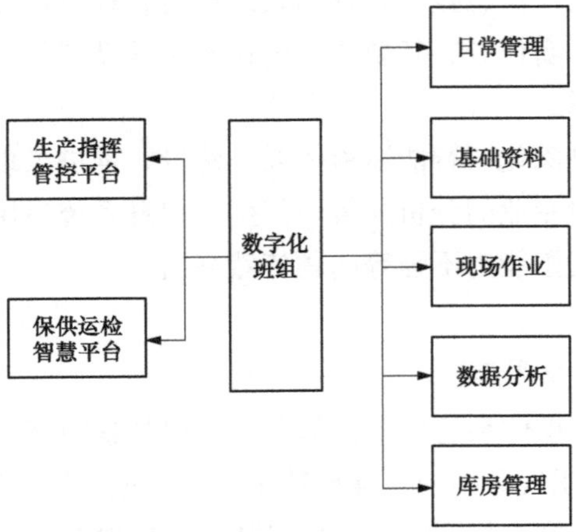

图 2-54 数字化班组建设结构图

日常管理类：①计划管理：与“调度计划一体化智联平台”互联对接，细致梳理业务流程，全面掌握作业计划安排、人员安排、车辆安排、工作开展情况，实现工作计划实时在线管控；②人员管理：优化完善业务流程，实现人员承载力、任务派发等在线实时更新、派发，对班组人员状态实时管控，达到人员管理数字化、工单驱动在线化的应用效果。

基础资料类：①技术资料管理：全面梳理现有专业规程标准、反措、典型故障缺陷案例等资料，建立完备的基础资料信息数据库，实现各种基础性资料数字化检索、查阅；②实物“ID”应用：建立设备基础数据库，与设备资产编码互联，形成设备台账、试验数据、缺陷分析、不良工况等设备过程管控二维码，现场“扫码”即可获取设备动态信息。

现场作业类：①试验数据应用：结合“智慧仪器”数字化装备应用，梳理各类试验报告、记录等模板，实现试验数据自动识别、录入、上传，试验记录无纸化的应用效果；②现场作业管控：应用当前数字化系统及先进的 AR 技术，实现作业票卡无纸化，现场可视化、场景化，进一步强化检修试验全过程管控。

数据分析类：①数据计算应用：借鉴当前外部现有的成型应用，整合三相不平衡计算、电阻温度修正计算等功能，实现试验数据在线计算，大幅降低试验人员劳动强度，提高工作效率；②数据分析应用：建立历史试验数据库，自动形成试验数据趋势图表，可根据历史试验数据趋势曲线，做出趋势预判，实现设备健康状态主动诊断，辅助决策；③缺陷管理：完善缺陷数据库，通过系统查询检索，筛选出缺陷设备现有在运同批次、同厂家、同型号的设备，实现设备缺陷全面掌握，设备状态精准把控。

库房管理类：依托“生产指挥管控平台”系统，完善装备管理功能模块，实现了库房设备管理智能化、精细化：①仪器仪表管理：建立库房仪器设备信息基础台账，包括生产厂家、校验提醒、使用记录、维护记录、使用说明书查询等功能，动态维护过程记录，实现仪器设备智能化管理；②物料准备管理：建立数字化应用流程，按照工作类别，自动生成工作任务所需试验仪器、安全工器具、备品备件等推送信息，实现物料准备阶段规范化、精细化。

其他应用类：①培训管理：依托“电气试验专业员工技能进阶宝典”，管理员工阶段、年度、月度培训计划，实现培训资源链接、推送，实时掌握员工学习进度，快速提升员工技能水平；②档案管理：依据年度安全和技能评价，对工作负责人及班组成员进行星级评价及胜任能力分析，实现工单分配、承载力分析更精准、更科学；③网址管理：汇集各类网站链接，如 D5000、PMS 等，实现登录端“多站合一”，方便查询所有资源。

（三）数字化班组建设成效

自 2021 年 03 月工作开展以来，目前已在内网“生产指挥管控平台”初步完成了生产工作、管理工作、实时任务、工作记录、人员档案、基础资料、网址管理、绩效考评 8 个模块的搭建工作；已在移动端 App“保供运检智慧平台”内网初步完成了计划工单、作业手续、试验数据、台账资料、物资管理、数据计算应用、数据分析应用、资料库、缺陷管理、安全督查、培训 11 个模块功能。

现阶段基本实现了班组的各项管理业务、生产业务在线化、透明化，不同班组、不同专业之间资源共享，各类检修、运维信息汇集，各类科技手段推广应用，实现班组业务在线化、办公无纸化、现场作业移动化、信息透明化、支撑智能化。借力数字化建设为基层松绑，切实减轻了班组日常工作压力，提高了员工的工作效率和质量，依托科技手段对现场作业全过程实现安全管控，具体表现为：

减负，班组工作更简洁轻松。班务管理方面：初步实现班组日常管理无纸化，保证计划、人员、绩效一条线管理，实现班组技术标准等基础资料及典型缺陷、隐患台账等基于实物 ID 设备全寿命周期数据电子化。现场管理方面：基于移动终端，实现计划性检修任务 100%在线办理，票（卡）电子化应用，检修和试验结果、巡视和缺陷信息自动采集，检修记录和试验报告辅助生成，可实时上传抢修过程图像、影音，通过专家远程会诊、协同指导，实现事故处理全流程管控。极大减轻基层班组负担，提升人员工作效率。

赋能，更充分发掘数据价值。随着班组各个生产环节贯通，实现班组作业精益管理、生产物资智能管控。利用数据挖掘技术，对数据“赋能”，充分应用设备全寿命周期内各项数据价值，结合出厂数据、带电检测（监测）、停电试验数据准确解析，达到设备趋势判定和检修策略精准预测。

优化，实现数字化闭环提升。深化数字化班组应用价值，不断优化数字化系统，重构结构化信息，进一步挖掘有效数据，从而优化调整数字化管理要素，数字化班组不断完善和提升。

四、课题总结

公司将有力有序推进数字化班组建设工作。继续加快系统布置，利用现有海量数据，自动生成班组所需报表、记录，提升班组数字化水平，切实为基层一线减负。进一步促进系统整合、流程优化、提升智能化水平，加快各业务系统融合和流程完善。下一步，公司将从以下 4 个方面对数字化班组进行改进。

（1）内外贯通，深挖数据价值：并入 PMS3.0 系统和“I 国网”，打通内外网壁垒，现场移动作业端与内网系统全面融合。深化数据应用，准确解析各类数据，综合研判设备状态，实现设备健康状态主动诊断、检修策略精准预测。

（2）前后联动，实时远程会诊：深化前端作业与后方智能运检管控中心联络，组建远方“风筝”专业技术支撑团队，列装智能单兵眼镜装备，智能检测带电距离和安全提示，实时视频传送现场设备状况、检修情况、缺陷及事故处置状况等，专家团队在线支撑指导前方现场检修。

（3）全程追踪，实现周期管理：自设备出厂时起，采集设备试验、检修、缺陷等各类数据，自动建立设备运行日志，筛选问题数据反馈生产、设计单位改进产品、优化设计，实现设备全寿命管理。

（4）拓展功能，提高服务水平：拓展数字化班组业务功能，将业务流程环节向前延伸至停电工单，向后拓展到工单送电后回单，整体抢修作业环节、时长等面向客户透明可见，进一步改善客户用电体验，提升优质服务水平。

案例 11 强化党建责任落地 引领青年人才成长

一、课题概述

习近平总书记强调“一分部署，九分落实”，党支部作为党的全部工作和战斗力的基础，是党建工作责任落实的重要主体、关键环节，决定了上级党委的决策部署有没有落地、联系群众是不是紧密、融入融合支部业务是不是到位等。对于基层党支部，抓好党建责任体系建设，重点要解决好“三个问题”，明确责任主体，解决“谁来抓”的问题；明确工作目标，解决“抓什么”的问题；明确重点任务，解决“怎么抓”的问题。

二、课题背景

国网保定供电公司变电检修中心肩负保定区域及周边 38 座 220kV 变电站、28 座 110kV 变电站的设备检修与维护工作，现有员工 134 人，其中青工 45 人、占比 33.6%。近年来，随着安全生产任务加重、全业务核心班组建设加速，如何又好又快地培养业务骨干力量是当前面临的重点和难题。在基层党支部的人才队伍建设工作中也普遍存在上述典型的“三个问题”。一是责任主体不明确，管理组织架构不完善，人才工作管理职责界面不清晰，人才工作系统性、整体性谋划不足；二是理解认识不深刻，存在一定程度简单地把人才工作与培训工作、与技能评定等工作搞混等理解认知。三是人才工作很迫切，由于政策改革、岗位调动等原因，基层党支部出现了人员年龄断层现象，人员结构呈现“两头厚、中间薄”的特征，同时中心青年成长成才意愿强烈，对高素质人才需求强烈。

三、研究与分析

下面以基层党支部抓人才队伍建设工作为例，介绍中心党支部在党建责任体系建设中的思路和做法。

（一）明确责任主体，坚持“支部牵头、书记主抓、委员联动、党员示范”，落实好“党管人才”要求

一是支部牵头开展人才工作，在支委会上传达学习公司关于人才工作要求、讨论研究支部人才工作重点等，并组织推动落实具体工作。二是党支部书记负责人才工作，作为“大党建”工作的重要任务，纳入支部日常管理和重点任务，既抓支部人才队伍整体工作，又对分管业务的人才工作负责。其他中层干部，落实好“管业务必须管人才”的要求。三是发挥党员先锋带头作用，党员骨干带头“传帮带”，开展现场教学和经验传授，优先安排党员参与重要生产业务工作，例如重大保电、应急抢修等，如图 2-55 所示。

图 2-55 党员发挥先锋带头作用

（二）理清任务目标，制定“123”人才建设体系，明确一个目标体系、两条路径、三个平台

明确一个目标体系，包含一个整体目标和支部、班组、员工三个分层目标，整体目标是“打造适应公司高质量发展的高素质人才队伍”，三个分层目标分别是，支部层面“确保人才长得快、用得好、留得住、出得来”，班组层面“提前建成作业自主、安全可控、技能过硬、创新创效的全业务核心班组”，员工层面“有想干事的热情、能干事的本领、干成事的决心、不惹事的底线”，并在此基础上确定未来五年的具体人才培养量化目标。

围绕目标确立两条路径，制定青苗助长、青锋锻造、青蓝蓄力的“培养路径”以及领导干部、职员职级、专家人才的“成长路径”。其中“培养路径”的执行坚持梯级培养、精准储备、动态调整，“青苗”阶段表现突出者可以列为“青年先锋”后备，针对储备人选，可结合各类评选条件，量体裁衣制定“任务清单式”成长计划，为储备人选提供支撑服务，并在创新研究、重大课题、参与决策、人才建设等方面发挥“青蓝人才”作用，开展青蓝骨干“解难题、创亮点”专项行动，在攻坚克难中促进“青蓝人才”迭代升级。

沿着路径搭建3个平台，聚焦传承发扬、充电赋能、创新创效搭建“3+N练兵平台”，聚焦青年英才（40岁以下技术人员、45岁以下技能人员）、蓝色先锋（40岁及以上技术、45岁及以上技能人员）搭建“赛马平台”，聚焦激励激发、组织关爱、宣传引导搭建“保障平台”，系统性、长远性地谋划支部人才发展工作，充分发挥党建对人才工作的引领作用，加速青年人才成长各项工作落地生根。

（三）抓好落地落实，开展“三带三强”主题实践，以党建引领促进骨干成长

党支部充分发挥基层党组织优势和党员先锋模范作用，开展支部党员带经验强传承、带学习强业务、带思想强作风“三带三强”主题实践，通过双党员“师带徒”、青年先锋夜校、现场小课堂、融合擂台赛等活动载体，以党建引领促进骨干成长，持续擦亮党建特色品牌。

一是带经验、强传承，党员骨干“传帮带”，助力青年员工成长。开展“双党员师带徒”。安排党员骨干担任新员工的职业导师和技能导师，组织拜师仪式，制定一人一册“培养任务书”和五年培养计划表，开展“师傅亮绝活、徒弟学技能”活动，建立师徒同奖同罚制度。编制“技能红宝书”。为避免因人员流动造成技能经验“失传”，发动党员骨干征集好经验、好做法，归纳整理并书面固化成“技能红宝书”，使老传统、老经验得到传承发扬，更加注重经验知识的系统化、信息化、融合化，如图2-56所示。

图2-56 拜师仪式

二是带学习、强业务，发挥支部组织、党员带动作用，提升全员技能。设立“青年先锋夜校”，针对工作忙又迫切需要培训的问题，组织党员骨干每日利用下班后的1h开展线上线下同步授课，通过支部联建，与兄弟单位同步学习，既资源共享，又可做到专

业互通；建立分级考评制度，成绩纳入二次绩效，形成“教、学、练、考”的闭环成长机制。组织“检修小课堂”，利用细碎时间开展小课堂学习，将碎片时间合理利用，例如利用大型作业现场早晨开工前，宣贯近期安全工作、事故通报，开展安措实景教学，进行现场考问，强化员工安全意识，利用“午间三十分”现场授课，党员骨干轮流讲，总结现场经验，提升专业水平。开展“党建＋安全生产”，结合公司“三带创三无”活动，每名老党员至少带领两名青年员工结成反违章小组，开展“结对子”安全隐患排查工作，规范现场安全行为，如图 2-57 所示。

图 2-57 开展“结对子”安全隐患排查工作

三是带思想、强作风，强化教育引导、激励关爱作用，打造作风过硬党支部。注重“党建＋生产”融合，围绕党建党史、企业文化、安全生产等知识“摆擂”“比武”，举办党建融合擂台赛，以团队竞技和个人竞技的方式开展擂台赛，营造争先氛围；开展“大安全”教育，将酒驾醉驾、党风廉政等纳入“大安全”教育体系。重视员工动能激发，从部门对班组、班组对员工两个维度，分别建立以“量、质、效、才”为核心的四维月度量化评价体系，“量”为考核当月工作量，“质”为考核上级各类指标完成情况，“效”为考核全年重点工作完成情况，“才”为考核人才培养情况。执行浮动系数调整政策，使员工每月收入产生一定合理差值，让实干者切实得实惠。加强员工关心关爱，定期召开座谈会、通过意见箱等形式，及时了解员工动态及需要解决的问题，推动解决员工亟待解决的工作或生活问题，打造有温度、有情怀、有责任的基层党组织。

四、课题总结

多年来，在省公司党委和公司党委正确领导和悉心关怀下，中心党总支在人才培养方面取得显著成绩。一是人才队伍硕果累累。2022 年，中心员工冯正军获评全国五一劳动奖章，郭会永获评省公司高级专家。1 人获评省公司工匠，2 人获评省公司青年先锋，3 人获评公司青年先锋，1 个班组获评全国质量管理优秀小组，中心党总支获评省公司“标杆”党支部。二是安全生产态势平稳。全年未发生严重违章事件，1 个班组获评国网公司“无违章示范班组”，1 人获评国网公司“党员无违章示范岗”，1 个班组获评河北省青年安全生产示范岗。三是党建品牌持续擦亮。中心人才队伍建设相关做法在《国家电网报》、省公司工作动态刊发，在国网公司党支部书记示范培训班作典型案例分享。

案例12 电容式电压互感器主要参数对谐波传递特性的影响仿真分析

一、课题概述

针对电容式电压互感器（capacitor voltage transformer，CVT）谐波测量存在畸变的问题，研究CVT的谐波传递特性显得尤为重要。文章构建CVT传递函数，利用MATLAB软件搭建CVT高频模型，分析了CVT内部参数值的变化对谐波传递特性的影响。文章仿真分析幅频曲线和相频曲线，发现补偿电抗器杂散电容、中间变压器一次侧绕组的杂散电容的变化对CVT谐波传递特性的影响很大，中间变压器一二次侧绕组间耦合电容和阻尼器电阻值的变化对CVT谐波传递特性基本无影响。仿真结果为CVT谐波测量误差校正和CVT的制造设计提供了指导依据。

二、课题背景

在110kV及以上电压等级变电站普遍应用CVT来检测系统电压，它集变压、保护、测量、耦合载波、分压、计量等多种功能于一身，同时还具有重量轻、不易发生铁磁谐振、体积小、绝缘结构合理的特点。CVT元件参数在设计时是在工频频率下整定的，其内部包含的电容和电感等储能器件的阻抗会随着频率变化而变化。所以，通过CVT转换，电网电压中的谐波成分会产生很大的偏移和畸变。CVT内部结构参数，尤其绕组间的杂散电容是造成CVT谐波传变失真的主要原因。因此，有必要在不同内部参数下对CVT谐波传递特性的影响程度进行全面性、综合性地分析。

本文对CVT主要参数对谐波传递特性的影响进行全面性研究，综合考虑了补偿电抗器的杂散电容（C_C）、中间变压器一次侧漏抗的杂散电容（C_{P1}）、中间变压器一二次侧间耦合电容（C_{PS}）和阻尼器电阻值（R_f）四个内部参数。在MATLAB仿真环境中搭建CVT模型，模拟CVT实际工作状态，仿真分析了C_C、C_{P1}对幅频特性和相频特性的具体影响以及C_{PS}、R_f对幅频特性的具体影响，并在此基础上提出了提高CVT测量准确度的针对性措施，为进行谐波条件下CVT测量误差的试验研究提供了依据。

三、研究与分析

（一）CVT的结构组成

CVT作为重要的一次电压测量装置，能将一次高电压转化成可供计量、测量及保护用的二次低电压，它由电容分压器和电磁单元组成，其中电磁单元的主要器件包括中间变压器、补偿电抗器、保护装置、阻尼器等。CVT具有防止铁磁谐振、可兼作载波通信的耦合电容器用、性能价格比较高以及运行维护工作量较少等主要优点。110kV CVT接线图如图2-58所示。

电磁单元装设补偿电抗器，通过调节电抗器参数使其与分压电容器发生串联谐振，整体阻抗为零，这样CVT能够按照一定的比例转变电压，保证测量精度。CVT二次侧设有阻尼器，是为了防止CVT受到电流冲击而产生分次谐波，来抑制其自身铁磁谐振。阻尼电阻的作用是在铁磁谐振出现时，通过吸收谐振能量破坏谐振条件，使得铁磁谐振迅速消失。

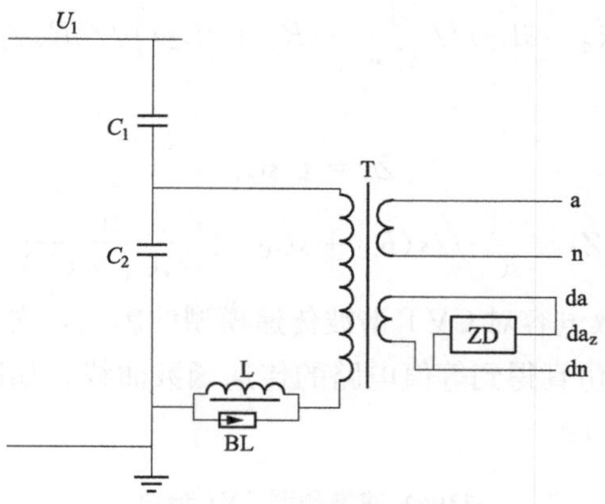

图 2-58 110k VCVT 原理接线图

U_1——一次侧的系统电压；C_1—电容分压器高压电容；C_2—电容分压器中压电容；
T—中间变压器；L—补偿电抗器；ZD—阻尼器；BL—避雷器；a、n—主二次绕组引出端子；
da、dn，da_z、dn—阻尼器引出端子

（二）CVT 谐波测量传递函数

在基频环境下，CVT 内部各电容、电感元件呈现其自身特性，其相互之间影响较小。但在高频环境中，电感元件的对地杂散电容以及耦合电容的影响越来越大，包括补偿电抗器的杂散电容（C_C）、中间变压器一次侧漏抗的杂散电容（C_{P1}）、中间变压器一二次侧间耦合电容（C_{PS}）和中间变压器二次侧对地等效杂散电容（C_S）。因此在高频环境中，需要充分考虑这些因素对谐波测量的影响。CVT 谐波等效电路如图 2-59 所示。

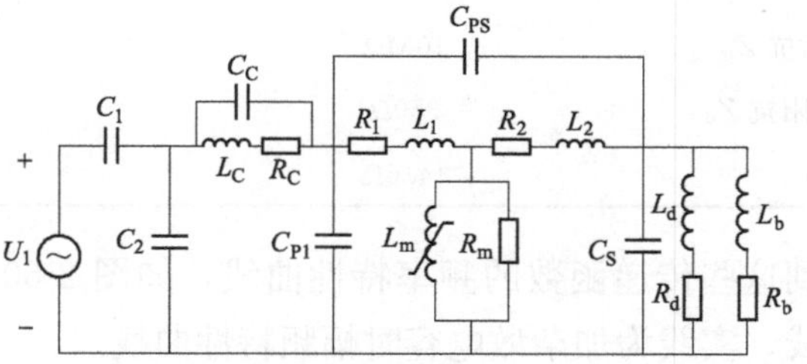

图 2-59 CVT 谐波测量等效电路

C_1、C_2—高、中压电容；R_1、L_1—中间变压器一次侧阻抗；R_2、L_2—中间变压器二次侧阻抗；
L_m、R_m—中间变压器激磁阻抗；L_b、R_b—二次侧负载阻抗；L_d、R_d—阻尼器等效阻抗

当频率固定时，CVT 谐波测量传递函数仅取决于等效电路的结构以及电路中电感值、电容值和电阻值的大小，此时的输出与输入比值是一确定值。

如图 2-59 所示的 CVT 谐波测量等效电路中，考虑杂散电容，忽略耦合电容 C_{PS}后的传递函数为

$$H_1(s)=\frac{V_b}{V_1}=\frac{Z_1Z_2}{Z_2Z_3+Z_1Z_2+Z_1Z_3} \tag{2-34}$$

其中，

$$Z_1=\left((R_b+sL_b//(R_d+sL_d)//\frac{1}{sC_S}+(R_2+sL_2)\right)//(R_m//sL_m)+(R_1+sL_1) \tag{2-35}$$

$$Z_2=1/sC_P \tag{2-36}$$

$$Z_3=\frac{1}{sC_C}//s(R_C+sL_C)+\frac{1}{s(C_1+C_2)} \tag{2-37}$$

为了进一步验证杂散电容对CVT谐波传递模型的影响，文章以某110kV速饱和型CVT为研究对象，通过仿真得到等值电路的传递函数曲线，如图2-60所示。110kV速饱和型CVT参数见表2-12。

表2-12　　110kV速饱和型CVT参数

参数	取值	
一次侧电压	$110/\sqrt{3}$kV	
二次侧绕组电压	$100/\sqrt{3}$ V	
分压电容器高压电容 C_1	2.231 4nF	
分压电容器中压电容 C_2	38.724nF	
补偿电抗器的杂散电容 C_C	1200pF	
中间变压器一次侧漏抗的杂散电容 C_{P1}	300pF	
中间变压器一二次侧间耦合电容 C_{PS}	1000pF	
补偿电抗器电阻阻抗 Z_C	7.95kΩ	253.4H
中间变压器一次侧阻抗 Z_1	1.4kΩ	1.2H
中间变压器二次侧阻 Z_2	0.125Ω	0.125H
中间变压器激磁阻抗 Z_m	10MΩ	50kH
速饱和阻尼器等效阻抗 Z_d	350Ω	0.94H
负载阻抗 Z_b	14.6Ω	0.080 2H

采用软件编程得到这些传递函数的频率特性曲线，如图2-60所示。虚线为未加杂散电容时幅频特性曲线，实线为加杂散电容时幅频特性曲线。

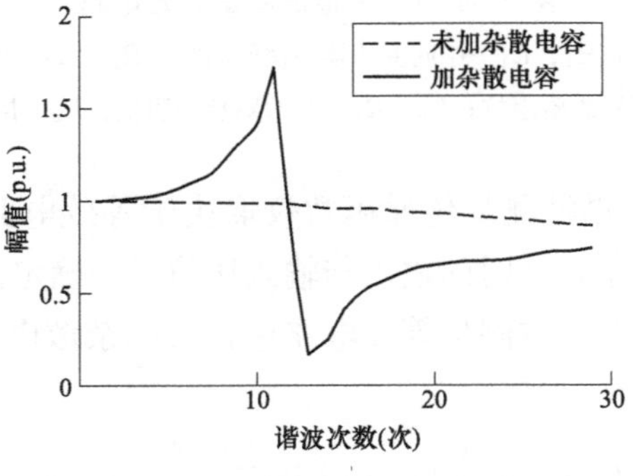

图2-60　CVT幅频特性曲线对比图

从图2-60可以看出，未考虑杂散电容的CVT幅频特性曲线为单调递减，波形中无波峰或者波谷存在。但是，当考虑杂散电容时，CVT 的幅频特性曲线有波峰和波谷同时存在。也就是说，CVT 对不同频率的谐波有一定的放大作用或者减弱作用。可见杂散电容对 CVT 谐波传递性能有很大的影响，在进行 CVT 谐波测量时应该考虑绕组杂散电容的影响。

（三）仿真模型

采用 MATLAB 仿真软件搭建 CVT 谐波等效电路实验模型，如图 2-61 所示。仿真模型中略去了中间变压器二次绕组的杂散电容。

CVT 仿真模型中的电容元件、电阻元件和电感元件可直接使用模块库中的现有模块。模型利用两个不同频率的电源信号进行叠加来模拟现场谐波信号。考虑到中间变压器绕组存在励磁电感及铜损，模型选用饱和变压器模块来模拟中间变压器，使其具有较好的励磁性能，这样更符合实际工作特征。输出信号经 FFT 分析，得到不同参数下 CVT 幅频特性曲线。

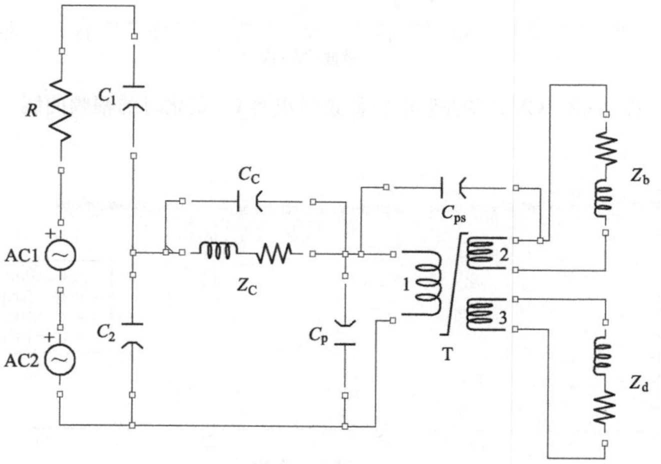

图 2-61　CVT 谐波等效电路实验模型

（四）主要参数对 CVT 频率特性影响

就 CVT 而言，其内部结构中的部分电容包括中间变压器一次绕组与二次绕组电压之间的部分电容，中间变压器二次绕组之间的部分电容，中间变压器一次绕组对地之间的部分电容，主电容电压之间的部分电容，中间变压器二次绕组对地之间的部分电容，补偿电抗器电压之间的部分电容。各部分电容均受外界因素影响，而不是由主观意愿决定的，因此将其称为杂散电容。在对 CVT 进行谐波传递特性分析时，必须考虑杂散电容的影响。杂散电容的大小与 CVT 的形状、尺寸以及元件的位置密切相关。

根据 CVT 传递函数，利用 MATLAB 软件进行仿真，分别研究 CVT 内部不同参数（C_C、C_{P1}、C_S、C_{PS}、R_f）变化对 CVT 谐波传递特性的影响程度。在每种仿真情况中只改变某一个参数，其他参数固定不变。同时，人为地加大各个参量的变化阈值，以突出各个参数对其影响的趋势。

1. 补偿电抗器杂散电容 C_C

当 $C_{P1}=350$pF，$C_S=1000$pF，$C_{PS}=20$pF 时，设置 C_C 的值分别为 0pF、500pF、1000pF、1500pF，分别获得 CVT 在补偿电抗器杂散电容 C_C 变化时的幅频曲线和相频曲线，如图 2-62 和图 2-63 所示。

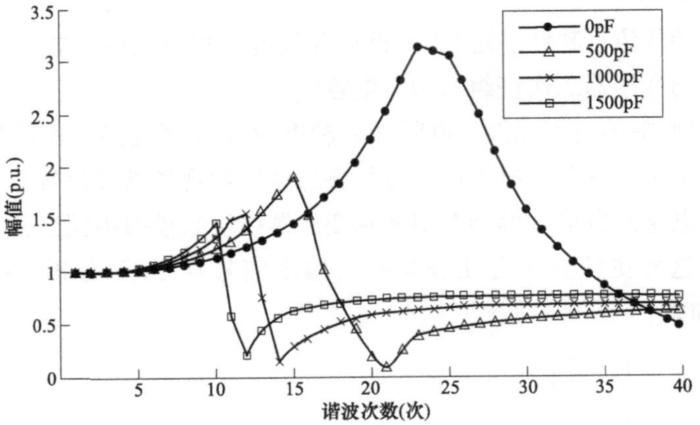

图 2-62 CVT 在补偿电抗器杂散电容 C_C 变化时的幅频曲线

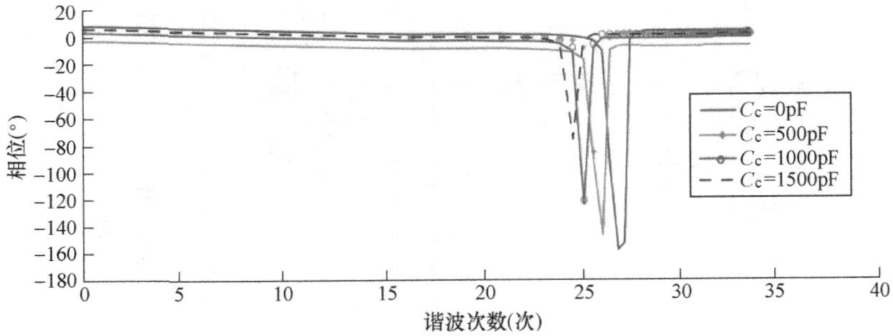

图 2-63 CVT 在补偿电抗器杂散电容 C_C 变化时的相频曲线

分析仿真图可以看出，CVT 传递特性受补偿电抗器杂散电容的影响显著。C_C 分别取值 0、500、1000 和 1500pF 时，由幅频曲线可知谐波传递系数的峰值、谷值的位置分布及幅值大小均发生变化，随着 C_C 取值的逐渐增大，CVT 谐波传递系数的最大值不断减小，且均向低次谐波方向移动。对于相频曲线，随着 C_C 不断增大，谐波的相位误差的最大值不断减小，C_C 取不同值时，相频曲线的最小值向低次谐波方向移动。

2. 中间变压器一次侧绕组的杂散电容 C_{P1}

当 $C_C=1250$pF，$C_S=1000$pF，$C_{PS}=200$pF 时，设置 C_{P1} 的值分别为 0pF、500pF、1000pF、1500pF，分别获得 CVT 在中间变压器一次侧对地杂散电容 C_{P1} 变化时的幅频曲线和相频曲线，如图 2-64 和图 2-65 所示。

由仿真图可以看出，中间变压器一次侧杂散电容的值发生变化对 CVT 的传递特性影响较大。C_{P1} 分别取值为 0、500、1000 和 1500pF 时，由图中仿真曲线可以看出随着

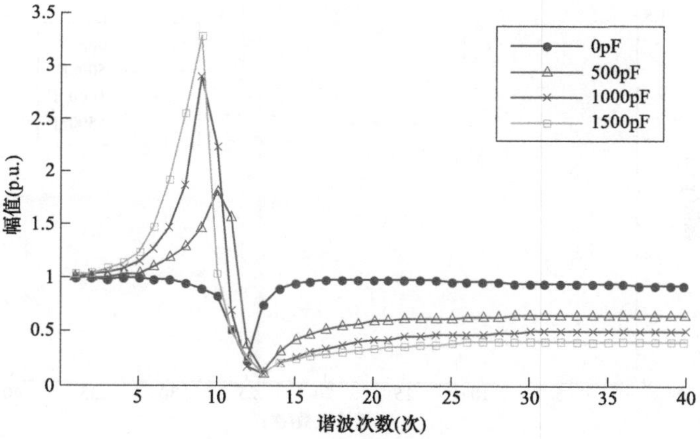

图 2-64　CVT 在中间变压器一次侧对地杂散电容 C_{P1} 变化时的幅频曲线

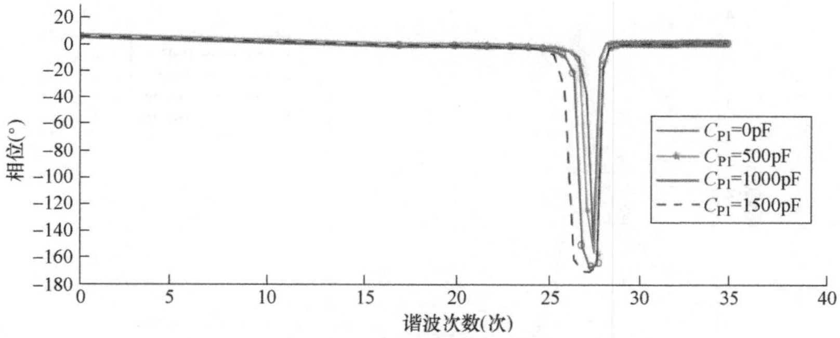

图 2-65　CVT 在中间变压器一次侧对地杂散电容 C_{P1} 变化时的相频曲线

C_{P1} 的逐渐增加，幅频曲线传递系数最大值不断增加，其中当 C_{P1} 为 0pF 时传递系数最小。当 C_{P1} 取某一定值时，对于不同次的谐波由幅值曲线可以看出，经 CVT 的传递后其比值各有不同，但是谐波传递系数的最小值对应的频率均基本不变，在最小值之后传递系数又有所增大，但均基本保持恒定。对于相频曲线，二次侧输出谐波的相位误差随着 C_{P1} 取值的不断增大，对应的谐波相位误差值也在不断增大。

3. 中间变压器一二次侧绕组间耦合电容 C_{PS}

当 C_C＝1250pF，C_{P1}＝350pF，C_S＝1000pF 时，设置 C_{PS} 的值分别为 0pF、500pF、1000pF、1500pF，分别获得 CVT 在变压器一次侧与二次侧绕组间耦合电容 C_{PS} 变化时的幅频曲线，如图 2-66 所示。

如图 2-66 所示，C_{PS} 分别为 0、500、1000 和 1500pF 时，四条曲线基本保持不变，变化趋势几乎相同。C_{PS} 的变化对 CVT 幅频特性并无影响。

4. 速饱和阻尼器电阻值 R_f

当 C_C＝1250pF，C_{P1}＝350pF，C_S＝1000pF，C_{PS}＝200pF 时，设置速饱和阻尼器电阻值 R_f 的值分别为 0、10、100、1000Ω，分别获得 CVT 在阻尼电阻 R_f 变化时的幅频曲线，如图 2-67 所示。

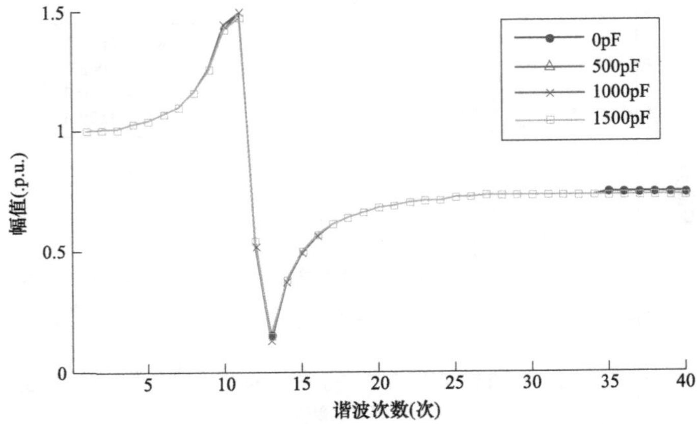

图 2-66　CVT 在变压器一次侧与二次侧绕组间耦合电容 C_{PS}变化时的幅频曲线

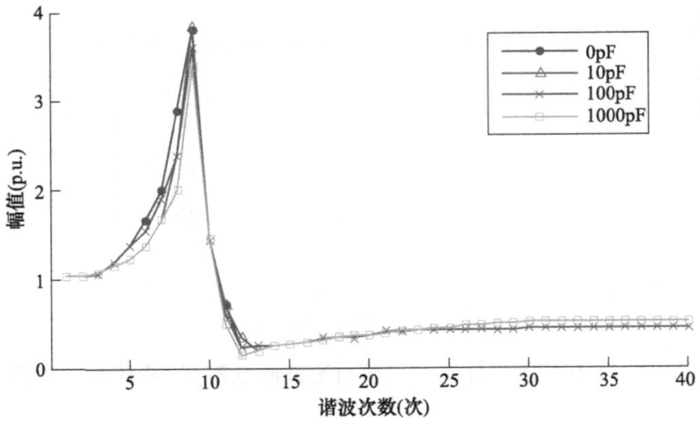

图 2-67　CVT 在阻尼电阻 R_f变化时的幅频曲线

从图 2-67 可以看出，R_f分别 0、10、100 和 1000Ω 时，四条曲线变化不大，几乎相同。R_f对 CVT 幅频特性几乎无影响。阻尼电阻的增加有利于改善通带平坦和 CVT 高频响应特性。

四、 课题总结

文章分析了 CVT 内部参数变化对谐波传递特性的影响规律。在进行谐波电压测量时，CVT 传递谐波的幅值和相位差均会受到补偿电抗器杂散电容以及中间变压器一次侧绕组杂散电容的影响而出现一定程度的误差，这两种杂散电容是不可忽略的影响因素，可以将杂散电容作为 CVT 设计和制造的参数加以考虑，进一步开展研究。同时，需要综合考虑外部因素如温度、湿度、外电场及二次侧负载等影响，并对实验数据进行统计分析，测定 CVT 修正曲线、修正系数，相关研究仍需进一步展开。

可以从改善 CVT 的负载误差、空载误差方面采取相应的措施提高 CVT 测量准确度。

第一，通过改变 CVT 中间变压器绕组电阻降低负载误差，可通过改变绕组的分布方式和升高变压器中的匝间电压实现。

第二，改善负载误差最有效的方法是改变 CVT 中间的电压，升高额定中间电压可极大地降低误差。然而要实现这种方法得解决铁磁谐振阻尼的问题。

第三，通过改善 CVT 内部变压器的额定工作磁密度 B 降低空载误差，适当的磁密对精确度很重要。

第四，增加补偿电抗器绕制匝数并改变铁芯气隙的大小可改善非线性励磁电流的比例，增强电压电流的线性化，提高二次侧所带负荷能力。

案例 13 “智慧运检管控体系” 的建设与应用

一、 课题概述

针对电网现阶段检修模式存在生产信息系统易用性不足、移动作业应用覆盖不够、智能化分析支撑能力不强等问题，公司瞄准数字变革高地，横向联通各种业务流程，纵向贯通各类数据应用，打造全流程移动作业，开发智慧检修管控系统，本文从提出背景，技术内容，应用效果以及推广前景四个方面对该系统进行了全面介绍。

二、 课题背景

国家电网公司提出了“具有中国特色国际领先的能源互联网企业”的战略目标，精准概括出了公司的政治本色、行业特色和发展角色，主题鲜明、导向清晰，契合企情、网情、国情，是习近平新时代中国特色社会主义思想在公司的落地实践。此目标就“能源互联网”提出了应用现代信息技术，推动系统运行管理呈现数字化、自动化、智能化的要求。为适应新形势、新任务、新要求，公司不断推动“数字化”经营管理变革，为落实国网新战略提供支撑。

近年来公司虽然通过深化“智能运检体系”建设，推进了现代信息通信技术与控制技术的应用，支撑了运检专业的分析决策，但生产信息系统易用性不足、移动作业应用覆盖不够、智能化分析支撑能力不强等问题依然突出。

为了落实现代设备管理体系建设工作部署，公司紧紧围绕“十四五”“11224”工作思路，全面落实 2021 年职代会精神，瞄准数字变革高地，以数字化建设激发提质增效。公司整合数据资源，积极推进能源转型与信息技术深度融合；释放数据价值，深入探索全业务数字创新和管理变革。横向联通各种业务流程，纵向贯通各类数据应用，加快推进基层班组数字化转型升级。

公司设备部创新团队积极贯彻现代设备管理体系建设任务，瞄准数字变革高地，着力打造全链条移动作业。整合数据资源，深挖数据价值，横向联通各种业务流程，纵向贯通各类数据应用，结合当前先进、成熟的数字化成果，通过在移动端开发变电运检全流程 App，在 PC 端搭建智慧管控平台，完成智慧运检管控系统建设。

三、 研究与分析

（一）成果研发技术路线、原理图、效果图、具体实施方案

智慧运检管控系统包括变电运检全流程 App 及智慧管控平台，以电网资源业务中

台、PMS系统为支撑，以统一数据规范和业务流程为基础，打通内外网壁垒，融合共享实物RFID、人机协同等新技术，具备业务在线化、作业移动化、信息透明化、支撑智能化四个主要特征。本系统融合内网平台和移动应用，以工单为载体，实现生产巡检、检修等流程在线办理和跨专业业务在线协同。创新研发刷脸识别、关键点见证、重要信息主动预警等功能，为管理人员全面管控作业过程提供了有效支撑，实现作业人员对设备状态、作业信息的透明化管理，管理人员对班组任务、作业风险的透明化管控。

智慧运检管控系统主要包括i国网变电运检全流程App、内网智慧检修管控平台共九个模块，包含移动端任务单、作业手续、作业进度、试验数据、数据计算应用、设备履历、内网端作业管控、质量管控、安全管控，如图2-68所示。

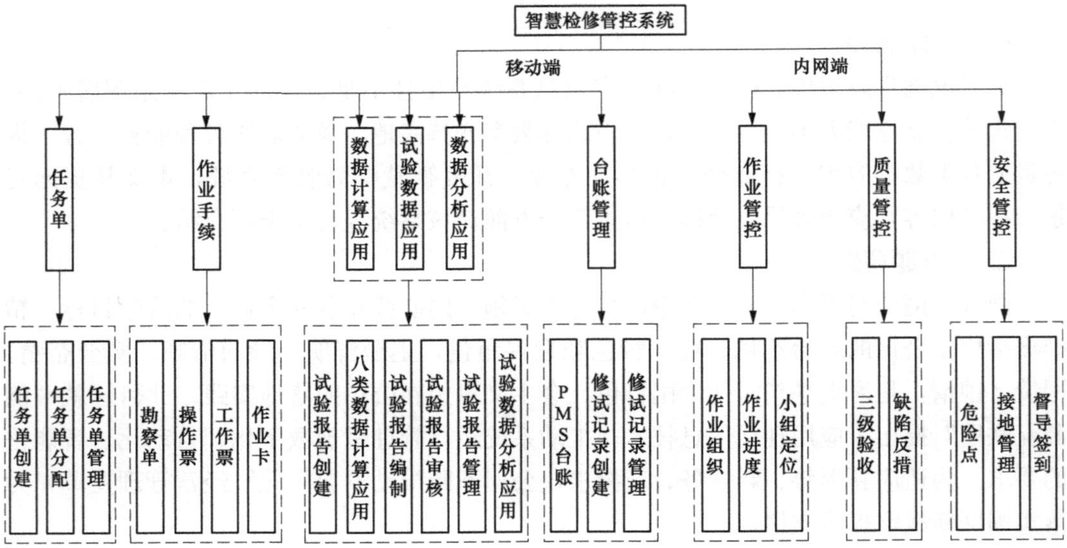

图2-68 系统框架图

（1）搭建以工单为载体，贯穿作业手续、设备台账、试验报告、缺陷等模块功能实现现场作业管控。工单执行过程中产生缺陷、两票、作业卡、试验报告等业务数据，工单与业务数据相互驱动。图2-69为工作任务单。

（2）将变电专业工作票、操作票、标准作业卡、试验报告、风险控制卡等7个专业例行试验的8类作业手续通过“变电运检全流程”App执行，实现移动作业，作业手续电子化覆盖，如图2-70所示。

（3）集成全作业小组执行信息，实时展示作业情况，动态显示各小组作业卡执行时间进度，自动记录各作业环节执行用时，主动提醒滞后进度，便于管理人员及时介入帮扶，如图2-71所示。

（4）通过数字化仪器、变电运检全流程App试验报告模块开展试验检测作业全流程数字化应用。数字化试验仪器通过蓝牙与App试验报告管理系统连接，获取检测结果后，通过跨区服务代理调用国网移动作业接口服务，将数据提交至电网资源业务中台，实现现场试验仪器数据自动获取并同步至PMS，杜绝人为抄录问题导致的数据错

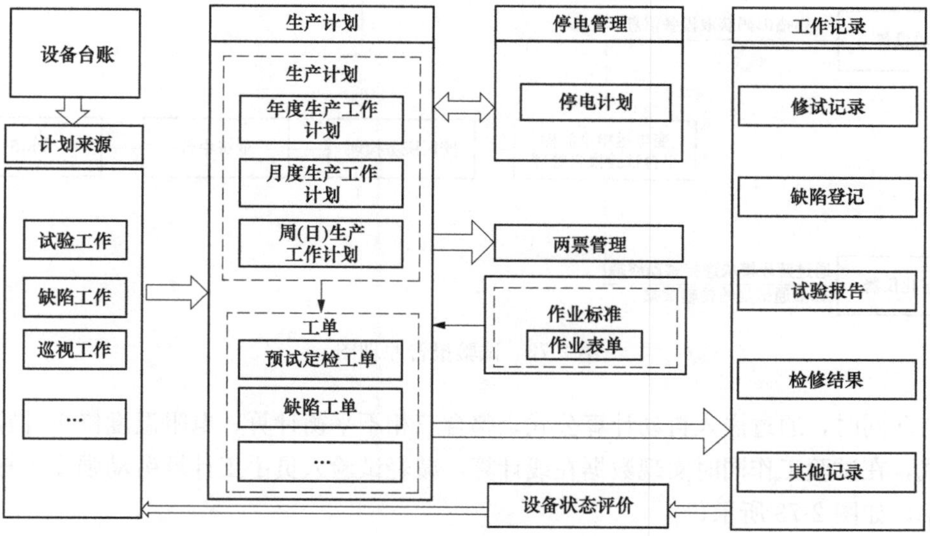

图 2-69　工作任务单

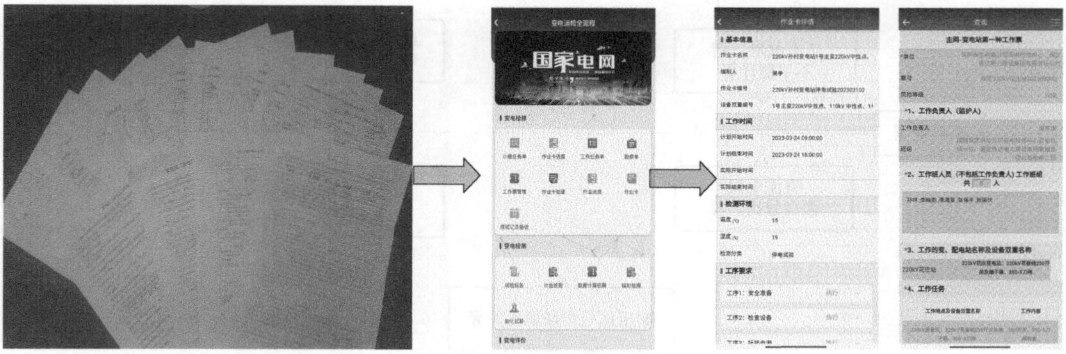

图 2-70　作业手续电子化

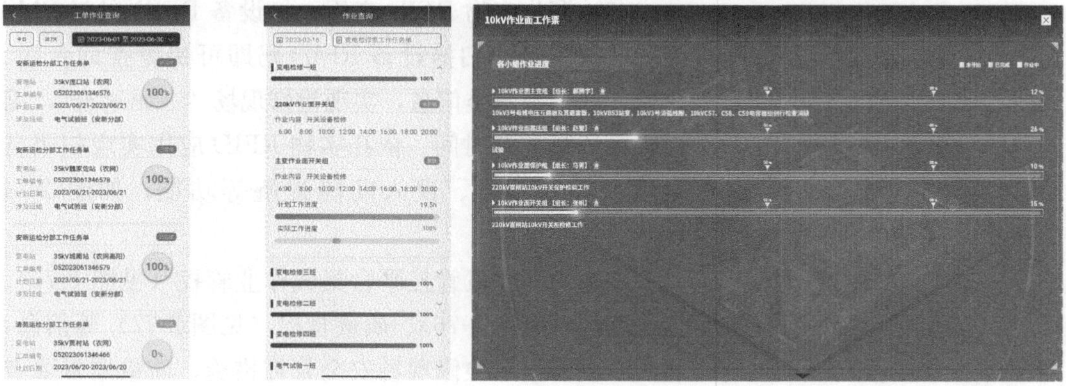

图 2-71　作业进度

误，大幅降低手动录入工作量。图 2-72 为试验报告原理图。

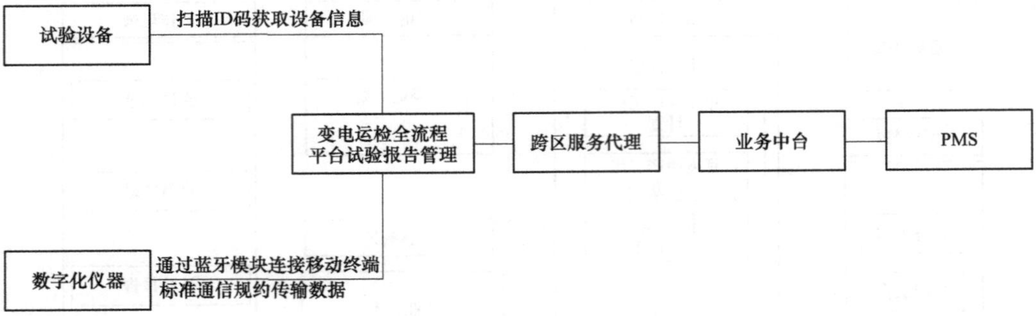

图 2-72 试验报告原理图

与此同时，通过嵌入自动计算公式，整合三相不平衡计算、电阻温度修正计算等计算公式，在试验工作同时实现数据在线计算，减轻试验人员手工计算劳动强度，提高工作效率，如图 2-73 所示。

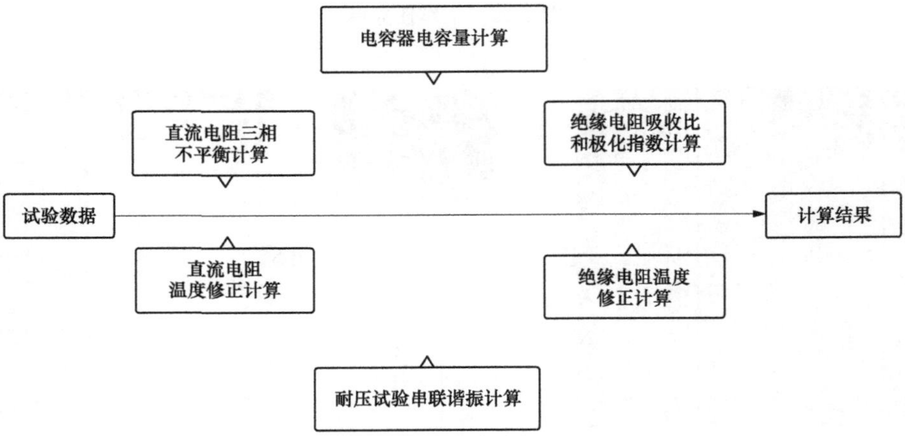

图 2-73 数据计算应用

图 2-74 实物 RFID 应用

（5）深化实物 RFID 应用，将设备 RFID 码与 PMS 系统数据贯通，扫描设备 RFID 码即可快捷查询台账、试验、缺陷等各类信息，实现检修现场“一码通查”，缩短设备资料查询时间。依托实物 RFID 应用实现扫码自动填充设备信息、误入间隔提醒等功能，如图 2-74 所示。

（6）内网智慧管控平台集成作业管控（见图 2-75）、安全管控（见图 2-76）、质量管控（见图 2-77）等信息，直观、动态显示检修现场安全管控措施、质量监督要点与检修作业动态，重要信息系统自动识别、主动预警，实现现场标准化、质量、安全“一屏”可视化管控。动态显示各小组人员信息、任务分工、作业进度与实时位置，作业进度慢于预期主动预警，实现现场作业科学、高效管控。展现春检现场缺陷、反措、大修技改等内容，助力管理人员把控检修重点，动态显示各小组验收进度，关键工艺的主动见证提醒以及三级验收的图片视频移交上传，确保“应修必修、修必修好”，强化检修质效。图形化展示现场一次图、检修范围、安全措施、督导安排、两票、关键风险点等现场安全管控要素，将传统唱票环节由“说”变“讲”，让作业人员看明白、心中有数。

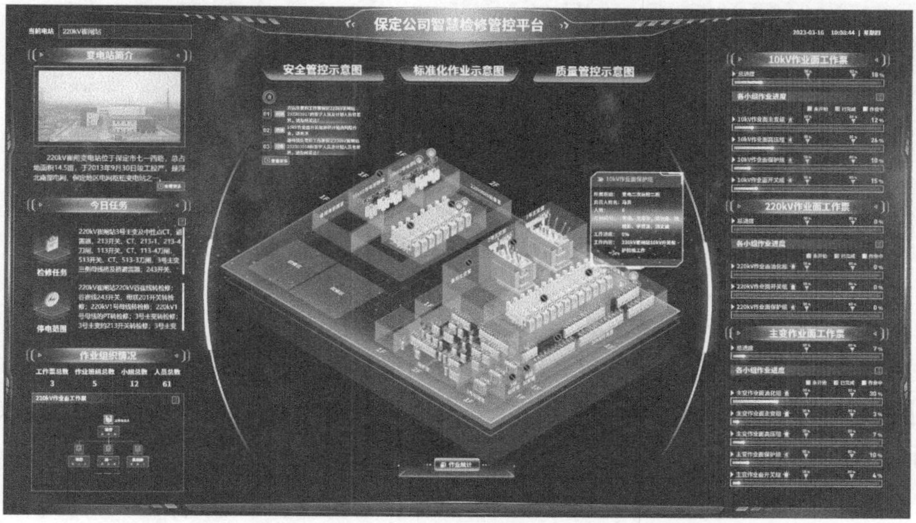

图 2-75　作业管控

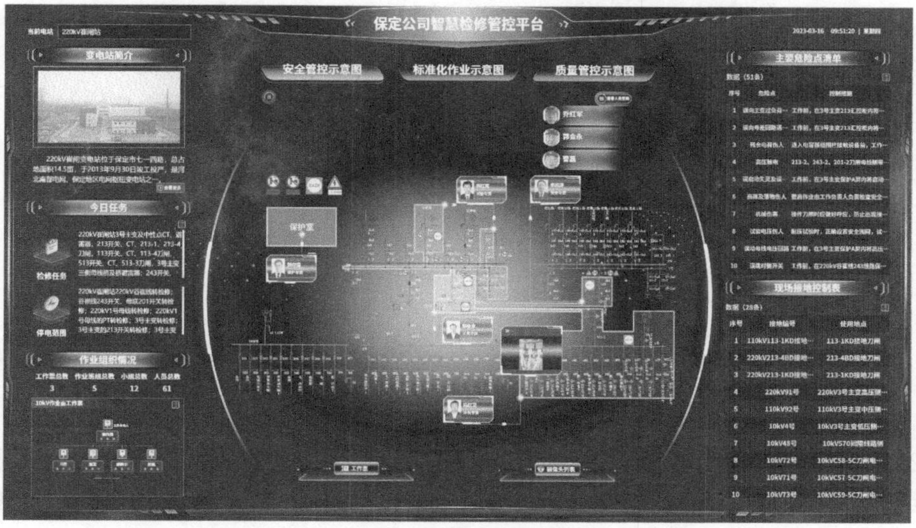

图 2-76　安全管控

（二）成果主要创新点

（1）快捷准入验证，依托刷脸识别功能，取代传统“问名字、查系统、对照片”繁

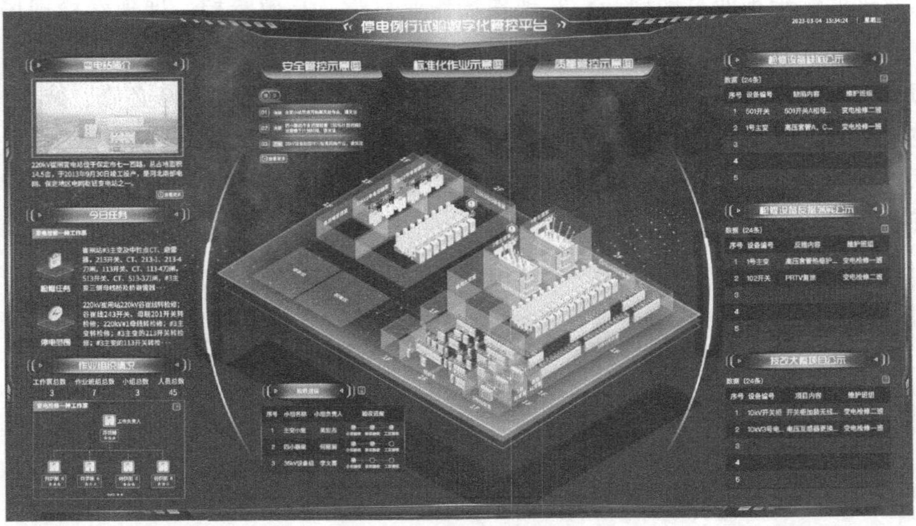

图 2-77 质量管控

琐程序，最大限度减少现场手续准备时间。采用票卡手续“刷脸＋录音”确认模式，人脸识别替代人工签字，刷脸即可自动判定安全准入并在作业手续附带电子签名，如图 2-78 所示。

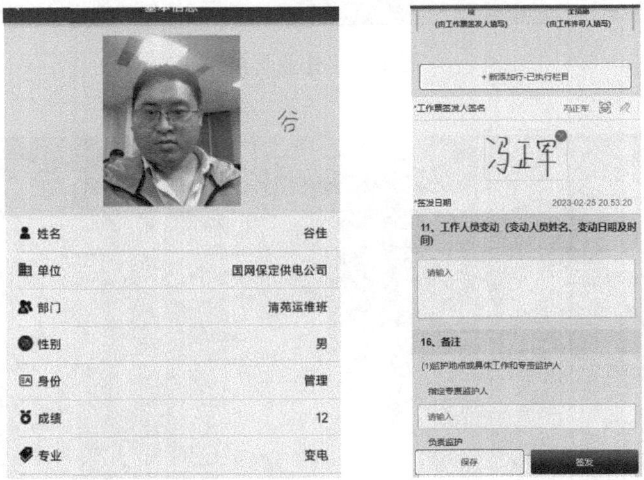

图 2-78 安全准入、刷脸签字

（2）工作票增加签字人员与计划人员比对功能，辅助负责人快速检查实际作业人员与工作票差异情况，对比有差异时系统自动提醒，杜绝人员漏签确认风险，如图 2-79 所示。

（3）部署票卡、勘查记录等作业文本一键导出功能，满足安全风险监督平台上传资料要求，如图 2-80 所示。

（4）“五级五控”要求纳入勘查记录、工作任务单等模块，作业风险评级对应匹配“星级”工作负责人，确保各项措施要求落到实处、取得实效，如图 2-81 所示。

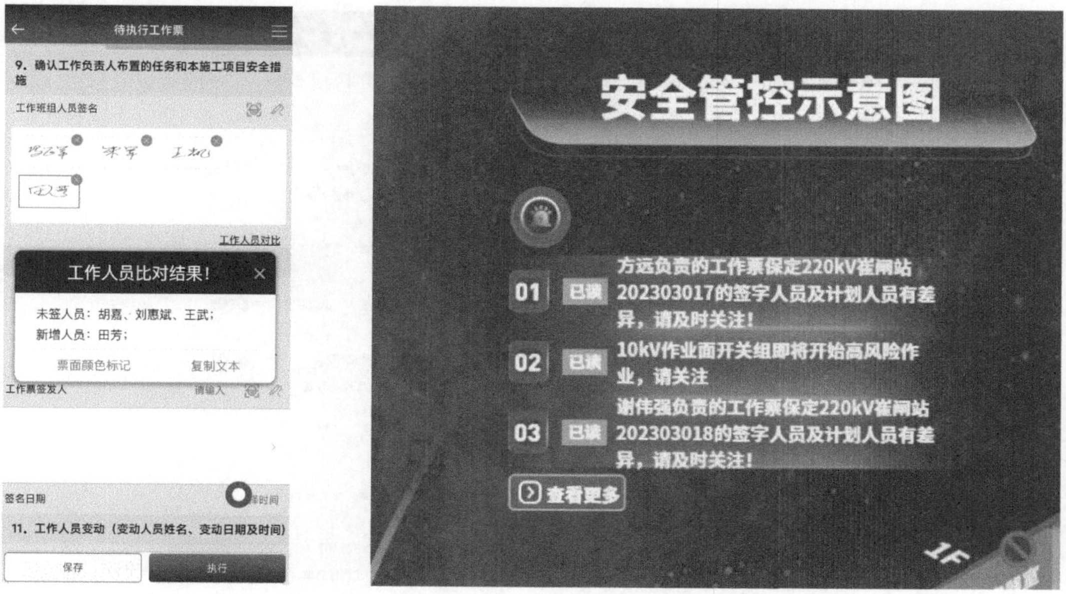

图 2-79　票卡签名自动比对、提醒

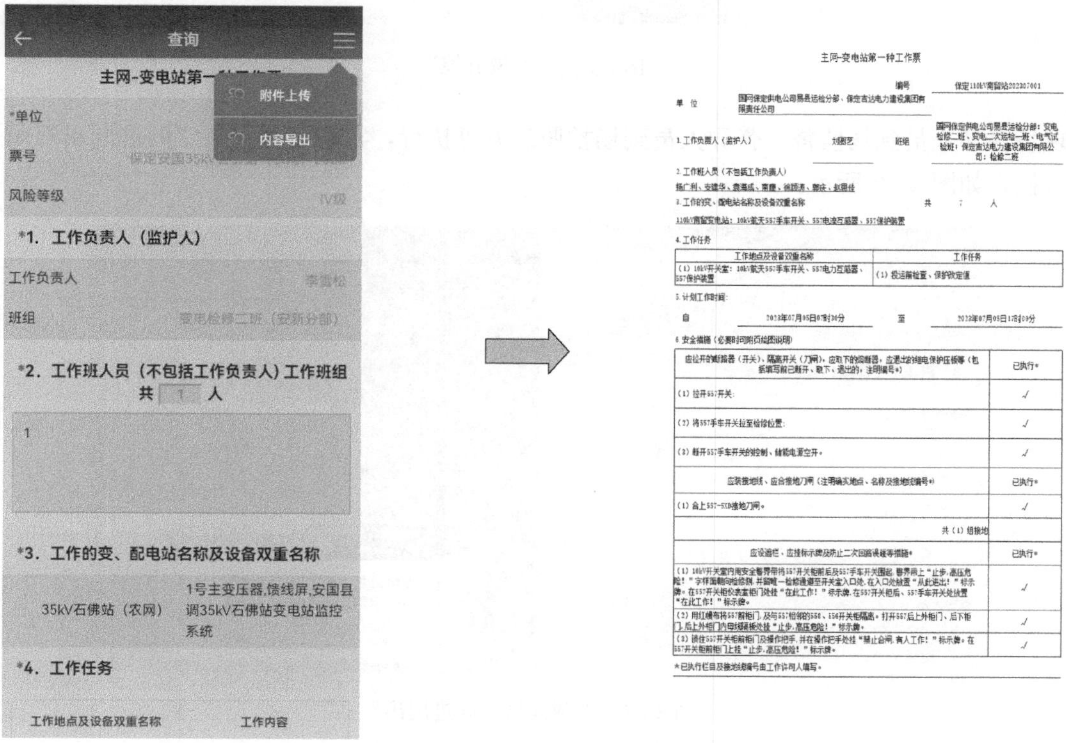

图 2-80　作业手续“一键导出”

（5）以设备 RFID 码为特征，在 App 嵌入管理人员刷脸功能，管理人员到达作业地点刷脸验证后，流程逻辑方工作票可允许作业开工，作业卡高风险工序执行前自动提醒

图 2-81 “五级五控”

现场督导人员到场监督，督导人员到场拍照后方可执行，实现管理人员“同进同出”硬管控，如图 2-82 所示。

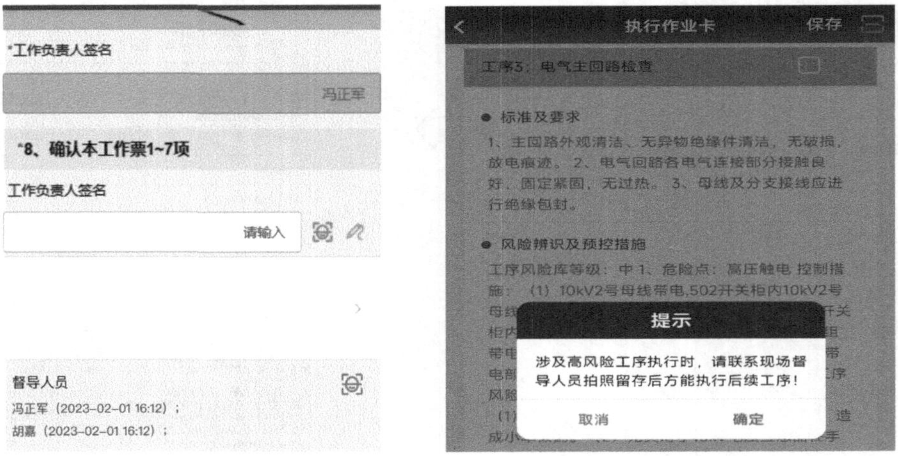

图 2-82 管理人员“同进同出”

（6）作业卡绑定设备 RFID 码，扫描 RFID 码自动判别设备是否属于作业文本范围，不一致时发出提醒，防止误入间隔，如图 2-83 所示。

（7）App 作业卡标注关键工艺，执行时自动提醒“高手”现场监督把关，动态展示

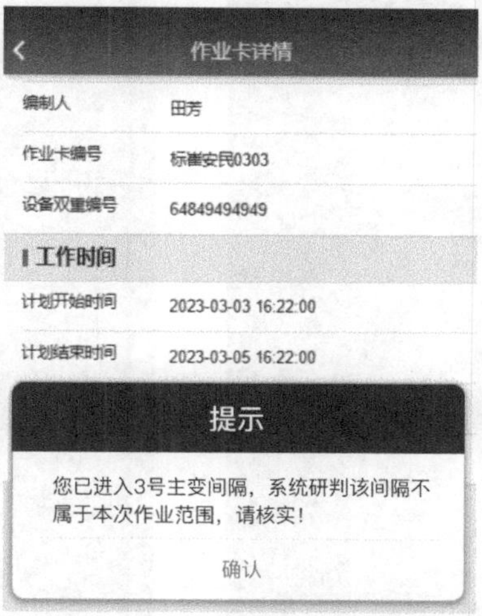

图 2-83　误入间隔提醒

各作业小组验收进度，针对关键点逻辑要求小组负责人拍照留存，班组、工区逐级审核，确保“应修必修、修必修好”，强化检修质效，如图 2-84 所示。

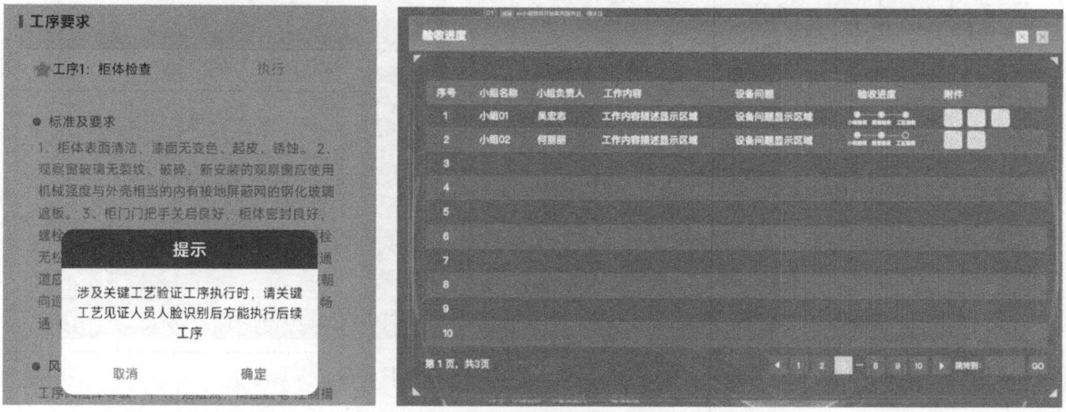

图 2-84　关键工艺见证、三级验收

（8）依托接地线 RFID 码实现接地线动态管控，实现地线装拆及位置动态展示，地线管控水平显著提升。通过地线实际情况自动生成接地线控制表，现场接地线装拆情况直观展示，外来接地线电子化管控，防止带地线送电，如图 2-85 所示。

（9）打通变电站视频系统，调用现场监控系统，现场到岗人员和生产管控中心可实时调取站内高清视频系统，动态掌控现场安全作业情况，如图 2-86 所示。

（10）PC 智慧管控平台以“变电运检全流程”App 汇集现场安全管控要素，深化前端作业与后方生产管控中心联络，生产管控中心依托智慧管控平台远程监管现场人员组织、工作任务执行、安全措施布置、安全监督履责、关键风险管控等环节，实现现场作业远程监管。组建远方专业技术支撑团队，实时视频传送现场设备状况、检修情况、缺陷及事故处置状况等，专家团队在线支撑指导前方现场检修，如图 2-87 所示。

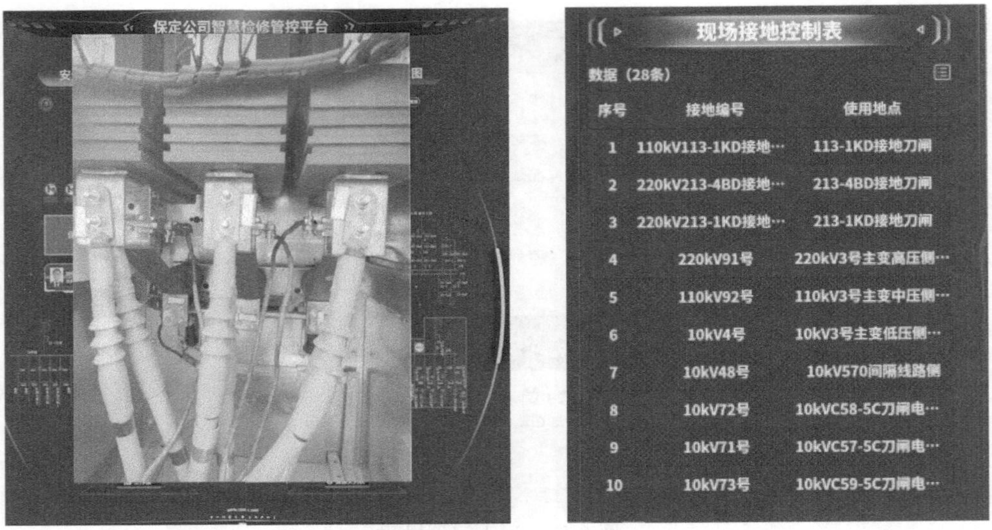

序号	接地编号	使用地点
1	110kV113-1KD接地…	113-1KD接地刀闸
2	220kV213-4BD接地…	213-4BD接地刀闸
3	220kV213-1KD接地…	213-1KD接地刀闸
4	220kV91号	220kV3号主变高压侧…
5	110kV92号	110kV3号主变中压侧…
6	10kV4号	10kV3号主变低压侧…
7	10kV48号	10kV570间隔线路侧
8	10kV72号	10kVC58-5C刀闸电…
9	10kV71号	10kVC57-5C刀闸电…
10	10kV73号	10kVC59-5C刀闸电…

图 2-85 接地线动态管控

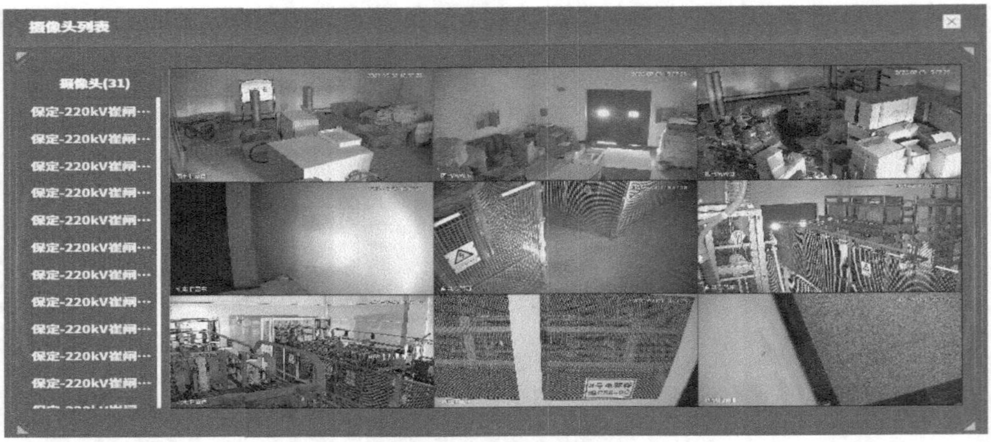

图 2-86 现场监控系统调用

图 2-87 现场作业远程监管

四、课题总结

（一）成果适用范围及成本测算

变电运检全流程 App 及智慧管控平台，适用于变电专业检修现场全流程应用，支撑作业现场无纸化、作业移动化、信息透明化、管控智能化。该成果成本测算如下：

（1）含税成本测算：将两个数字化系统实施建设费用分开测算。

1）“移动端”中分析设计费为 22 人·天×0.15 万元/(人·天)＝3.3 万元；系统维护费为 204 人·天×0.15 万元/(人·天)＝30.6 万元；集成实施费为 15 人·天×0.11 万元/(人·天)＝1.65 万元；上述费用总计为 3.3＋30.6＋1.65＝35.55 万元。

2）“内网端”中分析维护费为 78 人·天×0.21 万元/(人·天)＝16.38 万元；系统维护费为 609 人·天×0.21 万元/(人·天)＝127.89 万元；集成实施费为 48 人·天×0.15 万元/(人·天)＝7.2 万元；上述费用总计为 16.38＋127.89＋7.2＝151.47 万元。

两个数字化系统实施建设合计费用为 35.55＋151.47＝187.02 万元

（2）不含税成本测算：187.02/1.06＝176.43 万元。

（二）成果应用效果

3 月 16 日，公司首个全流程智慧春检崔闸站现场实现全流程作业手续线上办理，有力推动了春检全流程智慧化、数字化转型。

通过作业手续审批在线办理和跨专业业务在线协同、试验数据自动采集一键传输、应用人脸识别快捷准入验证、作业手续同步电子签名，平均每个现场节省时间约 3.5h，提升效率 18%，实现全专业班组减负和提质增效。通过系统高风险工序管控、作业进度管控、作业质量管控等功能，提升了现场作业安全、质量、进度管理水平，进一步提升了设备运检质效。依托智慧管控平台，前端作业与后方生产管控中心联络，在生产管控中心实现检修现场人员组织、工作任务执行、安全措施布置、安全监督履责、关键风险等环节管控，有力支撑指导现场检修，如图 2-88 所示。

图 2-88 系统应用

该成果在现场无纸化作业、基层减负、现场安全管控、检修质量管控、作业进度管控等方面产生的效益巨大。

（1）经济效益：通过移动端 i 国网和内网端 PMS 系统数据的联通互用，使手机载体的电子化票卡实现作业现场和系统后台的无缝衔接，现场作业执行层的手续流程“一站式”完成。工作票、作业卡、勘查单等作业手续 App 上随时填写，不受外部条件限制，方便快捷，作业手续审批在线办理，无需线下签字，工作效率大幅提升。

试验数据一键传输，杜绝人为记录错误，由过去的“抄数记录—报告打印—数据回填”3 个环节优化为 1 个环节，节省工作时间超 50%，同步结合常用计算公式，实现现场数据自动对比分析。

刷脸验资质以及关联签名模式，替代了以往传统“问名字、查系统、对照片”繁琐程序，现场作业开工更加快速便捷；实物 RFID 数据与 PMS 系统数据互通，实现设备资料快速查询和设备全周期管理。

通过作业手续审批在线办理和跨专业业务在线协同、试验数据自动采集一键传输、应用人脸识别快捷准入验证、作业手续同步电子签名。

通过以上技术手段，平均每个现场可节省时间约 3.5h，提升效率 18%，可实现增供电力 7MWh，一年预计节省人工成本 150 余万元，一年预计增加 200 余万元收入，如图 2-89 所示。

成果应用证明

项目名称	智慧运检管控系统
应用单位	[redacted]
单位注册地址	[redacted]
应用起止时间	2022 年 3 月至今

应用效益

本成果旨在打造智慧检修现场，建成现场精准管控、流程全面优化的管控体系，在基层减负，提质增效，现场安全、质量、作业进度管控等方面产生的效益巨大。

一、经济效益

1. 节省人力、物力。

按照每次检修平均 30 人计算，每次检修平均节约时间为 3.5 h，人工成本按照 30 元/人•小时计算，2022 年保定供电公司共 500 次大中型检修现场，则一年节省成本为：

2022 年保定供电公司可节省成本：30 人 × 30 元/人•小时 × 3.5 h × 500=157.5 万元。

2. 缩短停电时间，有效提高售电量。

统计一年保定地区检修现场约 500 余次，每次检修平均节约时间为 3.5 h，按照平均每次检修损失 2MW、电价520元/MWh 计算，一年增加售电收入为：

2022 年保定供电公司可增加售电收入：2 MW × 3.5h × 520 元/MWh × 500 次=182 万元

二、安全效益

刷脸式的安全准入自动校核以及嵌入式的“五级五控”逻辑流程，确保了管理人员同进同出、高风险工序提级管控等“规定动作”执行到位，图形化的接地线管控措施、定位化的安全监督模式以及随时可调用的视频监控系统，确保现场安全有效管控。依托智慧管控平台，深化前端作业与后方生产管控中心联络，有力支撑指导现场检修。

三、管理效益

动态显示各小组人员信息、任务分工、作业进度与实时位置，作业进度慢于预期主动预警，实现现场作业科学、高效管控。将特殊点位质量管控植入小组作业流程，关键工艺的主动见证提醒以及三级验收的图片视频移交上传，确保“应修必修、修必修好”，强化检修质效。图形化展现现场缺陷、反措、大修技改等内容，助力管理人员把控检修重点。

具体应用情况：

本成果已在本单位变电全专业、全流程推广应用，2022 年至今共计移动端登记巡视 34909 条、移动端登记缺陷 712 条，使用电子操作票 3401 张、电子工作票 288 张、电子作业卡 731 张，生产管控中心通过智慧管控平台对 626 个现场进行远程管控，有利推动了作业现场全流程智慧化、数字化转型，得到省公司领导高度认可，应用效果良好。

应用单位盖章

盖章日期：2023 年 10 月 10 日

图 2-89　经济效益证明

（2）安全效益：刷脸式的安全准入自动校核以及嵌入式的“五级五控”逻辑流程，确保了管理人员同进同出、高风险工序提级管控等“规定动作”执行到位。通过展示现场一次图、检修范围、安全措施、督导安排、两票、关键风险点等现场安全管控要素，将传统唱票环节由“说”变“讲”，让作业人员看明白、心中有数。

图形化的接地线管控措施、定位化的安全监督模式以及随时可调用的视频监控系统，使生产管控中心便捷汇集现场安全管控要素，“远程监管＋现场监督”使作业安全始终在控。依托智慧管控平台，前端作业与后方生产管控中心联络，在生产管控中心实现检修现场人员组织、工作任务执行、安全措施布置、安全监督履责、关键风险等环节管控，有力支撑指导现场检修。

(3) 作业现场管理效益：以工作任务单为载体，关联工作票、作业卡、装车单、勘察单等作业手续准备、执行情况，动态显示各小组人员信息、任务分工、作业进度与实时位置，作业进度慢于预期主动预警，实现现场作业科学、高效管控，检修策略更加精准。

将特殊点位质量管控植入小组作业流程，确保高工艺环节“三级验收”等管理要求执行落地。图形化展现春检现场缺陷、反措、大修技改等内容，助力管理人员把控检修重点，动态显示各小组验收进度，关键工艺的主动见证提醒以及三级验收的图片视频移交上传，确保“应修必修、修必修好”，强化检修质效。

（三）推广应用情况

本成果已在本单位变电全专业、全流程推广应用，2022 年至今共计移动端登记巡视 34 123 条、移动端登记缺陷 754 条，使用电子操作票 3507 张、电子工作票 292 张、电子作业卡 748 张，生产管控中心通过智慧管控平台对 633 个现场进行远程管控，有力推动了作业现场全流程智慧化、数字化转型，得到省公司领导高度认可，应用效果良好。

（四）推广应用情况

通过推广“智慧运检管控体系”的场景建设，可以取得成效如下。

(1) 减负，基层业务更简洁轻松。一线业务方面：初步实现基层单位日常管理无纸化，保证计划、人员、绩效一条线管理，实现班组技术标准等基础资料及典型缺陷、隐患台账等基于实物 ID 设备全寿命周期数据电子化。现场管理方面：基于移动终端，实现计划性检修任务 100%在线办理，票（卡）电子化应用，检修和试验结果、巡视和缺陷信息自动采集，检修记录和试验报告辅助生成，可实时上传抢修过程图像、影音，通过专家远程会诊、协同指导，实现事故处理全流程管控。极大减轻基层班组负担，提升人员工作效率。

(2) 赋能，设备管理体现数据价值。随着班组各个生产环节贯通，实现班组作业精益管理、生产物资智能管控。利用数据挖掘技术，对数据“赋能”，充分应用设备全寿命周期内各项数据价值，结合出厂数据、带电检测（监测）、停电试验数据准确解析，达到设备趋势判定和检修策略精准预测。

(3) 优化，管理业务实现闭环提升。检修策略更加精准。开发应用 App 试验报告模块，试验数据自动上传至 App，同步结合常用计算公式，实现现场数据自动对比分析。定期比对各类在线监测数据，智能研判设备状态，推送精准检修策略建议。

(4) 挖掘，生产成本统计关联分析。深化数字化班组应用价值，不断优化数字化系统，重构结构化信息，进一步挖掘有效数据，从而优化调整数字化管理要素，促进智能运检管控不断完善和提升，以开展多维度成本统计性、关联性、综合性分析，深度挖掘生产成本与设备状态、运检业务、生产环境等因素的关系，设置综合分析指标，发挥数据价值，进一步推动生产成本精益化管理。

该成果在现场无纸化作业、基层减负、现场安全管控、检修质量管控、作业进度管控等方面产生的效益巨大，并且全部作业文本均基于国网公司“五级五控”工作要求，满足规程规定。因此建议逐步在省公司及其他地市范围内推广应用。

本场景建设成果共获得创新奖项两项（见图 2-90），获得知识产权两项，其中国家发明型专利授权一项，国家级期刊发表论文一篇（见图 2-91），形成独特的技术壁垒，有利于成果项目推广。

图 2-90 成果获奖情况

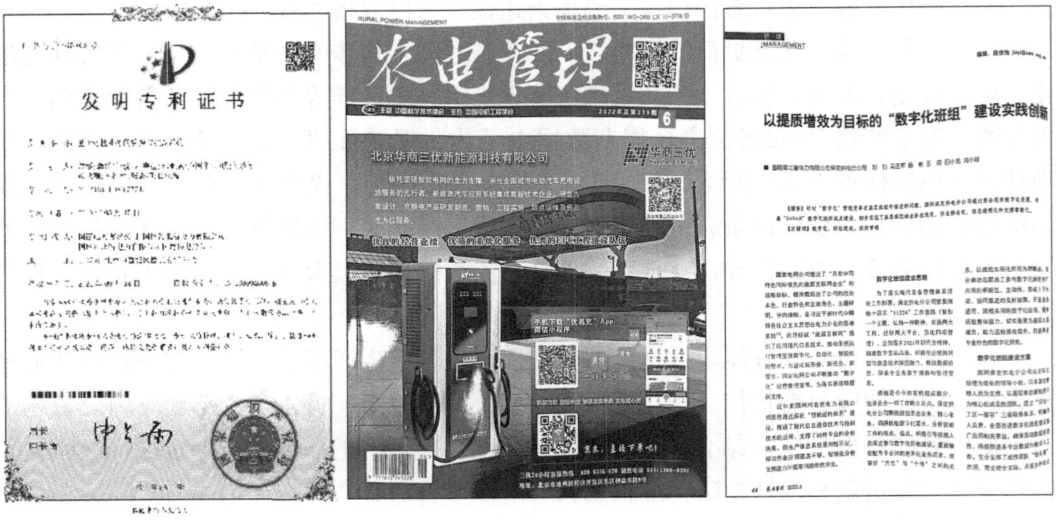

图 2-91 成果知识产权

公司将有力有序推进智慧运检管控体系建设工作。继续加快系统布置，利用现有海量数据，自动生成班组所需报表、记录，提升班组数字化水平，切实为基层一线减负。进一步促进系统整合、流程优化、提升智能化水平，加快各业务系统融合和流程完善。

下一步，公司将从以下三个方面进行改进。

（1）前后联动，实时远程会诊：深化前端作业与后方智能运检管控中心联络，组建远方“风筝”专业技术支撑团队，列装智能单兵眼镜装备，智能检测带电距离和安全提示，实时视频传送现场设备状况、检修情况、缺陷及事故处置状况等，专家团队在线支撑指导前方现场检修。

（2）全程追踪，实现周期管理：自设备出厂时起，采集设备试验、检修、缺陷等各类数据，自动建立设备运行日志，筛选问题数据反馈生产、设计单位改进产品、优化设计，实现设备全寿命管理。

（3）拓展功能，提高服务水平：拓展智慧运检管控体系业务功能，将业务流程环节向前延伸至停电工单，向后拓展到工单送电后回单，整体抢修作业环节、时长等面向客户透明可见，进一步改善客户用电体验，提升优质服务水平。